高等职业教育土建系列创新教材

屋面与防水工程施工

主　编　钟汉华
副主编　冷　涛　董　伟
　　　　丁志胜　刘浩研
主　审　张亚庆　鲁立中

北京邮电大学出版社
www.buptpress.com

内容简介

本书按照高等职业教育土建类专业的教学要求，以最新的建设工程标准、规范和规程为依据，以施工员、二级建造师等职业岗位能力的培养为导向，根据编者多年工作经验和教学实践编纂而成。本书对屋面与防水工程施工工序、工艺、质量标准等做了详细的阐述，坚持以就业为导向，突出实用性、实践性；吸取了屋面与防水工程施工的新技术、新工艺、新方法；按照高等职业教育的特点重点讲授理论知识在工程实践中的应用，注重培养高等职业学校学生的职业能力；内容通俗易懂，叙述规范、简练，图文并茂。全书共分5个单元，包括绪论，地下工程防水施工，厨房、厕浴间防水施工，外墙防水施工，屋面工程施工。

本书具有较强的针对性、实用性和通用性，既可作为高等职业教育土建类各专业的教学用书，也可供建筑安装行业各类人员学习参考。

图书在版编目(CIP)数据

屋面与防水工程施工/钟汉华主编. -- 北京：北京邮电大学出版社，2014.5(2024.1重印)
ISBN 978-7-5635-3906-2

Ⅰ.①屋… Ⅱ.①钟… Ⅲ.①屋顶—建筑防水—工程施工—高等职业教育—教材 Ⅳ.①TU761.1

中国版本图书馆CIP数据核字(2014)第076526号

策划编辑：刘 建　**责任编辑**：边丽新　**封面设计**：黄燕美

出版发行：北京邮电大学出版社
社　　址：北京市海淀区西土城路10号
邮政编码：100876
发 行 部：电话：010-62282185　传真：010-62283578
E-mail：publish@bupt.edu.cn
经　　销：各地新华书店
印　　刷：番茄云印刷(沧州)有限公司
开　　本：787 mm×1 092 mm　1/16
印　　张：16.5
字　　数：395千字
版　　次：2014年5月第1版
印　　次：2024年1月第7次印刷

ISBN 978-7-5635-3906-2　　定　价：46.00元

编审委员会

出版说明

高等职业教育以培养生产、建设、管理、服务第一线的高素质技能型专门人才为根本任务，在建设人力资源强国和高等教育强国的伟大进程中发挥着不可替代的作用。

近年来，我国高职高专教育蓬勃发展，积极推进校企合作、工学结合人才培养模式改革，办学水平不断提高，为现代化建设培养了一批高素质技能型专门人才，对高等教育大众化作出了重要贡献。尽管如此，我国高职高专教育的质量、结构、规模还不能很好地适应当前经济社会发展的需要，部分高职高专院校毕业生还不能很好地满足社会工作岗位对相关技术和能力的需求。

要加快高职高专教育改革和发展的步伐、全面提高人才培养质量，就必须对课程体系等问题进行深入探索。教育部在《关于全面提高高等职业教育教学质量的若干意见》中指出，“课程建设与改革是提高教学质量的核心，也是教学改革的重点和难点”，“建立突出职业能力培养的课程标准，规范课程教学的基本要求，提高课程教学质量”，这为高职高专教育课程体系建设指明了方向。在课程体系建设过程中，教材无疑起着至关重要的基础性作用，高质量的教材是培养高素质人才的重要保证。

目前，我国高等职业教育教学改革正在深入进行，高职教材建设取得了显著的成效。但从整体上看，教材建设仍不能很好地适应高职高专教育的发展需要，主要表现在：缺乏科学理论的支持，缺乏行业支持，缺少对生产实际的调查研究和深入了解，缺乏对职业岗位所需的专业知识和专项能力的科学分析，出现体系不明、内容交叉或重复、脱离实际、针对性不强等问题；与专业课程相配套的实践性教材严重不足；同类教材建设缺乏统一标准，相关课程的教材内容自成体系，缺乏沟通衔接；版本偏老或内容陈旧，不能及时将新法规、新知识、新技术、新工艺、新装备、新案例反映到教材中来；与劳动部门颁发的职业资格证书或技能鉴定标准缺乏有效衔接。教材的相对落后成为制约高职高专教育发展的瓶颈之一。

在此背景下，为了更好地贯彻《国家中长期教育改革和发展规划纲要（2010—2020年）》相关精神，更好地推进高职高专教育的发展，我们组织了一批具有丰富理论知识和实践经验的专家、一线教师，成立了教材编审委员会，着力规划出版一批符合高职高专教育特点和需求的优质教材。

依据教育部制定的《高职高专教育基础课程教学基本要求》和《高职高专教育专业人才培养目标及规格》，我们调研了数百所具有代表性的高等职业技术学院和高等专科学校，广泛而深入地了解了高职高专教育的专业和课程设置，系统地研究了课程的体系结构；同时充分汲取各院校在探索培养应用型人才方面取得的成功经验，并在教材出版的各个环节设置专业的审定人员进行严格审查，从而确保了整套教材“突出行业需求，突出职业的核心能力”的特色。

本系列教材除了满足内容充实、完整，结构、体例合理，语言得体、流畅等基本要求外，还力求克服以往高职高专教材的缺陷和不足，在以下方面打造自己的优势和特色。

（1）本系列教材的定位更加强调“以就业为导向”。紧密依托行业或企业优势，建立产、学、研密切结合的运行机制，是高职高专教育健康发展的关键。我们通过对生产实际的调查研究和深入了解，对职业岗位（群）所需专业知识和专项能力的科学分析，以科学的课程理论为支持，力求使本系列教材定位与就业市场相结合，充分体现出“以就业为向导，以能力为本位，以学生为中心”的风格，从而更具实用性和前瞻性。

（2）本系列教材打破传统的教材编写模式，力求在编写风格和表达形式方面有所突破，充分体现“项目导向、任务驱动”的教学理念，通过构建具体的工作任务作为学生学习的切入点，这就促使学生能够主动学习，从而达到“教中做、做中学、学中练”的目的，全面提升学生解决问题的实战经验和能力。

（3）本系列教材编写思路清晰，体系结构安排合理，注重知识体系的有序衔接，力避知识的断层和重复。同时，教材也遵循教育部对高职高专教育提出的“以应用为目的，以必需、够用为度”原则，从实际应用的需要出发，减少枯燥、实用性不强的理论灌输。

（4）本系列教材的编写及时跟进社会及行业的最新发展动态，将最新、最权威、最具代表性的成果运用于教材当中，从而避免所讲知识与社会脱节。

为保证教材的总体质量和前瞻性，我们着重加强与示范性高等职业院校的合作，在全国范围遴选了具有丰富教学经验和实践经验、具有较高专业水平的双师型教师参加编写。

为支持“立体化”教学，我们为本系列教材精心策划了精品教学资料包和教学资源网，向教师用户提供教学课件、教学案例、教学参考、教学检测、教学资源推荐、课后习题答案等教学资源，以支持网络化及多媒体等现代化教学方式，有效提升教学质量。

希望各高职院校在使用本系列教材的过程中提出宝贵的意见和建议，我们将认真听取，不断完善。

编审委员会

前　言

本书根据高等职业教育土建类各专业人才培养目标，以施工员、建造师等职业岗位能力的培养为导向，同时遵循高等职业院校学生的认知规律，以专业知识、职业技能、自主学习能力及综合素质培养为课程目标，紧密结合职业资格认证中的相关考核要求进行编写。本书根据编者多年工作经验和教学实践编纂而成。

屋面与防水工程施工是一门实践性很强的课程。为此，本书始终坚持以"素质为本、能力为主、需要为准、够用为度"的原则进行编写。本书结合了我国当前屋面与防水工程施工的实际工程，力求理论联系实际，注重实践能力的培养，突出针对性和实用性，在满足学生学习需要的同时，介绍了国内外屋面与防水工程施工的一些先进经验和技术成就。

本书的主要特色如下。

(1)每个单元都设置了"学习目标"板块。"学习目标"可以帮助教师了解本单元应该着重讲解哪些内容，并给出了各内容权重参考以合理安排学时；同时帮助学生了解学习本单元后应该掌握的知识及技能，便于查漏补缺。

(2)校企结合。本书依据最新的国家标准和企业标准，大纲的制定、编写均由企业工程技术人员把关，一线工程技术人员直接参与编写。

(3)在每个单元开始都设置了一个引例，通过引例，让学生带着问题去学习和阅读，能更加有效地帮助学生理解所学知识，并掌握利用所学知识解决实际问题的方法。

(4)书中适当地设置了"知识链接""阅读材料"等板块，以丰富学生的知识。

(5)每个单元都设置了案例，以帮助学生更好地将所学知识应用到实际当中。

本书推荐学时如下。

单元序号	单　元	学　时
0	绪论	2
1	地下工程防水施工	12
2	厨房、厕浴间防水施工	8
3	外墙防水施工	6
4	屋面工程施工	22
5	总计	50

本书由钟汉华担任主编，冷涛、董伟、丁志胜、刘浩研担任副主编，王庆、孙启哲、张天俊、罗明星、熊英、张少坤、严小玲、薛艳参与了编写，具体分工如下：钟汉华、王庆、孙启哲

编写绪论和单元1;张天俊、罗明星、熊英编写单元2;冷涛、张少坤、严小玲编写单元3;董伟、薛艳、丁志胜、刘浩研(九州职业技术学院)编写单元4。全书由钟汉华教授统稿,张亚庆、鲁立中主审。

本书参考了相关专业文献和资料,未在书中一一注明出处,在此对有关文献的作者表示感谢。

由于编者水平有限,书中难免存在不足,恳请读者提出宝贵意见。

编　者

目　录

绪　论

0.1 本课程的学习目标

"屋面与防水工程施工"课程主要培养学生从事屋面与地下防水施工的能力，本课程主要学习地下防水混凝土施工、地下卷材与涂料附加防水层施工；屋面找平层、保温层施工；屋面防水材料施工、坡屋面防水施工等内容。

0.1.1 知识目标

(1)掌握防水材料性能和检验方法。
(2)掌握屋面与防水工程的构造层次及其作用。
(3)掌握屋面和防水工程的施工工艺与质量要求。
(4)了解屋面和防水工程施工组织方式与成本控制措施。

0.1.2 能力目标

(1)具有对一般屋面与防水工程专项施工任务的基本分析能力。
(2)能识读施工图、选择建筑材料和施工机具。
(3)会编制专项施工方案，并在教师的指导下对方案进行选择。
(4)能进行屋面与防水工程的施工。
(5)会进行施工质量检查验收，会编制施工文件(工程技术资料)并进行文件归档。
(6)具有判断屋面与防水工程质量通病和制定防范措施的能力。

0.1.3 素质目标

(1)具有收集信息和编制工作计划的能力。

(2)具有观察、分析、判断、解决问题的能力和创新能力。

(3)具有组织、协调和沟通能力。

(4)具有较强的活动组织实施能力。

(5)具有良好的工作态度、责任心、团队意识、协作能力,并能吃苦耐劳。

0.2 屋面与防水工程的概念

在建筑工程中,屋面与防水工程技术是一门综合性和应用性都很强的工程技术科学,是建筑工程技术的重要组成部分,对提高建筑物的使用功能和生产、生活质量,改善人居环境起着重要的作用。

屋面是建筑物最上层的外围护构件,用于抵抗自然界的雨、雪、风、霜、太阳辐射、气温变化等不利因素的影响,保证建筑内部有一个良好的使用环境,屋面应满足坚固耐久、防水、保温、隔热、防火和抵御各种不良影响的功能要求。

防水工程包括地下室防水、厨房和厕浴间防水、外墙防水、屋面防水。

(1)地下室的外墙和底板都位于地面以下,经常受到地面水的渗透和地下水的侵蚀。防水和防潮措施是地下室构造设计中的一项重要内容。用防水材料将地下室包围起来,以阻绝水或潮气的渗透。

(2)厕浴间防水包括地面处理和墙面处理。在进行防水处理之前,一定先找平地面,如果地面不平或效果不好,可能造成因防水涂料薄厚不均而导致的开裂渗漏。厕浴间的墙与地面之间的接缝处会移位,最容易渗水,地漏、墙角、管根等接缝处要使用高弹性的柔性防水涂刷。墙面一般要用防水涂料处理。

(3)外墙防水是保证建筑物(构筑物)的结构不受水的侵袭、内部空间不受水的危害的一项分部防水工程。外墙防水工程在整个建筑工程中占有重要的地位。外墙防水工程涉及建筑物(构筑物)的地下室外墙、住房外墙等诸多外墙结构,其功能就是要使建筑物或构筑物在设计耐久年限内,防止雨水、生活用水的渗漏和地下水的侵蚀,确保建筑结构、内部空间不被污损,为人们提供一个舒适、安全的生活环境。

(4)屋面防水一般包括屋面卷材防水、屋面涂膜防水、屋面刚性防水、瓦屋面防水、屋面接缝密封防水。

0.3 屋面与防水工程的重要性

住宅、办公室、车间等工作生活场所如长期受到水的侵蚀,将会严重损坏办公设施,精密仪器、机床设备等也会因生霉斑而失灵,甚至引起电器短路。面对渗漏现象,人们每隔数年就要花费大量的人力和物力进行维修。渗漏不仅会扰乱人们的正常生活、工作、生产秩序,而且会直接影响到整栋建筑物的使用寿命。由此可见,防水效果的好坏对建筑物至关重要。在整个建筑工程施工中,必须严格、认真地做好建筑防水工程。

防水工程是一项系统工程，它涉及防水材料、防水工程设计、施工技术、建筑物的管理等方面。建筑防水工程的任务是在综合上述因素的基础上，对建筑工程进行全方位评价，选择符合要求的高性能防水材料，进行可靠、耐久、合理、经济的防水工程设计，认真组织，精心施工，完善维修、保养管理制度，以满足建筑物及构筑物的防水耐用年限，实现防水工程的高质量及良好的综合效益。同时，防水工程施工是一项要求较高的专业技术，所以施工专业化是保证屋面防水工程质量的关键，如果施工操作不认真、技术水平不高，其后果必然是导致防水工程的失败。

对建筑防水工程整体质量的要求是不渗不漏，保证排水畅通，使建筑物具有良好的防水和使用功能。建筑防水工程的质量优劣与防水材料、防水设计、防水施工以及维修管理等密切相关，因此，必须高度重视。

0.4 本课程的内容和特点

本课程主要学习地下工程防水混凝土、水泥砂浆防水层、卷材防水层、涂料防水层、塑料防水板防水层、金属防水层、膨润土防水材料防水层、地下工程混凝土结构细部构造等的施工要求、施工方法，地下防水工程堵漏处理，地下工程防水施工质量验收；厨房和厕浴间防水施工要求、厕浴间防水细部构造、厨房和厕浴间防水施工工艺及工程质量验收；建筑外墙防水防护工程材料、建筑外墙墙面整体防水构造、建筑外墙防水防护工程施工、外墙防水工程质量检查与验收；屋面工程基本规定、屋面工程类型、屋面工程构造、屋面工程施工、冬期施工和雨期施工措施、屋面工程施工质量验收等。

随着近年来我国建筑技术的发展，大跨度、轻型和高层建筑日益增多，屋面结构的变形出现较大变化，而停车场、运动场、花园等类型屋面的出现，又使屋面的功能大大增加，但房屋渗漏问题却成为我国工程建设中非常突出的问题。据调查，我国屋面存在不同程度渗漏的占抽查总数的35%。房屋渗漏不仅直接影响房屋的使用功能与用户安全，也会造成巨大的经济损失。在房屋渗漏治理过程中，由于措施不当，而出现年年漏、年年修，年年修、年年漏的现象。要从根本上解决已建房屋屋面的渗漏水问题，就要从防水工程的材料、设计、施工及管理维护等方面着手，进行系统管理和综合防治。

1. 材料选用

在屋面渗漏水治理工作中，应该大力推广应用新型防水材料，应首先选用技术较先进、性能较优异的高聚物改性沥青卷材及涂料、合成高分子卷材及涂料、弹塑性密封材料及新型刚性防水材料。在当前防水材料市场鱼龙混杂的情况下，必须严把材料质量关，对进入施工现场的防水材料要严格检查，要求其不仅要符合国家或行业标准，有出厂合格证和材料准用证，而且还必须对其进行现场抽样复检，对复检不合格的材料坚决不能用，严防假冒伪劣产品应用到渗漏水治理工程中。

2. 屋面防水设计

设计时应根据建筑物性质、工程特点、重要程度和使用功能进行防水设防。由于目前防水材料品种繁杂、性能各异，适用范围不同且价格相差悬殊，因此，要本着“因地制宜、按需选材、防排结合、刚柔并济、整体密封”的原则进行屋面防水设计和选材。要根据当地的最高和最低气温、日温差、屋面坡度、防水层形式(外露或非外露)以及结构大小等具体情况,选用适合的防水材料,确定相应的施工方案。

3.精心施工

渗漏水治理工程施工是一项技术性强、标准要求高的防水材料再加工过程,因此,必须由经过专业技术培训,熟悉施工规范和防水材料性能特点及适用范围的训练有素的专业防水施工队伍进行施工。在施工过程中必须严格遵守国家标准规范,认真贯彻执行工艺标准,一丝不苟、精心操作,以确保工程质量。

4.加强管理维护

加强管理维护是降低屋面渗漏率和延长防水层使用年限的重要措施。防水工程在竣工验收后的长期使用过程中常常由于材料的逐渐老化、各种变形的反复影响、风雨冰冻的作用、雨水的冲刷、使用时人为的损坏以及垃圾尘土堆积堵塞排水通道等因素的作用使防水层遭到损坏,并导致渗漏,因此,加强管理维护是提高防水工程质量的一个重要措施。定期进行屋面的保养维护,如采取在每年雨期来临前和入冬前对防水层进行全面清扫检查,发现有损坏之处及时修复等措施,对降低屋面渗漏率、减少返修、节省开支、延长防水层使用年限具有十分重要的意义。

1 单元 地下工程防水施工

学习目标

知识要点	能力目标	权重
地下工程防水方案与防水等级	了解地下工程防水等级标准、明挖法和暗挖法地下工程的防水设防要求	5%
防水混凝土施工	掌握防水混凝土施工的基本要求、材料选用，结构的施工方法	20%
水泥砂浆防水层施工	掌握水泥砂浆防水层施工的基本要求、材料选用、施工方法	10%
卷材防水层施工	掌握卷材防水层施工的基本要求、材料选用、施工方法	10%
涂料防水层施工	掌握防水涂料的类型和使用要求、涂料防水层的施工方法	10%
塑料防水板防水层施工	掌握塑料防水板防水层的材料要求、施工方法	5%
金属防水层施工	掌握金属防水层的施工方法	5%
膨润土防水材料防水层施工	掌握膨润土防水材料防水层施工的材料要求、施工方法	5%
地下工程混凝土结构细部构造防水施工	了解地下工程混凝土结构细部构造防水施工的基本要求、材料选用、施工方法	10%
地下防水工程堵漏处理	了解地下防水工程堵漏的处理措施	5%
地下工程防水施工质量验收	掌握地下工程防水施工质量验收的方法及相关标准	15%

引　例

本工程为一个以写字楼、高层住宅、商场为主的具有多种建筑形态的建筑群，规划总建筑面积约为 34 000 m^2。地下 3 层，局部 2 层，地下室面积达 3×10^8 m^2。5＃楼的基础为筏形基础。现 5＃楼的基坑已基本开挖到位，基坑护壁也已施工完成。地下室三层与地下室二层的分界墙面积约为 1 300 m^2，地下室二层的外墙面防水面面积约为 4 930 m^2，地下室三层的外墙面防水面面积约为 3 650 m^2。地下结构的防水要求高，防水施工作业面积大，防水面地形复杂。

在本工程中，针对各种复杂层面，如何做好阴阳转角处[见图 1-1(a)]、后浇带以及竖向墙面与水平地面交界处[见图 1-1(b)]、穿过迎水墙体的管道等位置的细部防水处理？

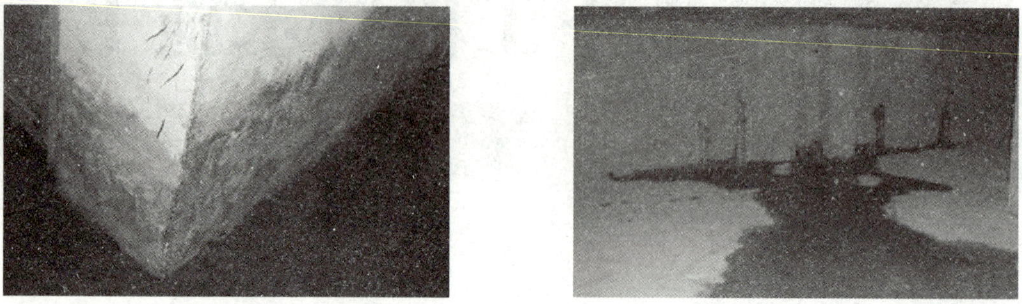

(a)阴阳转角处　　(b)竖向墙面与水平地面交界处

图 1-1　防水处理

1.1　地下工程防水方案与防水等级

地下工程由于深埋在地下，时刻受地下水的渗透作用，如果防水问题处理不好，将会因地下水渗漏到工程内部而带来一系列问题，如影响施工人员在工程场地内正常地工作和生活，使工程内部装修和设备加快锈蚀。使用机械排除工程内部的渗漏水，不仅需要耗费大量的能源和经费，而且大量的排水还可能引起地面和地面建筑物的不均匀沉降和破坏等。

知识链接

地下工程分为以下几类。

(1)工业与民用建筑地下工程，如医院、旅馆、商场、影剧院、洞库、电站、生产车间等。

(2)市政地下工程，如城市共用沟、城市公路隧道、人行过街道、水工涵管等。

(3)地下铁道，如城市地铁区间隧道、地下铁道车站等。

(4)防护工程，因战时防护要求而修建的国防和人防工程，如指挥工程、人员掩蔽工程、疏散通道等。

(5)铁路隧道、公路隧道、水底隧道等。

刚性防水材料的防水层是通过在混凝土或水泥砂浆中加入膨胀剂、减水剂、防水剂等，使混凝土或水泥砂浆变得密实，阻止水分子渗透，达到防水的目的。这种防水方法成本低、施工较为简单，当出现渗漏时，只需修补渗漏裂缝即可。

目前，地下防水工程的方案主要有以下几种。

(1)采用防水混凝土结构。通过调整配合比或掺入外加剂等方法，提高混凝土本身的密实度和抗渗性，使其成为具有一定防水能力的整体式混凝土或钢筋混凝土结构。

(2)在地下结构表面另加防水层。如抹水泥砂浆防水层或贴涂料防水层等。

(3)采取防水加排水措施。排水方案通常可用盲沟排水、渗排水与内排法排水等方法把地下水排走，以达到防水的目的。

《地下防水工程质量验收规范》(GB 50208—2011)根据防水工程的重要性、使用功能和建筑物类别的不同，按围护结构允许渗漏水的程度，将地下工程防水等级分为四级，各级标准应符合表1-1的要求。

表1-1　地下工程防水等级标准

防水等级	防水标准
一级	不允许渗水，结构表面无湿渍
二级	不允许漏水，结构表面可有少量湿渍； 房屋建筑地下工程：总湿渍面积不应大于总防水面积(包括顶板、墙面、地面)的1/1 000；任意100 m^2 防水面积上的湿渍不超过2处，单个湿渍的最大面积不大于0.1 m^2； 其他地下工程：湿渍总面积不应大于总防水面积的2/1 000；任意100 m^2 防水面积上的湿渍不超过3处，单个湿渍的最大面积不大于0.2 m^2；其中，隧道工程平均渗水量不大于0.05 L/(m^2·d)，任意100 m^2 防水面积上的渗水量不大于0.15 L/(m^2·d)
三级	有少量漏水点，不得有线流和漏泥砂； 任意100 m^2 防水面积上的漏水或湿渍点数不超过7处，单个漏水点的最大漏水量不大于2.5 L/d，单个湿渍的最大面积不大于0.3 m^2
四级	有漏水点，不得有线流和漏泥沙； 整个工程平均漏水量不大于2 L/(m^2·d)，任意100 m^2 防水面积上的平均漏水量不大于4 L/(m^2·d)

明挖法和暗挖法地下工程的防水设防应按表1-2和表1-3选用。

表1-2　明挖法地下工程防水设防

<table>
<tr><th rowspan="2">工程部位</th><th rowspan="2">防水措施</th><th colspan="4">防水等级</th></tr>
<tr><th>一级</th><th>二级</th><th>三级</th><th>四级</th></tr>
<tr><td rowspan="7">主体结构</td><td>防水混凝土</td><td colspan="2">应选</td><td colspan="2">宜选</td></tr>
<tr><td>防水卷材</td><td rowspan="6">应选1～2种</td><td rowspan="6">应选1种</td><td rowspan="6">宜选1种</td><td rowspan="6">—</td></tr>
<tr><td>防水涂料</td></tr>
<tr><td>塑料防水板</td></tr>
<tr><td>膨润土防水材料</td></tr>
<tr><td>防水砂浆</td></tr>
<tr><td>金属防水板</td></tr>
</table>

续表

工程部位	防水措施	防水等级			
		一级	二级	三级	四级
施工缝	遇水膨胀止水条或止水胶	应选		宜选	
	外贴式止水带	应选2种	应选1～2种	宜选1～2种	宜选1种
	中埋式止水带				
	外抹防水砂浆				
	外涂防水涂料				
	水泥基渗透结晶型防水涂料				
	预埋注浆管				
后浇带	补偿收缩混凝土	应选		宜选	
	外贴式止水带	应选2种	应选1～2种	宜选1～2种	宜选1种
	预埋注浆管				
	遇水膨胀止水条(胶)				
	防水密封材料				
变形缝、诱导缝	中埋式止水带	应选		宜选	
	外贴式止水带	应选2种	应选1～2种	宜选1～2种	宜选1种
	可卸式止水带				
	防水密封材料				
	外贴防水卷材				
	外涂防水涂料				

表1-3　暗挖法地下工程防水设防

工程部位	防水措施	防水等级			
		一级	二级	三级	四级
衬砌结构	防水混凝土	应选		宜选	
	防水卷材	应选1～2种	应选1种	宜选1种	宜选1种
	防水涂料				
	塑料防水板				
	膨润土防水材料				
	防水砂浆				
	金属防水板				

续表

工程部位	防水措施	防水等级			
		一级	二级	三级	四级
内衬砌施工缝	遇水膨胀止水条或止水胶	应选		宜选	
	外贴式止水带	应选1～2种	应选1种	宜选1种	宜选1种
	中埋式止水带				
	防水密封材料				
	水泥基渗透结晶型防水涂料				
	预埋注浆管				
内衬砌变形缝、诱导缝	中埋式止水带	应选		宜选	
	外贴式止水带	应选1～2种	应选1种	宜选1种	宜选1种
	可卸式止水带				
	防水密封材料				

知识链接

地下工程的耐久性很大程度上取决于结构施工过程中的质量控制、质量保证以及使用过程中的维修与管理，为此原建设部(现更名为住房和城乡建设部)出版了《混凝土结构耐久性设计与施工指南》(CCES 01—2004)(以下简称《指南》)。该《指南》根据耐久性要求将结构设计使用年限分为100年、50年、30年三个等级，地下工程的设计寿命一般超过50年。

1.2 防水混凝土施工

1.2.1 防水混凝土施工的基本要求

防水混凝土可通过调整配合比，或掺加外加剂、掺合料等配制而成，其抗渗等级不得小于P6；防水混凝土的施工配合比应通过试验确定，试配混凝土的抗渗等级应比设计要求提高0.2 MPa；防水混凝土应满足抗渗等级要求，并应根据地下工程所处的环境和工作条件，满足抗压、抗冻和抗侵蚀性等耐久性要求。

知识链接

防水混凝土能够起到防水目的的条件，除了混凝土致密、孔隙率小、开放性孔隙少以外，还需要具有一定的厚度，这样才能使地下水在混凝土中渗透的距离增大，即阻水截面加大。当混凝土内部的阻力大于外部水压力时，地下水就只能渗透到混凝土中的一定距离而停下来，因此防水混凝土结构必须具有一定的厚度才能抵抗地下水的渗透。考虑到现场施工的不利因素及钢筋混凝土中钢筋的引水作用，《混凝土质量控制标准》(GB 50164—2011)中将防水混凝土衬砌的最小厚度定为 250 mm。

防水混凝土的设计抗渗等级应符合表 1-4 的规定。

表 1-4　防水混凝土的设计抗渗等级

工程埋置深度 H/m	设计抗渗等级
$H<10$	P6
$10\leqslant H<20$	P8
$20\leqslant H<30$	P10
$H\geqslant 30$	P12

注 1：本表适用于Ⅰ、Ⅱ、Ⅲ类围岩(土层及软弱围岩)。

注 2：山岭隧道防水混凝土的抗渗等级可按国家现行有关标准执行。

防水混凝土的环境温度不得高于 80 ℃；处于侵蚀性介质中的防水混凝土的耐侵蚀要求应根据介质的性质按有关标准执行。

防水混凝土结构底板的混凝土垫层，其强度等级不应小于 C15，厚度不应小于 100 mm，在软弱土层中不应小于 150 mm。

防水混凝土结构应符合下列规定。

(1)结构厚度不应小于 250 mm。

(2)裂缝宽度不得大于 0.2 mm，并不得贯通。

(3)钢筋保护层的厚度应根据结构的耐久性和工程环境选用，迎水面钢筋保护层的厚度不应小于 50 mm。

1.2.2　防水混凝土施工的材料选用

1. 水泥

在不受侵蚀性介质和冻融作用的条件下，宜采用普通硅酸盐水泥(普通水泥)、硅酸盐水泥、火山灰质硅酸盐水泥、粉煤灰硅酸盐水泥；若选用矿渣硅酸盐水泥，则必须掺用高效减水剂。在受硫酸盐侵蚀性介质作用的条件下，可采用火山灰质硅酸盐水泥、粉煤灰硅酸盐水泥或抗硫酸盐硅酸盐水泥。在受冻融作用的条件下，应优先选用普通硅酸盐水泥，不宜采用火山灰质硅酸盐水泥和粉煤灰硅酸盐水泥。不得使用过期或受潮结块的水泥。

2. 砂、石骨料

(1)宜选用坚固耐久、粒形良好的洁净石子；最大粒径不宜大于 40 mm，泵送时其最大粒径不应大于输送管径的 1/4;吸水率不应大于 1.5%;不得使用碱活性骨料;石子的质量要求应符合国家现行标准的有关规定。

(2)砂宜选用坚硬、抗风化性强、洁净的中粗砂,不宜使用海砂;砂的质量要求应符合国家现行标准的有关规定。

知识链接

在混凝土硬化过程中,石子不收缩,但石子周围的水泥浆会收缩,两者的变形不一致。石子粒径越大,周长越大,与砂浆收缩的差值就越大,就会使砂浆与石子间产生微细裂缝。这些缝隙的存在使混凝土的有效阻水截面显著减少,压力水容易透过。因此,防水混凝土的石子粒径不宜过大,以不超过 40 mm 为宜。

3. 外加剂

外加剂主要是以吸附、分散、引气、催化,或与水泥的某种成分发生反应等物理、化学作用来改善混凝土内部的组织结构,增加其密实性和抗渗性。施工时,应根据防水混凝土工程的工程结构和施工工艺等的具体要求选用相应的外加剂。目前,主要的外加剂有引气剂、减水剂、三乙醇胺早强剂、氯化铁防水剂、U 型膨胀剂等。

目前常用的引气剂有松香酸钠、松香热聚物等,常用于一般防水工程和寒冷地区对抗冻性、耐久性要求较高的防水工程中;常用的减水剂有亚甲基二萘磺酸钠(NNO)、亚甲基双甲基萘磺酸钠(MF)、木质素磺酸钙、糖蜜等,常用于一般防水工程及对施工工艺有特殊要求的防水工程,如用于泵送混凝土及捣固困难的薄壁型防水结构;常用的早强剂如三乙醇胺,常用于工期紧、需要早强的防水工程;常用的防水剂如氯化铁,常用于人防工程、水池、地下室等;常用的膨胀剂如 U 型混凝土膨胀剂(简称 UEA),常用于有抗渗、防裂要求的地下工程、砂浆防水层、砂浆防潮层等。

4. 掺合料

(1)粉煤灰的品质应符合现行国家标准《用于水泥和混凝土中的粉煤灰》(GB/T 1596—2017)的有关规定。

(2)硅粉的品质应符合表 1-5 的要求,用量宜为胶凝材料总量的 2%~5%。

表 1-5 硅粉的品质要求

项 目	指 标
比表面积/(m^2/kg)	≥15 000
二氧化硅含量/%	≥85

(3)粒化高炉矿渣粉的品质应符合现行国家标准《用于水泥、砂浆和混凝土中的粒化高炉矿渣粉》(GB/T 18046—2017)的有关规定。

(4)使用复合掺合料时,其品种和用量应通过试验确定。

知识链接

矿物掺合料的品种很多,但用于配制防水混凝土的主要有粉煤灰、硅粉及粒化高炉矿渣粉。掺合料的品质对防水混凝土性能的影响较大,故必须严格控制掺量。

粉煤灰可以有效地改善混凝土的抗化学侵蚀性(如氯化物侵蚀、碱-骨料反应、硫酸盐侵蚀等),其最佳掺量一般在20%以上,但因掺粉煤灰后混凝土的强度发展较慢,故掺量不宜过多,以20%～30%为宜。另外,粉煤灰对水胶比非常敏感,在低水胶比(0.40～0.45)时粉煤灰的作用才能得到充分的发挥。

掺入硅粉可明显提高混凝土强度及抗化学腐蚀性,但随着硅粉掺量的增加其需水量也随之增加,混凝土的收缩也明显加大,当掺量大于8%时强度会降低,因此,硅粉掺量不宜过高,以2%～5%为宜。

5.其他材料

(1)配筋。配置直径为4～6 mm、间距为100～200 mm的双向钢筋网片时,可采用乙级冷拔低碳钢丝,其性能符合标准要求。钢筋网片应在分格缝处断开,其保护层厚度不宜小于10 mm。

(2)聚丙烯抗裂纤维。聚丙烯抗裂纤维为短切聚丙烯纤维,纤维的直径为0.48 μm,长度为10～19 mm,抗拉强度为276 MPa。将其掺入细石混凝土中,可抵抗混凝土的收缩应力,减少细石混凝土的开裂。其掺量一般为每立方米细石混凝土中掺入0.7～1.2 kg。

1.2.3 防水混凝土结构的施工方法

防水混凝土结构是指因本身的密实性而具有一定防水能力的整体式混凝土或钢筋混凝土结构。防水混凝土适用于有防水要求的地下整体式混凝土结构。

1.防水混凝土的种类

防水混凝土一般分为普通防水混凝土、外加剂防水混凝土和膨胀剂或膨胀水泥防水混凝土三大类。其中,外加剂防水混凝土又分为引气剂防水混凝土、减水剂防水混凝土、三乙醇胺防水混凝土、氯化铁防水混凝土。各种防水混凝土的技术要求和适用范围见表1-6。

表1-6　防水混凝土的技术要求和适用范围

种　类	最大抗渗压力/MPa	技术要求	适用范围
普通防水混凝土	>3.0	水灰比为0.5～0.6;坍落度为30～50 mm(掺外加剂或采用泵送时不受此限);水泥用量不小于320 kg/m³ 灰砂比1∶2～1∶2.5;含砂率不小于35%;粗骨料粒径不大于40 mm;细骨料为中砂或细砂	一般工业、民用及公共建筑的地下防水工程

续表

<table>
<tr><th colspan="2">种　　类</th><th>最大抗渗压力/MPa</th><th>技术要求</th><th>适用范围</th></tr>
<tr><td rowspan="4">外加剂防水混凝土</td><td>引气剂防水混凝土</td><td>>2.2</td><td>含气量为3%～6%；水泥用量为250～300 kg/m³；水灰比为0.5～0.6；含砂率为28%～35%；砂石级配、坍落度与普通混凝土相同</td><td>适用于北方高寒地区对抗冻要求较高的地下防水工程及一般的地下防水工程，不适用于抗压强度大于20 MPa或耐磨性要求较高的地下防水工程</td></tr>
<tr><td>减水剂防水混凝土</td><td>>2.2</td><td>选用加气型减水剂。根据施工需要分别选用缓凝型、促凝型、普通型的减水剂</td><td>钢筋密集或薄壁型防水构筑物，对混凝土凝结时间和流动性有特殊要求的地下防水工程，如泵送混凝土</td></tr>
<tr><td>三乙醇胺防水混凝土</td><td>>3.8</td><td>可单独掺用，也可与氯化钠复合掺用，也能与氯化钠、亚硝酸钠三种材料复合使用</td><td>工期紧迫、要求早强及抗渗性较高的地下防水工程</td></tr>
<tr><td>氯化铁防水混凝土</td><td>>3.8</td><td>氯化铁掺量一般为水泥用量的3%</td><td>水中结构、无筋少筋、厚大防水混凝土工程及一般地下防水工程，砂浆修补抹面工程。薄壁结构不宜使用</td></tr>
<tr><td colspan="2">膨胀剂防水混凝土</td><td>>3.8</td><td>必须掺入32.5 MPa以上的普通矿渣、火山灰和粉煤灰水泥共同使用，不得单独代替水泥。一般外掺量占水泥用量的20%</td><td>地下工程及其后浇缝</td></tr>
</table>

2. 防水混凝土的拌制

1)防水混凝土的配合比

防水混凝土的配合比应符合下列规定。

(1)胶凝材料用量应根据混凝土的抗渗等级和强度等级等选用，其总用量不宜小于320 kg/m³；当强度要求较高或地下水有腐蚀性时，胶凝材料用量可通过试验调整。

(2)在满足混凝土抗渗等级、强度等级和耐久性的条件下，水泥用量不宜小于260 kg/m³。

(3)砂率宜为35%～40%，泵送时可增至45%。

(4)灰砂比宜为1∶1.5～1∶2.5。

(5)水胶比不得大于0.50，有侵蚀性介质时水胶比不宜大于0.45。

(6)防水混凝土采用预拌混凝土时，入泵坍落度宜控制在120～160 mm，坍落度每小时损失值不应大于20 mm，坍落度总损失值不应大于40 mm。

(7)掺加引气剂或引气型减水剂时，混凝土的含气量应控制在3%～5%。

(8)预拌混凝土的初凝时间宜为6～8 h。

2)防水混凝土的拌制

防水混凝土的配料应按配合比准确称量，其计量允许偏差应符合表 1-7 的规定。

表 1-7　防水混凝土配料计量允许偏差

混凝土的组成材料	每盘计量/%	累计计量/%
水泥、掺合料	±2	±1
粗骨料、细骨料	±3	±2
水、外加剂	±2	±1

注：累计计量仅适用于微机控制计量的搅拌站。

使用减水剂时，减水剂宜配制成一定浓度的溶液。

防水混凝土拌合物应采用机械搅拌，搅拌时间不宜小于 2 min。掺外加剂时，搅拌时间应根据外加剂的技术要求确定。

防水混凝土拌合物在运输后如出现离析，则必须进行二次搅拌。当坍落度损失后不能满足施工要求时，应加入原水胶比的水泥浆或掺加同品种的减水剂进行搅拌，严禁直接加水。

3.防水混凝土施工缝的处理

(1)防水混凝土应连续浇筑，宜少留施工缝。当留设施工缝时，应符合下列规定。

①墙体水平施工缝不应留在剪力最大处或底板与侧墙的交接处，应留在高出底板表面不小于 300 mm 的墙体上。拱(板)墙结合的水平施工缝，宜留在拱(板)墙接缝线以下 150～300 mm 处。墙体有预留孔洞时，施工缝距孔洞边缘不应小于 300 mm。

②垂直施工缝应避开地下水和裂隙水较多的地段，并宜与变形缝相结合。

(2)施工缝防水构造形式宜按图 1-2、图 1-3、图 1-4、图 1-5 选用，当采用两种以上构造形式时可进行有效组合。(钢板止水带 $L \geqslant 150$；橡胶止水带 $L \geqslant 200$；钢边橡胶止水带 $L \geqslant 120$。)

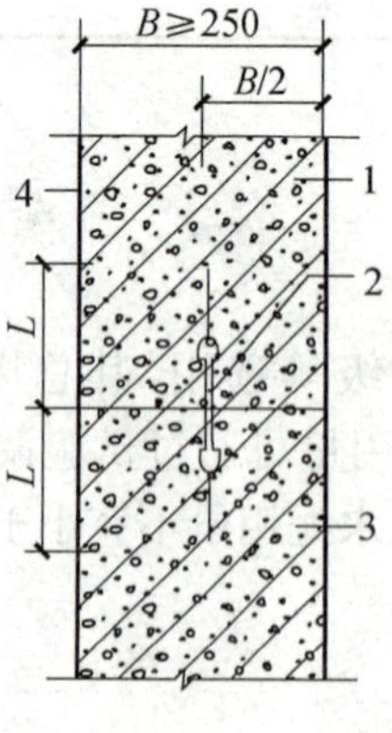

图 1-2　施工缝的防水构造(一)

1—后浇混凝土；2—中埋止水带；3—先浇混凝土；4—结构迎水面

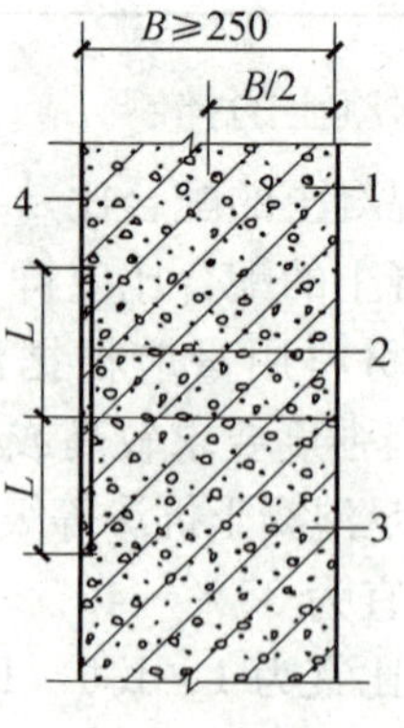

图 1-3　施工缝的防水构造(二)

1—后浇混凝土；2—外贴止水带；3—先浇混凝土；4—结构迎水面

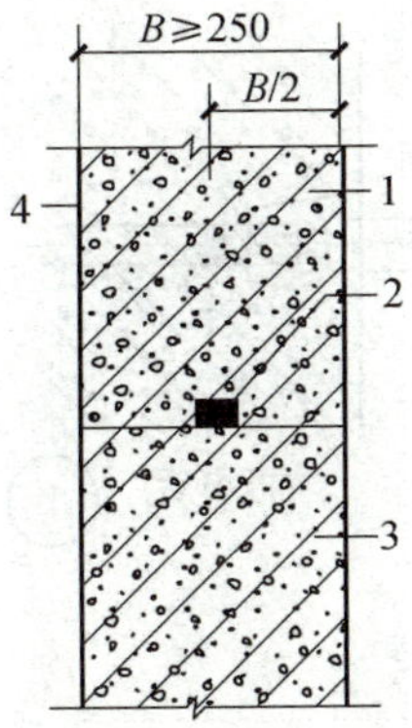

图 1-4　施工缝的防水构造(三)

1—后浇混凝土；2—遇水膨胀止水条(胶)；3—先浇混凝土；4—结构迎水面

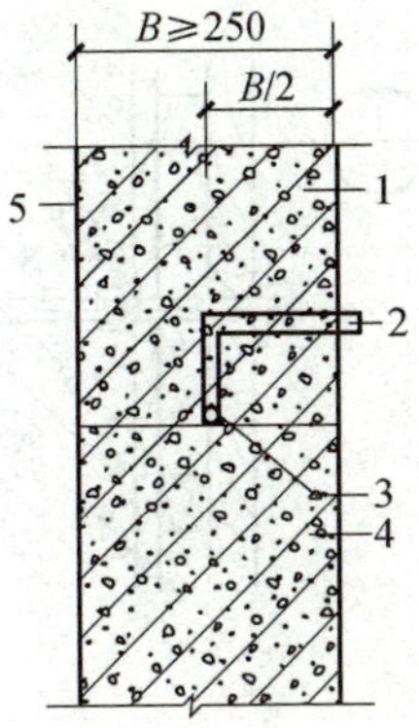

图 1-5　施工缝的防水构造(四)

1—后浇混凝土；2—注浆导管；3—预埋注浆管；4—先浇混凝土；5—结构迎水面

(3)施工缝的施工应符合下列规定。

①水平施工缝在浇筑混凝土前，应先将其表面的浮浆和杂物清除干净，然后铺设净浆或涂刷混凝土界面处理剂、水泥基渗透结晶型防水涂料等材料，再铺 30～50 mm 厚的 1∶1 水泥砂浆，并及时浇筑混凝土。

②垂直施工缝在浇筑混凝土前，应先将其表面清理干净，再涂刷混凝土界面处理剂或水泥基渗透结晶型防水涂料，并应及时浇筑混凝土。

③遇水膨胀止水条(胶)应与接缝表面密贴。

④选用的遇水膨胀止水条(胶)应具有缓胀性能，7 d 的净膨胀率不宜大于最终膨胀率的 60%，最终膨胀率宜大于 220%。

⑤采用中埋式止水带或预埋注浆管时，应定位准确、固定牢靠。

4. 防水混凝土的施工

1)模板安装

防水混凝土的所有模板，除满足一般要求外，还应特别注意模板拼缝要严密不漏浆，构造应牢固稳定，固定模板的螺栓(或铁丝)不宜穿过防水混凝土结构。当固定模板用的螺栓必须穿过混凝土结构时，可采用工具式螺栓、螺栓上加焊方形止水环、预埋套管加焊止水环等做法。止水环尺寸及环数应符合设计规定。如设计无规定，则止水环应为 10 cm×10 cm 的方形止水环，且至少有一环。

(1)工具式螺栓做法。用工具式螺栓将防水螺栓固定并拉紧，以压紧固定模板。拆模时将工具式螺栓取下，再以嵌缝材料及聚合物水泥砂浆将螺栓凹槽封堵严密，如图 1-6 所示。

(2)螺栓加焊止水环做法。在对拉螺栓中部加焊止水环，止水环与螺栓必须满焊严密。拆模后应沿混凝土结构边缘将螺栓割断。此法将消耗所用螺栓，如图 1-7 所示。

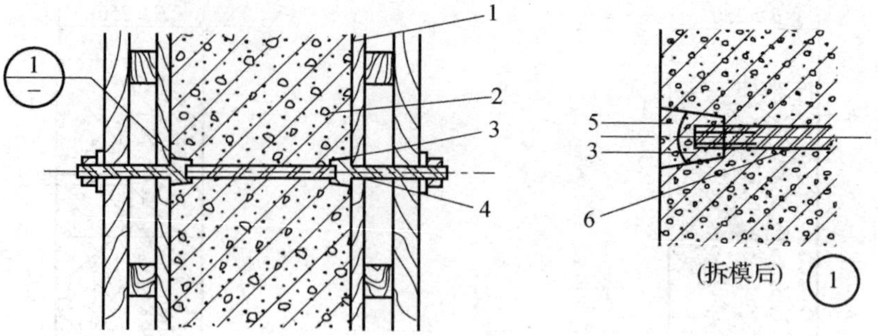

图 1-6　工具式螺栓的防水做法

1—模板；2—结构混凝土；3—密封材料；4—工具式螺栓；
5—聚合物水泥砂浆；6—固定模板用螺栓

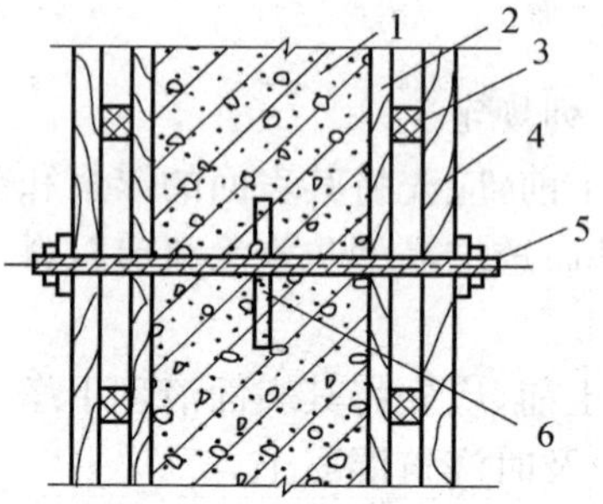

图 1-7　螺栓加焊止水环

1—围护结构；2—模板；3—小龙骨；4—大龙骨；5—螺栓；6—止水环

(3)预埋套管加焊止水环做法。套管采用钢管，其长度(或其长度加上两端垫木的厚度之和)等于墙厚，兼具撑头作用，以保持模板之间的设计尺寸。止水环在套管上满焊严密。支模时在预埋套管中穿入对拉螺栓拉紧固定模板。拆模后将螺栓抽出，套管内以膨胀水泥砂浆封堵密实。套管两端有垫木的，拆模时连同垫木一并拆除，除密实封堵套管外，还应将两端垫木留下的凹坑用同样方法封实，如图 1-8 所示。此法可用于抗渗要求一般的结构。

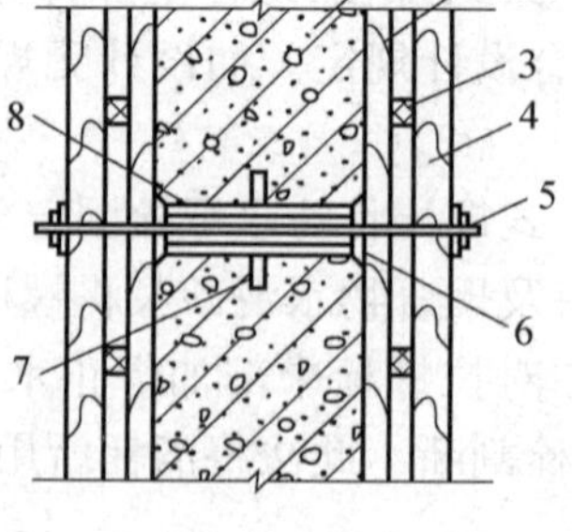

图 1-8　预埋套管加焊止水环

1—防水结构；2—模板；3—小龙骨；4—大龙骨；5—螺栓；6—垫木；
7—止水环；8—预埋套管

2)钢筋施工

做好钢筋绑扎前的除污、除锈工作。绑扎钢筋时,应按设计规定留足保护层,且迎水面钢筋保护层的厚度不应小于 50 mm。应以相同配合比的细石混凝土或水泥砂浆制成垫块,将钢筋垫起,以保证保护层厚度。严禁以垫铁或钢筋头垫钢筋,或将钢筋用铁钉及钢丝直接固定在模板上。钢筋应绑扎牢固,避免因碰撞、振动使绑扣松散、钢筋移位造成露筋。钢筋及绑扎钢丝均不得接触模板。采用铁马凳架设钢筋时,在不便取掉铁马凳的情况下,应在铁马凳上加焊止水环。在钢筋密集的情况下,更应注意绑扎或焊接质量,并用自密实高性能混凝土浇筑。

3)混凝土搅拌

选定配合比时,其试配要求的抗渗水压应较其设计值提高 0.2 MPa,并准确计算及称量每种用料,投入混凝土搅拌机。外加剂的掺入方法应遵从所选外加剂的使用要求。

防水混凝土必须采用机械搅拌。搅拌时间不应小于 120 s。掺外加剂时,应根据外加剂的技术要求确定搅拌时间。

4)混凝土运输

运输过程中应采取措施防止混凝土拌合物产生离析,以及坍落度和含气量的损失,同时要防止漏浆。

防水混凝土拌合物在常温下应在 0.5 h 以内运至现场;运送距离较远或气温较高时,可掺入缓凝型减水剂,缓凝时间宜为 6～8 h。

5)混凝土的浇筑和振捣

在结构中若有密集管群,以及预埋件或钢筋稠密的地方,不易使混凝土浇捣密实时,应选用免振捣的自密实高性能混凝土进行浇筑。

在浇筑大体积结构,遇有预埋大管径套管或面积较大的金属板时,其下部的倒三角形区域不易浇捣密实而形成空隙,造成漏水,为此,可在管底或金属板上预先留置浇筑振捣孔,以利浇捣和排气,浇筑后再将孔补焊严密。

混凝土浇筑应分层,每层厚度不宜超过 30 cm,相邻两层的浇筑时间的间隔不应超过 2 h,夏季可适当缩短。混凝土在浇筑地点须检查坍落度,每工作班至少检查两次。普通防水混凝土的坍落度不宜大于 50 mm。

防水混凝土必须采用高频机械振捣,振捣时间宜为 10～30 s,以混凝土泛浆和不冒气泡为准。要依次振捣密实,应避免漏振、欠振和超振。掺加引气剂或引气型减水剂时,应采用高频插入式振捣器振捣密实。

6)混凝土的养护

防水混凝土的养护对其抗渗性能的影响极大,特别是早期湿润养护更为重要,一般在混凝土进入终凝(浇筑后 4～6 h)即应覆盖,浇水湿润养护不应少于 14 d。防水混凝土不宜用电热法养护和蒸汽养护。

7)模板拆除

由于防水混凝土要求较严,因此不宜过早拆模。拆模时混凝土的强度必须超过设计强度等级的 70%,混凝土表面温度与环境之差不得大于 15 ℃,以防止混凝土表面产生裂缝。拆模时应注意勿使模板和防水混凝土的结构受损。

8)防水混凝土结构的保护

地下工程的结构部分拆模后，经检查合格，应及时回填。回填前应将基坑清理干净，无杂物且无积水。回填土应分层夯实。地下工程周围 800 mm 以内宜用灰土、黏土或粉质黏土回填；回填土中不得含有石块、碎砖、灰渣、有机杂物以及冻土。回填施工应均匀对称进行。回填后，在地面建筑的周围应做不小于 800 mm 宽的散水，其坡度宜为 5%，以防地表水侵入地下。

严禁在完工后的防水结构上打洞。若结构表面有蜂窝麻面，应及时修补。修补时应先用水冲洗干净，涂刷一道水灰比为 0.4 的水泥浆，再用水灰比为 0.5 的 1∶2.5 的水泥砂浆填实抹平。

5. 大体积防水混凝土的施工

大体积防水混凝土的施工应符合下列规定。

(1)在设计许可的情况下，掺粉煤灰混凝土设计强度等级的龄期宜为 60 d 或 90 d。

(2)宜选用水化热低和凝结时间长的水泥。

(3)宜掺入减水剂、缓凝剂等外加剂和粉煤灰、磨细矿渣粉等掺合料。

(4)在炎热季节施工时，应采取降低原材料温度、减少混凝土运输时吸收外界热量等降温措施，入模温度不应大于 30 ℃。

(5)在混凝土内部预埋管道时，宜进行水冷散热。

(6)应采取保温保湿养护措施。混凝土的中心温度与表面温度的差值不应大于 25 ℃，表面温度与大气温度的差值不应大于 20 ℃，温降梯度不得大于 3 ℃/d，养护时间不应少于 14 d。

6. 防水混凝土的养护

在浇筑后，如混凝土养护不及时，混凝土内部的水分将迅速蒸发，使水泥水化不完全。水分蒸发会造成毛细管网彼此连通，形成渗水通道；同时混凝土收缩增大，出现龟裂，抗渗性急剧下降，甚至完全丧失抗渗能力。若养护及时，防水混凝土会在潮湿的环境中或水中硬化，能使混凝土内的游离水分蒸发缓慢，水泥水化充分。水泥水化的生成物会堵塞毛细孔隙，形成不连通的毛细孔，提高混凝土的抗渗性。不同养护龄期的混凝土的抗渗性能见表 1-8。

表 1-8　不同养护龄期的混凝土的抗渗性能

养护方式	雾室养护			备　注
龄期/d	7	14	23	水灰比为 0.5，砂率为 35%
坍落度/cm	7.1	7.1	7.1	
抗渗压力/MPa	1.1	>3.5	>3.5	

7. 地下工程的冬期施工

在进行地下工程冬期施工时，必须采取一定的技术措施。因为混凝土温度为 4 ℃时，其强度的增长速度仅为 15 ℃时的 1/2。当混凝土温度降到 −4 ℃时，水泥的水化作用停止，混凝土强度也停止增长。水冻结后，体积膨胀 8%～9%，使混凝土内部产生很大的冻胀应力。

如果此时混凝土的强度较低，则其会被冻裂，使得内部结构被破坏，造成强度、抗渗性显著下降。

冬期施工措施既要便于施工、成本低，又要保证混凝土的质量，具体应根据施工现场的条件进行选择。

(1)掺外加剂。这里的化学外加剂主要是指防冻剂。在混凝土拌合物拌和用水中加入防冻剂能降低水溶液的冰点，保证混凝土在低温或负温下硬化。如掺亚硝酸钠-三乙醇胺防冻剂的防水混凝土，可在外界温度不低于－10 ℃的条件下硬化。但由于防冻剂的掺入会使溶液的导电能力倍增，故不得在高压电源和大型直流电源的工程中应用。在施工时，还要适当延长混凝土的搅拌时间，混凝土入模温度应为正温，振捣要密实，并要注意早期养护。

(2)暖棚法。暖棚法采用暖棚加温，使混凝土在正温下硬化，对建筑物体积不大或混凝土工程量集中的工程，宜采用此法。暖棚法施工时，暖棚内可以采用蒸汽管片或低压电阻片加热，使暖棚保持在 5 ℃以上，混凝土入模温度也应为正温。对在室外平均气温为－15 ℃以下的结构，应优先采用蓄热法。采用蓄热法需经热工计算，根据每立方米混凝土从浇筑完毕的温度降到 0 ℃的过程中，透过模板及覆盖的保温材料所放出的热量与混凝土所含的热量及水泥在此期间所放出的水化热之和相平衡，与此同时混凝土的强度也正好达到临界强度。当利用水泥水化热不能满足热量平衡时，可采用原材料加热法(分别加热水、砂、石)或增加保温材料的热阻。

(3)其他方法。蒸汽加热法和电加热法易使混凝土局部热量集中，故不宜在防水混凝土冬期施工中使用。

1.3 水泥砂浆防水层施工

水泥砂浆抹面防水层可分为刚性多层防水层(普通水泥砂浆防水层)和掺外加剂(氯化铁防水剂、铝粉膨胀剂、减水剂等)的水泥砂浆防水层两种，其构造做法如图 1-9 所示。

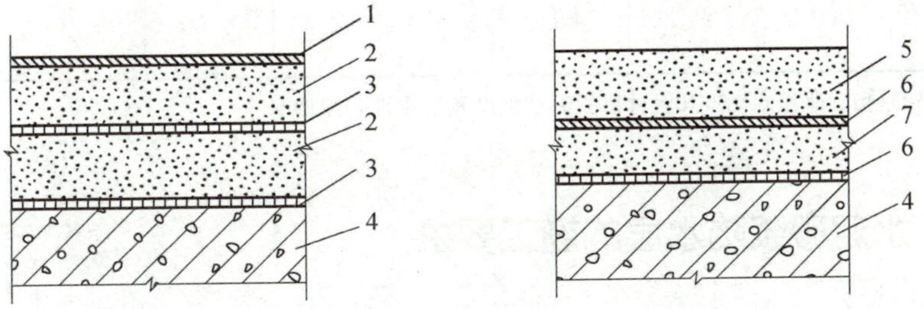

(a)刚性多层防水层　　(b)掺外加剂的水泥砂浆防水层

图 1-9　水泥砂浆抹面防水层的构造做法

1—水泥浆(1 mm)；2—砂浆层(45 mm)；3—素灰层(2 mm)；4—结构基层；
5—防水砂浆面层；6—水泥浆一道；7—外加剂防水砂浆垫层

1.3.1 防水砂浆

防水砂浆应包括聚合物水泥防水砂浆、掺外加剂或掺合料的防水砂浆，宜采用多层抹压法施工。水泥砂浆防水层可用于地下工程主体结构的迎水面或背水面，不可用于受持续振动或温度高于 80 ℃的地下工程防水。水泥砂浆防水层应在基础垫层、初期支护、围护结构及内衬结构验收合格后施工。

水泥砂浆的品种和配合比设计应根据防水工程要求确定。聚合物水泥防水砂浆的厚度，单层施工时宜为 6～8 mm，双层施工时宜为 10～12 mm；掺外加剂或掺合料的水泥防水砂浆的厚度宜为 18～20 mm。水泥砂浆防水层的基层混凝土强度或砌体用的砂浆强度均不应低于设计值的 80%。

用于水泥砂浆防水层的材料应符合下列规定。

(1)应使用硅酸盐水泥、普通硅酸盐水泥或特种水泥，不得使用过期或受潮结块的水泥。

(2)砂宜采用中砂，含泥量不应大于 1%，硫化物和硫酸盐含量不应大于 1%。

(3)拌制水泥砂浆用水应符合国家现行标准《混凝土用水标准》(JGJ 63—2006)的有关规定。

(4)聚合物乳液的外观应为均匀液体，无杂质、无沉淀、不分层。聚合物乳液的质量要求应符合国家现行标准《建筑防水材料用聚合物乳液》(JC/T 1017—2020)的有关规定。

(5)外加剂的技术性能应符合现行国家有关标准的质量要求。

防水砂浆的主要性能应符合表 1-9 的要求。

表 1-9 防水砂浆的主要性能

防水砂浆种类	黏结强度/MPa	抗渗性/MPa	抗折强度/MPa	干缩率/%	吸水率/%	冻融循环/次	耐碱性	耐水性/%
掺外加剂、掺合料的防水砂浆	>0.6	≥0.8	同普通砂浆	同普通砂浆	≤3	>50	10% NaOH 溶液浸泡 14 d 无变化	—
聚合物水泥防水砂浆	>1.2	≥1.5	≥8.0	≤0.15	≤4	>50	—	≥80

注：耐水性指标是指砂浆浸水 168 h 后材料的黏结强度及抗渗性的保持率。

1.3.2 水泥砂浆防水层的施工要求

1. 一般要求

基层表面应平整、坚实、清洁，并应充分湿润、无明水。基层表面的孔洞、缝隙应采用与防水层相同的防水砂浆堵塞并抹平。施工前应先在预埋件、穿墙管预留凹槽内嵌填密封材料，然后进行水泥砂浆防水层的施工。

防水砂浆的配合比和施工方法应符合所掺材料的规定，其中聚合物水泥防水砂浆的用水量应包括乳液中的含水量。水泥砂浆防水层应分层铺抹或喷射，铺抹时应压实、抹平，最后一层表面应提浆压光。聚合物水泥防水砂浆拌和后应在规定时间内用完，施工中不得任意加水。

水泥砂浆防水层的各层应紧密黏合，每层宜连续施工；必须留设施工缝时，应采用阶梯坡形槎，但离阴阳角处的距离不得小于 200 mm。

水泥砂浆防水层不得在雨天、五级及以上大风中施工。冬期施工时，气温不应低于 5 ℃。夏季不宜在 30 ℃以上或烈日照射下施工。

水泥砂浆防水层终凝后，应及时进行养护，养护温度不宜低于 5 ℃，并应保持砂浆表面湿润，养护时间不得少于 14 d。

聚合物水泥防水砂浆未达到硬化状态时，不得浇水养护或直接被雨水冲刷，硬化后应采用干湿交替的养护方法。潮湿环境中，可在自然条件下养护。

2. 基层处理

基层处理十分重要，是保证防水层与基层表面结合牢固、不空鼓和密实不透水的关键。基层处理包括清理、浇水、刷洗、补平等工序，可使基层表面保持潮湿、清洁、平整、坚实、粗糙。

1)混凝土基层的处理

(1)新建混凝土工程处理。拆除模板后，应立即用钢丝刷将混凝土表面刷毛，并在抹面前浇水冲刷干净。

(2)旧混凝土工程处理。补做防水层时需用钻子、剁斧、钢丝刷将表面凿毛，清理平整后再冲水，用棕刷刷洗干净。

(3)混凝土基层表面凹凸不平、蜂窝孔洞的处理。超过 1 cm 的棱角及凹凸不平处，应剔成慢坡形，并浇水清洗干净，用素灰和水泥砂浆分层找平，如图 1-10 所示。混凝土表面的蜂窝孔洞，应先将松散不牢的石子除掉，浇水冲洗干净，用素灰和水泥砂浆交替抹到与基层面相平，如图 1-11 所示。当混凝土表面的蜂窝床面不深、石子黏结较牢固时，只需用水冲洗干净后，用素灰打底，水泥砂浆压实找平，如图 1-12 所示。

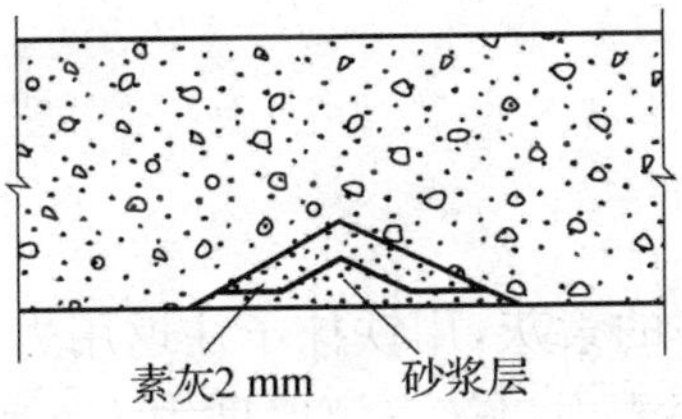

图 1-10 基层凹凸不平的处理

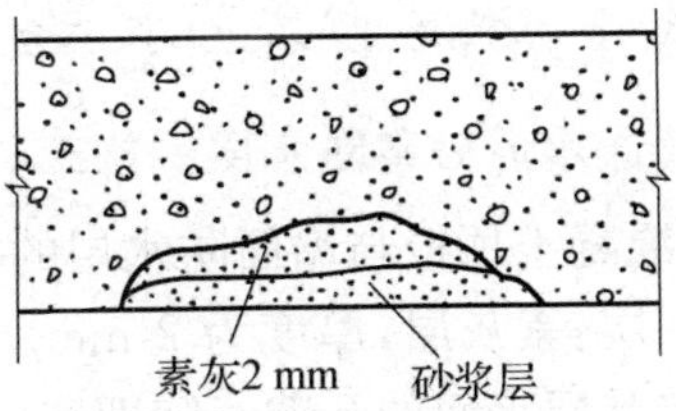

图 1-11 蜂窝孔洞的处理

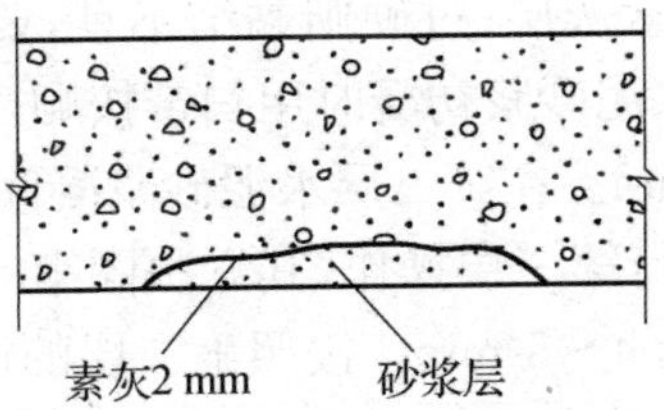

图 1-12 蜂窝麻面的处理

(4)混凝土结构的施工缝要沿缝剔成八字形凹槽，用水冲洗后，用素灰打底、水泥砂浆压实抹平，如图 1-13 所示。

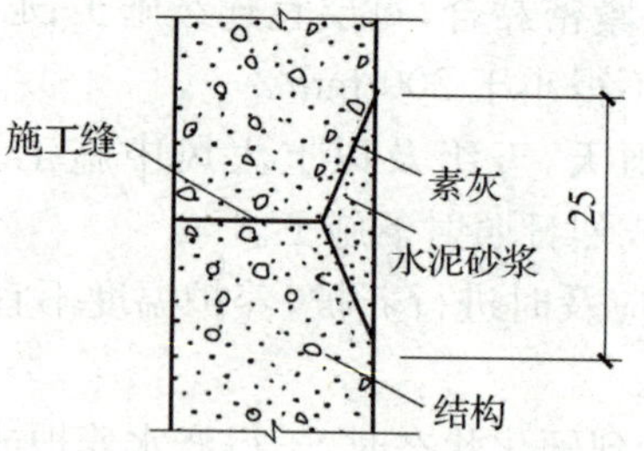

图 1-13　混凝土结构施工缝的处理

2)砖砌体基层的处理

对于新砌体，应将其表面残留的砂浆等污物清除干净，并浇水冲洗。对于旧砌体，要将其表面酥松表皮及砂浆等污物清理干净，至露出坚硬的砖面，并浇水冲洗。

对于石灰砂浆或混合砂浆砌的砖砌体，应将缝剔深 1 cm，缝内呈直角，如图 1-14 所示。

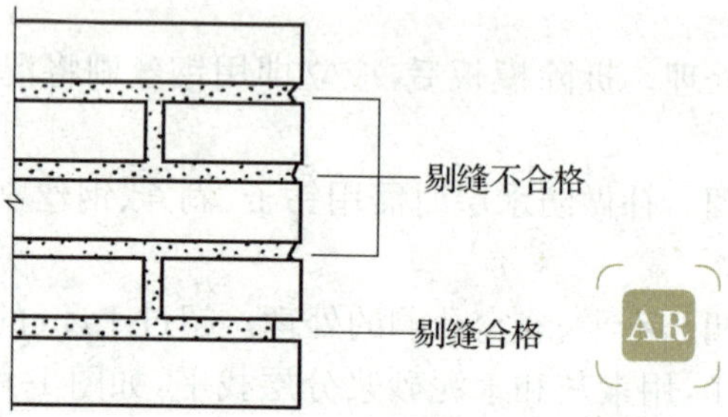

图 1-14　砖砌体的剔缝

1.3.3　水泥砂浆防水层的施工方法

1. 普通水泥砂浆防水层的施工

(1)混凝土顶板与墙面防水层的操作。

第一层：素灰层，厚度为 2 mm。先抹一道 1 mm 厚的素灰，用铁抹子往返用力刮抹，使素灰填实基层表面的孔隙。随即在已刮抹过素灰的基层表面再抹一道厚度为 1 mm 的素灰找平层，抹完后，用湿毛刷在素灰层表面按顺序涂刷一遍。

第二层：水泥砂浆层，厚度为 4～5 mm。在素灰层初凝时抹第二层水泥砂浆层，要防止素灰层过软或过硬，过软将破坏素灰层；过硬则黏结不良，要保证水泥砂浆层薄薄压入素灰层厚度的 1/4 左右，抹完后，在水泥砂浆初凝时用扫帚按顺序向一个方向扫出横向条纹。

第三层：素灰层，厚度为 2 mm。在第二层水泥砂浆凝固并具有一定强度(常温下间隔一昼夜)时，适当浇水湿润，方可进行第三层操作，其方法同第一层。

第四层：水泥砂浆层，厚度为 4～5 mm。按照第二层的操作方法将水泥砂浆抹在第三层上，抹后在水泥砂浆凝固前，即水分蒸发的过程中，分次用铁抹子压实，一般以抹压 3～4 次为宜，最后再压光。

第五层：第五层是在第四层水泥砂浆抹压两边后，用毛刷均匀地将水泥浆刷在第四层表面，随第四层抹实压光。

(2)砖墙面和拱顶防水层的操作。第一层是刷一道水泥浆，厚度约为 1 mm，用毛刷往返涂刷均匀，涂刷后，可抹第二、三、四层等，其操作方法与混凝土基层防水相同。

2. 地面防水层的操作

地面防水层的操作与墙面、顶板不同的地方是，素灰层(一、三层)不采用刮抹的方法，而是把拌和好的素灰倒在地面上，用棕刷往返用力涂刷均匀，第二层和第四层是在素灰层初凝前后把拌和好的水泥砂浆层按厚度要求均匀铺在素灰层上，按墙面、顶板的操作要求抹压，各层厚度也均与墙面、顶板的防水层相同。地面防水层在施工时要防止践踏，应按由里向外的顺序进行，如图 1-15 所示。

3. 特殊部位的施工

结构阴阳角处的防水层，均需抹成圆角，阴角的直径为 5 cm，阳角的直径为 1 cm。防水层的施工缝需留斜坡阶梯形槎，槎子的搭接要依照层次操作顺序层层搭接。留槎的位置一般留在地面上，亦可留在墙面上，所留的槎子均需离阴阳角 20 cm 以上，如图 1-16 所示。

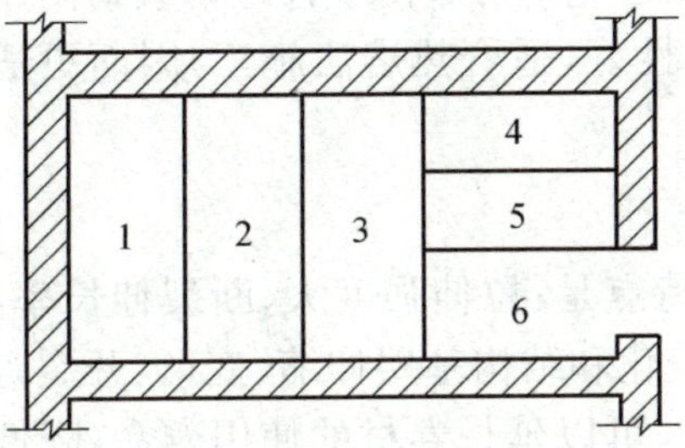

图 1-15　地面防水层的施工顺序

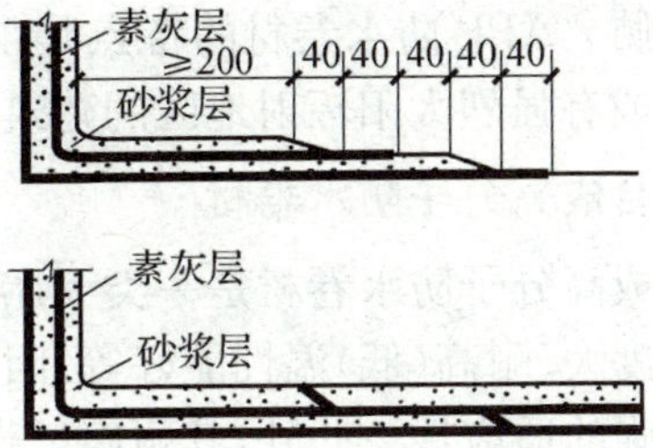

图 1-16　防水层接槎处理

1.4 卷材防水层施工

1.4.1 防水卷材的类型

按原材料性质分类的防水卷材主要有沥青防水卷材、高聚物改性沥青防水卷材和合成高分子防水卷材三大类，但其中的沥青防水卷材现已被逐渐淘汰。

特别提示：卷材防水层应铺设在结构迎水面的基面上，其作用有三点：一是保护结构不受侵蚀性介质侵蚀，二是防止外部压力水渗入到结构内部引起锈蚀钢筋，三是克服卷材与混凝土基面的黏结力小的缺点。

1. 沥青防水卷材

沥青防水卷材的传统产品是石油沥青纸胎油毡。由于原料 80%左右是沥青，沥青类建筑防水卷材在生产过程中会产生较大污染，加之工艺落后、耗能高、资源浪费，自 1999 年以来，国家及地方政府不断发文，曾勒令除新型改性沥青类产品以外的其他产品逐步退市，并一再提高技术标准。从 2008 年开始，工业和信息化部、国家发展和改革委员会、国家质量监督检验检疫总局等部门也分别从淘汰落后产能、调整产业结构、管理生产许可证准入等方面，限制沥青类防水卷材的生产量。

2. 高聚物改性沥青防水卷材

该卷材使用的高聚物改性沥青是指在石油沥青中添加聚合物，以弥补沥青的感温性差、低温易脆裂、高温易流淌等不足。用于沥青改性的聚合物较多，主要以 SBS(苯乙烯-丁二烯-苯乙烯合成橡胶)为代表的弹性体聚合物和以 APP(无规聚丙烯合成树脂)为代表的塑性体聚合物两大类。卷材的胎体主要使用玻纤毡和聚酯毡等高强材料。高强材料的主要品种有：SBS 改性沥青防水卷材、APP 改性沥青防水卷材、PVC 改性焦油沥青防水卷材、再生胶改性沥青防水卷材、废橡胶粉改性沥青防水卷材和其他改性沥青防水卷材等。

SBS 防水卷材的特点是：低温柔性好、弹性和延伸率大、纵横向强度均匀性好，不仅可以在低寒、高温气候条件下使用，而且在一定程度上可以避免结构层由于伸缩开裂对防水层构成的威胁。APP 防水卷材的特点是：耐热度高、热熔性好，适合热熔法施工，因而更适合高温气候或有强烈太阳辐射地区的建筑屋面防水。

3. 合成高分子防水卷材

合成高分子防水卷材是一类无胎体的卷材。其特点是：拉伸强度大、断裂伸长率高、抗撕裂强度大、耐高(低)温性能好等，因而对环境气温变化和结构基层伸缩、变形、开裂等状况具有较强的适应性。此外，其耐腐蚀性和抗老化性好，可以延长卷材的使用寿命，降低建筑防水的综合费用。

合成高分子防水卷材按其原料的品质分为合成橡胶和合成树脂两大类。当前最具代表性的产品是合成橡胶类的三元乙丙橡胶(EPDM)防水卷材和合成树脂类的聚氯乙烯(PVC)防水卷材。

此外，我国还研制出多种橡塑共混防水卷材，其中氯化聚乙烯-橡胶共混防水卷材最具代表性，其性能指标接近三元乙丙橡胶防水卷材。由于其原材料与价格占有一定的优势，因此，应用量正逐步扩大。

阅读材料

高分子防水卷材发展的三个时代

高分子防水卷材经历了三个时期，即 EPDM 时代、PVC 时代、TPO 时代。

EPDM 即三元乙丙橡胶，是第一代的高分子防水卷材；随着市场的扩大、技术要求的提高，PVC 在市场上逐渐盛行。后者采用热熔焊接法施工，克服了前者在施工搭接中的缺点。

截至 20 世纪 90 年代末，TPO 防水卷材进入北美及欧洲市场。2003 年，TPO 防水材料进入中国，成为中国防水市场上高分子材料的新宠。2008 年，TPO 防水卷材在欧美高分子卷材类市场中的市场占有率跃居第一名，市场占有率在高分子类材料中连续保持在 21%以上。

TPO 防水卷材即热塑性聚烯烃类防水卷材，是以采用先进的聚合技术将乙丙橡胶与聚丙烯结合在一起的热塑性聚烯烃(TPO)合成树脂为基料,加入抗氧剂、防老剂、软化剂制成的新型防水卷材,属合成高分子防水卷材类防水产品。TPO防水卷材综合了EPDM和PVC的性能优点,具有EPDM的耐候能力、低温柔性和PVC的易焊接特性。而在两层TPO材料中间加设一层聚酯纤维织物后,可增强防水卷材的物理性能,提高断裂强度、抗穿刺能力。在实际应用中,TPO具有抗老化、拉伸强度高、伸长率大、潮湿屋面可施工、外露无须保护层、施工方便、无污染等综合特点,十分适于作为轻型节能屋面的防水层。

目前,TPO在欧美市场上的占有率早已远超PVC及EPDM。在中国,EPDM及PVC两种材料在市场上的占有率也在逐年缩减,而TPO的产量和销量呈上升趋势。

1.4.2 防水卷材的要求

卷材防水层宜用于经常处在地下水环境,且受侵蚀性介质作用或受振动作用的地下工程,应铺设在混凝土结构的迎水面;用于建筑物地下室时,应铺设在结构底板垫层至墙体防水设防高度的结构基面上;用于单建式的地下工程时,应从结构底板垫层铺设至顶板基面,并应在外围形成封闭的防水层。

防水卷材的品种规格和层数应根据地下工程防水等级、地下水位高低及水压力作用状况、结构构造形式和施工工艺等因素确定。卷材防水层的卷材品种可按表1-10选用,并应符合下列规定。

(1)卷材外观质量、品种规格应符合国家现行有关标准的规定。

(2)卷材及其胶黏剂应具有良好的耐水性、耐久性、耐刺穿性、耐腐蚀性和耐菌性。

表1-10 卷材防水层的卷材品种

类别	品种名称
高聚物改性沥青类防水卷材	弹性体改性沥青防水卷材
	改性沥青聚乙烯胎防水卷材
	自粘聚合物改性沥青防水卷材
合成高分子类防水卷材	三元乙丙橡胶防水卷材
	聚氯乙烯防水卷材
	聚乙烯丙纶复合防水卷材
	高分子自粘胶膜防水卷材

卷材防水层的厚度应符合表1-11的规定。

表 1-11　卷材防水层的厚度

卷材品种	高聚物改性沥青类防水卷材			合成高分子类防水卷材			
	弹性体改性沥青防水卷材、改性沥青聚乙烯胎防水卷材	自粘聚合物改性沥青防水卷材		三元乙丙橡胶防水卷材	聚氯乙烯防水卷材	聚乙烯丙纶复合防水卷材	高分子自粘胶膜防水卷材
		聚酯毡胎体	无胎体				
单层厚度/mm	≥4	≥3	≥1.5	≥1.5	≥1.5	卷材:≥0.9 黏结料:≥1.3 芯材厚度≥0.6	≥1.2
双层总厚度/mm	≥(4+3)	≥(3+3)	≥(1.5+1.5)	≥(1.2+1.2)	≥(1.2+1.2)	卷材:≥(0.7+0.7) 黏结料:≥(1.3+1.3) 芯材厚度≥0.5	—

⚠ **特别提示：**卷材防水层必须具有足够的厚度才能保证防水的可靠性和耐久性。地下防水工程对卷材厚度的要求是根据卷材的原材料性质、生产工艺、物理性能与使用环境等因素决定的。

选择卷材防水层的厚度时要注意以下问题。

(1)弹性体(SBS)改性沥青防水卷材，单层使用时，应选用聚酯毡胎，不宜选用玻纤胎；双层使用时，必须有一层聚酯毡胎。

(2)聚乙烯膜厚度在 0.5 mm 以下的聚乙烯丙纶复合防水卷材，不得用于房屋建筑的屋面工程和地下防水工程。

(3)高分子自粘胶膜防水卷材宜采用厚度为 1.2 mm 的品种，在地下防水工程中应用时，一般采用单层铺设。

(4)自粘类防水卷材应符合国家现行标准《自粘聚合物改性沥青防水卷材》(GB 23441—2009)的规定。

1. 高聚物改性防水卷材的要求

(1)自粘聚合物改性沥青聚酯胎防水卷材是弹性体改性沥青防水卷材的延伸产品，因卷材的沥青涂盖料具有自粘性能，故称本体自粘卷材，其特点是采用冷粘法施工。

(2)自粘橡胶沥青防水卷材是一种以 SBS 等弹性体和沥青为基料，无胎体，以树脂膜为上表面材料或无膜(双面自粘)，采用防粘隔离层的卷材，厚度以选择 1.5 mm 或 2.0 mm 为宜。这种卷材具有良好的接缝不透水性、低温柔性、延伸性、自愈性、黏结性，以及冷粘法施工等特点。

(3)带自粘层的防水卷材是近年来国内研发的新产品，是一类在高聚物改性沥青防水卷材、合成高分子防水卷材的表面涂有一层自粘橡胶沥青胶料，或在胎体两面涂盖自粘胶料混合层的卷材，采用水泥砂浆或聚合物水泥砂浆与基层黏结(湿铺法施工)，构成自粘卷材复合防水系统。其特点是：使胶料中的高聚物与水泥砂浆及后续浇筑的混凝土结合，产生较强的黏结力；可在潮湿基面上施工，简化防水层的施工工序；采用“对接附加自粘封口条”连接工艺，可使卷材接缝实现“胶粘胶”的模式。

高聚物改性沥青类防水卷材的主要物理性能应符合表 1-12 的要求。

表 1-12　高聚物改性沥青类防水卷材的主要物理性能

<table>
<tr><th rowspan="3" colspan="2">项　目</th><th colspan="5">性能要求</th></tr>
<tr><th colspan="3">弹性体改性沥青防水卷材</th><th colspan="2">自粘聚合物改性沥青防水卷材</th></tr>
<tr><th>聚酯毡胎体</th><th>玻纤毡胎体</th><th>聚乙烯膜胎体</th><th>聚酯毡胎体</th><th>无胎体</th></tr>
<tr><td colspan="2">可溶物含量/(g/m²)</td><td colspan="3">3 mm 厚≥2 100
4 mm 厚≥2 900</td><td>3 mm 厚
≥2 100</td><td>—</td></tr>
<tr><td rowspan="3">拉伸性能</td><td rowspan="2">拉力/(N/50 mm)</td><td rowspan="2">≥800
(纵横向)</td><td rowspan="2">≥500
(纵横向)</td><td>≥140(纵向)</td><td>≥450(纵横向)</td><td>≥180(纵横向)</td></tr>
<tr><td>≥120(横向)</td><td>—</td><td>—</td></tr>
<tr><td>延伸率/%</td><td>最大拉力时≥40
(纵横向)</td><td>—</td><td>断裂时≥250
(纵横向)</td><td>最大拉力时≥3
(纵横向)</td><td>断裂时≥200
(纵横向)</td></tr>
<tr><td colspan="2">低温柔度/℃</td><td colspan="5">−25，无裂纹</td></tr>
<tr><td colspan="2">热老化后低温柔度/℃</td><td colspan="2">−20，无裂缝</td><td colspan="3">−22，无裂纹</td></tr>
<tr><td colspan="2">不透水性</td><td colspan="5">压力 0.3 MPa，保持时间 120 min，不透水</td></tr>
</table>

2. 合成高分子类防水卷材的要求

合成高分子类防水卷材是以合成橡胶、合成树脂或这两者的共混体为基料，加入适量的化学助剂和填充料等，经不同工序加工而成的可卷曲的片状防水材料；或把上述材料与合成纤维等复合形成两层或两层以上可卷曲的片状防水材料。合成高分子防水卷材的性能指标较高，如优异的弹性和抗拉强度，使卷材对基层变形的适应性增强；优异的耐候性能，使卷材在正常的维护条件下使用年限更长，可减少维修、翻新的费用。

按合成高分子材料的种类可分为：三元乙丙橡胶防水卷材、聚氯乙烯防水卷材、聚乙烯丙纶复合防水卷材、高分子自粘胶膜防水卷材、氯丁橡胶卷材、氯丁橡胶乙烯防水卷材、氯化聚乙烯防水卷材、氯化聚乙烯橡胶共混卷材。

合成高分子类防水卷材的主要物理性能应符合表 1-13 的要求。

表 1-13　合成高分子类防水卷材的主要物理性能

<table>
<tr><th rowspan="2">项　目</th><th colspan="4">性能要求</th></tr>
<tr><th>三元乙丙橡胶防水卷材</th><th>聚氯乙烯防水卷材</th><th>聚乙烯丙纶复合防水卷材</th><th>高分子自粘胶膜防水卷材</th></tr>
<tr><td>断裂拉伸强度</td><td>≥7.5 MPa</td><td>≥12 MPa</td><td>≥60 N/10 mm</td><td>≥100 N/10 mm</td></tr>
<tr><td>断裂伸长率/%</td><td>≥450</td><td>≥250</td><td>≥300</td><td>≥400</td></tr>
<tr><td>低温弯折性</td><td>−40 ℃，无裂纹</td><td>−20 ℃，无裂纹</td><td>−20 ℃，无裂纹</td><td>−20 ℃，无裂纹</td></tr>
</table>

续表

项　目	性能要求			
	三元乙丙橡胶防水卷材	聚氯乙烯防水卷材	聚乙烯丙纶复合防水卷材	高分子自粘胶膜防水卷材
不透水性	压力 0.3 MPa，保持时间 120 min，不透水			
撕裂强度	≥25 kN/m	≥40 kN/m	≥20 N/10 mm	≥120 N/10 mm
复合强度（表层与芯层）	—	—	≥1.2 N/10 mm	—

聚乙烯丙纶复合防水卷材由卷材与聚合物水泥防水黏结材料复合构成防水层，可在潮湿基面上施工。聚乙烯丙纶复合防水卷材生产使用的聚乙烯必须是成品原生料；卷材两面热覆的丙纶纤维必须采用长纤维无纺布；卷材必须采用一次成型工艺生产；在现场配制用于黏结卷材的聚合物水泥防水黏结材料应是由聚合物乳液或聚合物再分散性粉末等材料和水泥为主要材料组成，不得使用水泥净浆或水泥与聚乙烯醇缩合物混合的材料。

3)防水卷材的粘贴要求

粘贴各类防水卷材应采用与卷材材性相容的胶贴材料，其黏结质量应符合表 1-14 的要求。

表 1-14　防水卷材的黏结质量

项　目		自粘聚合物改性沥青防水卷材黏合面		三元乙丙橡胶和聚氯乙烯防水卷材胶黏剂	合成橡胶胶黏带	高分子自粘胶膜防水卷材黏合面
		聚酯毡胎体	无胎体			
剪切状态下的黏合性（卷材—卷材）	标准试验条件/(N/10 mm)≥	40 或卷材断裂	20 或卷材断裂	20 或卷材断裂	20 或卷材断裂	40 或卷材断裂
黏结剥离强度（卷材—卷材）	标准试验条件/(N/10 mm)≥	15 或卷材断裂		15 或卷材断裂	4 或卷材断裂	—
	浸水 168 h 后保持率/%≥	70		70	80	—
与混凝土黏结强度（卷材—混凝土）	标准试验条件/(N/10 mm)≥	15 或卷材断裂		15 或卷材断裂	6 或卷材断裂	20 或卷材断裂

聚乙烯丙纶复合防水卷材应采用聚合物水泥防水黏结材料，其物理性能应符合表 1-15 的要求。

表 1-15 聚合物水泥防水黏结材料的物理性能

项目		性能要求
与水泥基面的黏结拉伸强度/MPa	常温 7 d	≥0.6
	耐水性	≥0.4
	耐冻性	≥0.4
可操作时间/h		≥2
抗渗性/(MPa,7 d)		≥1.0
剪切状态下的黏合性/(N/mm,常温)	卷材与卷材	≥2.0 或卷材断裂
	卷材与基面	≥1.8 或卷材断裂

1.4.3 卷材防水层的施工方法

在地下防水工程中，一般把卷材防水层设置在建筑结构的外侧迎水面上，称为外防水。外防水有两种设置方法，即外防外贴法和外防内贴法。这两种防水层的铺贴法可以借助土压力压紧，并与结构一起抵抗有压地下水的渗透和侵蚀作用，防水效果良好，采用比较广泛。卷材防水层用于建筑物地下室，应铺设在结构主体底板垫层至墙体顶端的基面上，在外围形成封闭的防水层。

铺贴卷材的基层必须牢固、无松动现象；基层表面应平整干净；阴阳角处均应做成圆弧形或钝角。铺贴卷材前，应在基面上涂刷基层处理剂。当基层较潮湿时，应涂刷湿固化型胶黏剂或潮湿界面隔离剂。基层处理剂应与卷材和胶黏剂的材性相容，基层处理剂可采用喷涂法或涂刷法施工。喷涂应均匀一致，不露底，待表面干燥后，再铺贴卷材。铺贴卷材时，每层的沥青胶要求涂布均匀，厚度一般为 1.5～2.5 mm。外贴法铺贴卷材时应先铺平面，后铺立面。平、立面交接处应交叉搭接；内贴法宜先铺垂直面，后铺水平面。铺贴垂直面时应先铺转角，后铺大面。墙面铺贴时应待冷底子油干燥后自下而上进行。

卷材接槎的搭接长度：高聚物改性沥青卷材为 150 mm，合成高分子卷材为 100 mm。当使用两层卷材时，上下两层和相邻两幅卷材的接缝应错开 1/3～1/2 幅宽，并不得互相垂直铺贴。在立面与平面的转角处，卷材的接缝应留在平面距立面不小于 600 mm 处。在所有转角处均应铺贴附加层并仔细粘贴紧密。粘贴卷材时应展平压实。卷材与基层和各层卷材间必须粘贴紧密，搭接缝必须用沥青胶仔细封严。当最后一层卷材贴好后，应在其表面均匀涂刷一层厚度为 1～1.5 mm 的热沥青胶，以保护防水层。铺贴高聚物改性沥青卷材时应采用热熔法施工，在幅宽内卷材底表面均匀加热，不可过分加热或烧穿卷材，即当卷材的黏结面材料加热呈熔融状态时，立即与基层或已粘贴好的卷材黏结牢固，但对厚度小于 3 mm 的高聚物改性沥青防水卷材不能采用热熔法施工。铺贴合成高分子卷材时要采用冷粘法施工，所使用的胶粘剂必须与卷材材性相容。

1. 外防外贴法

外防外贴法是将立面卷材防水层直接铺设在需防水结构的外墙外表面，施工程序如下。

(1)先浇筑需防水结构的底面混凝土垫层；在垫层上砌筑永久性保护墙，墙下铺一层干油毡。墙的高度不小于需防水结构底板厚度再加100 mm。

(2)在永久性保护墙上用石灰砂浆接砌临时保护墙，墙高为300 mm并抹1∶3水泥砂浆找平层；在临时保护墙上抹石灰砂浆找平层并刷石灰浆。如用模板代替临时性保护墙，应在其上涂刷隔离剂。

(3)待找平层基本干燥后，即可根据所选卷材的施工要求进行铺贴。

(4)在大面积铺贴卷材之前，应先在转角处粘贴一层卷材附加层，然后进行大面积铺贴，先铺平面，后铺立面。在垫层和永久性保护墙上应将卷材防水层空铺，而在临时保护墙(或模板)上将卷材防水层临时贴附，并分层临时固定在其顶端。

(5)浇筑需防水结构的混凝土底板和墙体；在需防水结构外墙外表面抹找平层。

(6)当主体结构完成后，铺贴立面卷材时，应先将接槎部位的各层卷材揭开，并将其表面清理干净，如卷材有局部损伤，应及时进行修补。当使用两层卷材接槎时，卷材应错槎接缝，上层卷材应盖过下层卷材。卷材的甩槎、接槎做法如图1-17和图1-18所示。

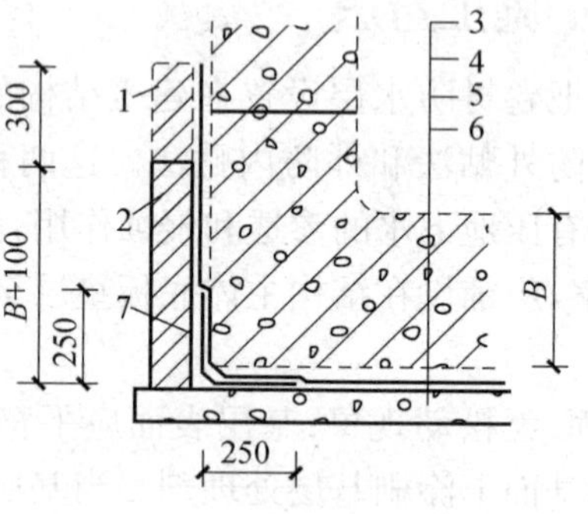

图1-17　卷材防水层甩槎做法

1—临时保护墙；2—永久保护墙；3—细石混凝土保护层；4—卷材防水层；5—水泥砂浆找平层；6—混凝土垫层；7—卷材加强层

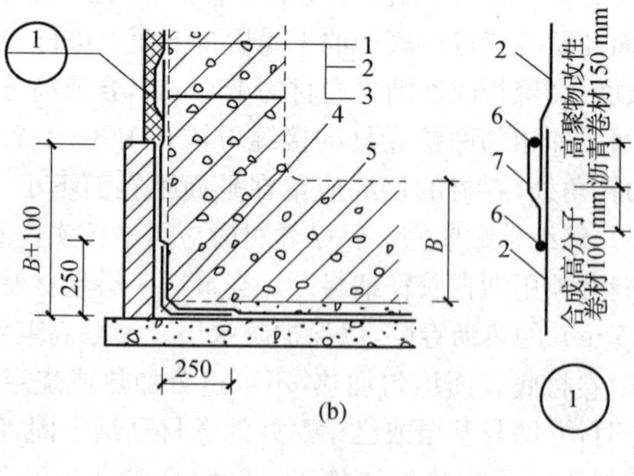

图1-18　卷材防水层接槎做法

1—结构墙体；2—卷材防水层；3—卷材保护层；4—卷材加强层；5—结构底板；6—密封材料；7—盖缝条

(7)待卷材防水层施工完毕，并经过检查验收合格后，应及时做好卷材防水层的保护结构。保护结构的几种做法如下。

①砌筑永久保护墙。每隔 5～6 m 即在转角处断开，断开的缝中填以卷材条或沥青麻丝；保护墙与卷材防水层之间的空隙，应随砌随用砌筑砂浆填实，保护墙完工后方可回填土。注意在砌保护墙的过程中切勿损坏防水层。

②抹水泥砂浆。在涂抹卷材防水层最后一道沥青胶结材料时，趁热撒上干净的热砂或散麻丝，冷却后随即抹一层厚度为 10～20 mm 的 1∶3 水泥砂浆，水泥砂浆经养护达到强度后，即可回填土。

③贴塑料板。在卷材防水层外侧直接用氯丁系胶粘贴固定 5～6 mm 厚的聚乙烯泡沫塑料板，完工后即可回填土。亦可用聚醋酸乙烯乳液粘贴 40 mm 厚的聚苯泡沫塑料板代替。

2. 外防内贴法

外防内贴法是浇筑混凝土垫层后，在垫层上将永久保护墙全部砌好，将卷材防水层铺贴在垫层和永久保护墙上，如图 1-19 所示，施工程序如下。

(1)在已施工好的混凝土垫层上砌筑永久保护墙，保护墙全部砌好后，用 1∶3 水泥砂浆在垫层和永久保护墙上抹找平层。保护墙与垫层之间须干铺一层油毡。

(2)找平层干燥后即涂刷冷底子油或基层处理剂，干燥后方可铺贴卷材防水层，铺贴时应先铺立面后铺平面，先铺转角后铺大面。在全部转角处应铺贴卷材附加层，附加层可为两层同类油毡或一层抗拉强度较高的卷材，并应仔细粘贴紧密。

(3)卷材防水层铺完经验收合格后即应做好保护层。立面可抹水泥砂浆、贴塑料板，或用氯丁系胶黏剂粘铺石油沥青纸胎油毡；平面可抹水泥砂浆，或浇筑不小于 50 mm 厚的细石混凝土。

(4)施工需防水结构的，应将防水层压紧。如为混凝土结构，则永久保护墙可当一侧模板；结构顶板卷材防水层上的细石混凝土保护层的厚度不应小于 70 mm，防水层如为单层卷材，则其与保护层之间应设置隔离层。

(5)结构完工后，方可回填土。

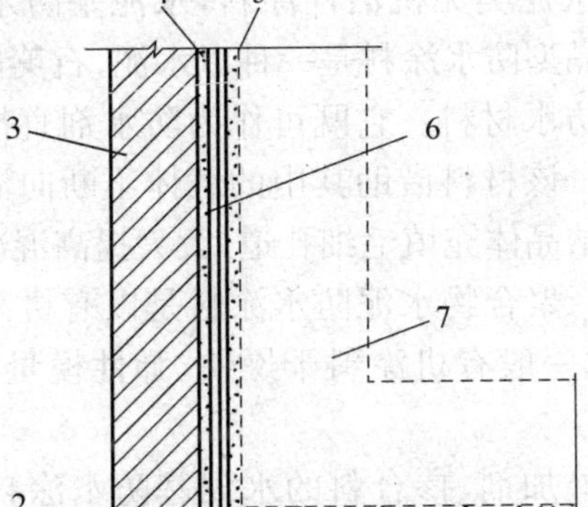

图 1-19 外防内贴法

1—混凝土垫层；2—干铺油毡；3—永久性保护墙；4—找平层；5—保护层；6—卷材防水层；7—需防水的结构

3. 提高卷材防水层质量的技术措施

(1)要求卷材有一定的延伸率来适应变形。采用点粘、条粘、空铺的方法可以充分发挥卷材的延伸性能,有效地减少卷材被拉裂的可能性。具体做法是:采用点粘法时,每平方米卷材下粘五点(100 mm×100 mm),粘贴面积不大于总面积的 6%;采用条粘法时,每幅卷材两边各与基层粘贴 150 mm 宽;采用空铺法时,卷材防水层周边与基层粘贴 800 mm 宽。

(2)增铺卷材附加层。对变形较大、易遭破坏或易老化部位,如变形缝、转角、三面角,以及穿墙管道周围、地下出入口通道等处,均应铺设卷材附加层。附加层可用同种卷材加铺 1～2 层,亦可用其他材料进行增强处理。

(3)做密封处理。在分格缝、穿墙管道周围、卷材搭接缝,以及收头部位应做密封处理。施工中,要重视对卷材防水层的保护。

1.5 涂料防水层施工

1.5.1 防水涂料的类型

建筑防水涂料是一类在常温下呈无定型液态,经喷涂、刮涂、滚涂或涂刷作业,能在基层表面固化,形成具有一定弹性的防水膜物质。建筑防水涂料一般分有机类防水涂料和无机类防水涂料两种。

有机类防水涂料主要为高分子合成橡胶及合成树脂乳液类涂料。有机防水涂料常用于工程的迎水面,这是充分发挥有机防水涂料在一定厚度时有较好的抗渗性,在基面上(特别是在各种复杂表面上)能形成无接缝的完整的防水膜的长处,又能避免涂料与基面黏结力较小的弱点。目前有些有机涂料的黏结性、抗渗性均较高,已用在埋深 10～20 m 地下工程的背水面。

无机类防水涂料主要是水泥类无机活性涂料,水泥基防水涂料中可掺入外加剂、防水剂、掺合料等,水泥基渗透结晶型防水涂料是一种以水泥、石英砂等为基材,掺入各种活性化学物质配制的一种新型刚性防水材料。它既可作为防水剂直接加入混凝土中,也可作为防水涂层涂刷在混凝土基面上。该材料借助其中的载体不断向混凝土内部渗透,并与混凝土中某种组分形成不溶于水的结晶体充填毛细孔道,大大提高混凝土的密实性和防水性,在地下工程防水中应用日益增多。聚合物水泥防水涂料是以有机高分子聚合物为主要基料,加入少量无机活性粉料,具有比一般有机涂料干燥快、弹性模量低、体积收缩小、抗渗性好的优点。

无机防水涂料可选用掺外加剂、掺合料的水泥基防水涂料、水泥基渗透结晶型防水涂料。有机防水涂料可选用反应型、水乳型、聚合物水泥等涂料。

常用的防水涂料主要有以下几种。

1. 沥青防水涂料

该类涂料的主要成膜物质是由乳化剂配制的乳化沥青和填料组成。在Ⅲ级防水卷材屋面上单独使用时的厚度不应小于 8 mm，每平方米涂布量约需 8 kg，因而需多遍涂抹。由于这类涂料的沥青用量大、含固量低、弹性和强度等综合性能较差，因此，在防水工程中已被逐渐淘汰。

2. 高聚物改性沥青防水涂料

该类涂料的品种有以化学乳化剂配制的乳化沥青为基料，掺加氯丁橡胶或再生橡胶水乳液的防水涂料；有众多的溶剂型改性沥青涂料，如氯丁橡胶沥青涂料、SBS 橡胶沥青涂料、丁基橡胶沥青涂料等。

3. 合成高分子防水涂料

该类涂料有水乳型、溶剂型和反应型三种。其中，综合性能较好的品种是反应型的聚氨酯防水涂料。

聚氨酯防水涂料是由甲组分(聚氨酯预聚体)与乙组分(固化剂)按一定比例混合的双组分涂料。常用的品种有聚氨酯防水涂料(不掺加焦油)和焦油聚氨酯防水涂料两种。聚氨酯防水涂料大多为彩色，固体含量高，具有橡胶状弹性，延伸性好，拉伸强度和抗撕裂强度高，耐油、耐磨、耐海水侵蚀，使用温度范围宽，涂膜反应速度易于调整，因而是一种综合性能较好的高档次涂料，但其价格也较高。焦油聚氨酯防水涂料为黑色，有较大臭味，反应速度不易调整，性能易出现波动。由于焦油对人体有害，故这种涂料不能用于冷库内壁和饮水工程；室内施工时应采取通风措施。

1.5.2 防水涂料的使用要求

无机防水涂料宜用于结构主体的背水面；有机防水涂料宜用于地下工程主体结构的迎水面。用于背水面的有机防水涂料应具有较高的抗渗性，且与基层有较好的黏结性。

防水涂料品种的选择应符合下列规定。

(1)潮湿基层宜选用与潮湿基面黏结力大的无机防水涂料或有机防水涂料，也可采用先涂无机防水涂料，而后再涂有机防水涂料构成复合防水涂层。

(2)冬期施工宜选用反应型涂料。

(3)埋置深度较深的重要工程、有振动或有较大变形的工程，宜选用高弹性防水涂料。

(4)有腐蚀性的地下环境宜选用耐腐蚀性较好的有机防水涂料，并应做刚性保护层。

(5)聚合物水泥防水涂料应选用Ⅱ型产品。

采用有机防水涂料时，基层阴阳角应做成圆弧形，阴角直径宜大于 50 mm，阳角直径宜大于 10 mm，在底板转角部位应增加胎体增强材料，并应增涂防水涂料。

防水涂料宜采用外防外涂或外防内涂，如图 1-20 和图 1-21 所示。

掺外加剂、掺合料的水泥基防水涂料厚度不得小于 3.0 mm；水泥基渗透结晶型防水涂料的用量不应小于 1.5 kg/m²，且厚度不应小于 1.0 mm；有机防水涂料的厚度不得小于 1.2 mm。

涂料防水层所选用的涂料应符合下列规定。

(1)应具有良好的耐水性、耐久性、耐腐蚀性及耐菌性。

(2)应无毒、难燃、低污染。

(3)无机防水涂料应具有良好的湿干黏结性和耐磨性，有机防水涂料应具有较好的延伸性及较大的适应基层变形能力。

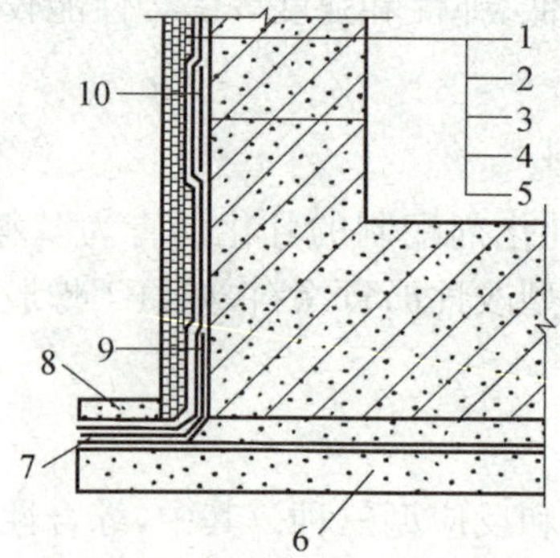

图 1-20　防水涂料外防外涂构造

1—保护墙；2—砂浆保护层；3—涂料防水层；4—砂浆找平层；5—结构墙体；
6—混凝土垫层；7—涂料防水层搭接部位；8—涂料防水层搭接部位保护层；
9—涂料防水加强层；10—涂料防水层加强层

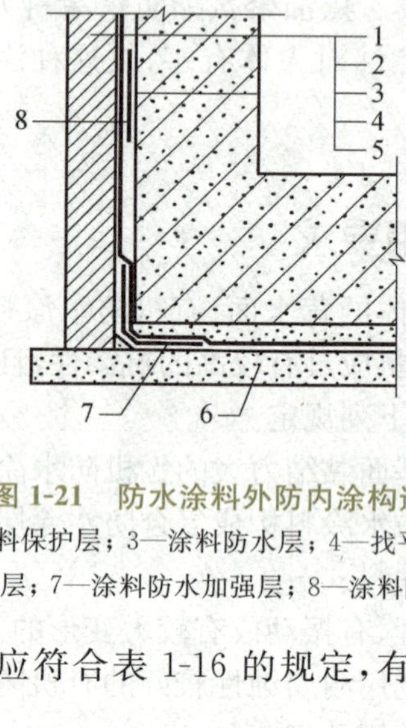

图 1-21　防水涂料外防内涂构造

1—保护墙；2—涂料保护层；3—涂料防水层；4—找平层；5—结构墙体；
6—混凝土垫层；7—涂料防水加强层；8—涂料防水层加强层

无机防水涂料的性能指标应符合表 1-16 的规定，有机防水涂料的性能指标应符合表 1-17的规定。

表 1-16　无机防水涂料的性能指标

涂料种类	抗折强度/MPa	黏结强度/MPa	一次抗渗性/MPa	二次抗渗性/MPa	冻融循环/次
掺外加剂、掺合料水泥基防水涂料	>4	≥1.0	>0.8	—	>50
水泥基渗透结晶型防水涂料	≥4	≥1.0	>1.0	>0.8	>50

表 1-17 有机防水涂料的性能指标

涂料种类	可操作时间/min	潮湿基面黏合强度/MPa	抗渗性/MPa			浸水 168 h 后拉伸强度/MPa	浸水 168 h 后断裂伸长率/%	耐水性/%	表干/h	实干/h
			涂膜(120 min)	砂浆迎水面	砂浆背水面					
反应型	≥20	≥0.5	≥0.3	≥0.8	≥0.3	≥1.7	≥400	≥80	≤12	≤24
水乳型	≥50	≥0.2	≥0.3	≥0.8	≥0.3	≥0.5	≥350	≥80	≤4	≤12
聚合物水泥	≥30	≥1.0	≥0.3	≥0.8	≥0.6	≥1.5	≥80	≥80	≤4	≤12

注 1:浸水 168 h 后的拉伸强度和断裂伸长率是在浸水取出后只经擦干即进行试验所得的值。

注 2:耐水性指标是指材料浸水 168 h 后的黏结强度及抗渗性的保持率。

1.5.3 涂料防水层的施工方法

1.施工工艺

涂膜施工的顺序是:基层处理→涂刷底层卷材(即聚氨酯底胶、增强涂布或增补涂布)→涂布第一道涂膜防水层(聚氨酯涂膜防水材料、增强涂布或增补涂布)→涂布第二道(或面层)涂膜防水层(聚氨酯涂膜防水材料)→稀撒石渣→铺抹水泥砂浆→粘贴保护层。

涂布顺序为先垂直面,后水平面;先阴阳角及细部,后大面。每层的涂布方向应互相垂直。

1)增强涂布与增补涂布

在阴阳角、排水口、管道周围、预埋件及设备根部、施工缝或开裂处等需要增强防水层抗渗性的部位,应做增强或增补涂布。

增强涂布或增补涂布可在粉刷底层卷材后进行,也可以在涂布第一道涂膜防水层以后进行。还有将增强涂布夹在每相邻两层涂膜之间的做法。

增强涂布的做法:在涂布增强膜中铺设玻璃纤维布,用板刷涂刮赶气泡,将玻璃纤维布紧密地粘贴在基层上,不得出现空鼓或皱折。这种做法一般为条形;增补涂布为块状,做法同增强涂布,但可做多层涂抹。

增强、增补涂布与基层卷材是组成涂膜防水层的最初涂层,对防水层的抗渗方面具有重要作用,因此,涂布操作时要认真仔细,保证质量,不得有气孔、鼓泡、皱折、翘边等现象,玻璃布应按设计规定搭接,且不得露出面层表面。

2)涂布第一道涂膜

在前一道卷材固化干燥后,应先检查其上是否有残留气孔或气泡,如果没有,即可涂布施工;如果有,则应用橡胶板刷将混合料用力压入气孔填实补平,然后再进行第一层涂膜施工。

涂布第一道聚氨酯防水材料时可用塑料板刷均匀涂刮,要求厚度一致,大约为 1.5 mm。

平面或坡面施工后,在防水层未固化前不宜上人踩踏,涂抹施工过程中应留出施工退路,可以分区分片用后退法涂刷施工。

在施工温度低或混合液流动度低的情况下,涂层表面会留有板刷或抹子涂后的刷纹,为此应预先在混合搅拌液内适当加入二甲苯稀释，用板刷涂抹后，再用滚刷滚涂均匀，即可保证涂膜表面平滑。

3)涂布第二道涂膜

第一道涂膜固化后，即可在其上涂刮第二道涂膜，方法与第一道相同，但涂刮方向应与第一道垂直。两道涂膜的时间间隔应根据第一道涂膜的固化程度（手感不黏）来确定，一般不小于 24 h，也不大于 72 h。

当 24 h 后涂膜仍发黏，而又需涂刷下一道时，可先涂一些涂膜防水材料再进行操作，以免影响施工质量。

4)稀撒石渣

在第二道涂膜固化之前，在其表面稀撒粒径约为 2 mm 的石渣，待涂膜固化后，这些石渣即牢固地黏结在涂膜表面，它们的作用是增强涂膜与其保护层的黏结能力。

5)设置保护层

最后一道涂膜固化干燥后，即可设置保护层。保护层可根据建筑要求设置相适宜的形式：立面、平面可在稀撒石渣上抹水泥砂浆，铺贴瓷砖、陶瓷锦砖；一般房间的立面可以铺抹水泥砂浆，平面可铺设缸砖或水泥方砖，也可抹水泥砂浆或浇筑混凝土；若用于地下室墙体外壁，可在稀撒石渣层上抹水泥砂浆保护层，然后回填土。

2.涂膜防水层施工

1)外防外涂法施工

外防外涂法施工是指将涂料直接涂在地下室侧墙板上（迎水面），再在外侧做保护层，这种做法是在底板防水层完成后，转角处在永久性保护墙上，待侧墙板主体结构完成后，再涂抹外侧涂料，接头留在永久性保护墙上，如图 1-22 所示。

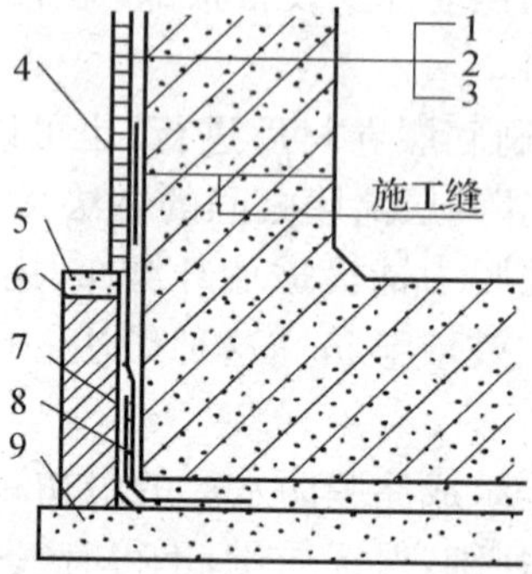

图 1-22　防水涂料外防外涂做法

1—结构墙体；2—涂料防水层；3—涂料保护层；4—涂料防水加强层；
5—涂料防水层搭接部位保护层；6—涂料防水层搭接部位；
7—永久保护墙；8—涂料防水加强层；9—混凝土垫层

2)外防内涂法施工

外防内涂法施工是指将涂料涂在永久性保护墙上，涂料上做砂浆保护层，然后施工侧墙板主体结构。永久性保护墙加支撑后可作为外模板，如图 1-23 所示。

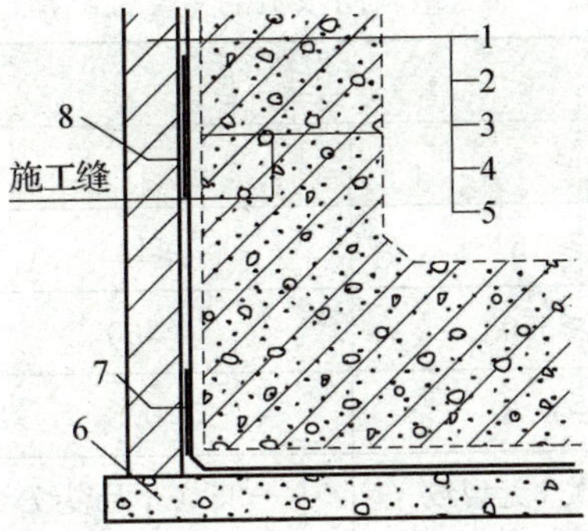

图 1-23　防水涂料外防内涂做法

1—结构墙体；2—砂浆保护层；3—涂料防水层；4—砂浆找平层；5—保护墙；
6—混凝土垫层；7—涂料防水加强层；8—涂料防水层加强层

1.6 塑料防水板防水层施工

塑料防水板防水层宜用于经常受水压、侵蚀性介质或受振动作用的地下工程防水；宜铺设在复合式衬砌的初期支护和二次衬砌之间；宜在初期支护结构趋于基本稳定后铺设。

塑料防水板防水层应由塑料防水板与缓冲层组成，可根据工程地质、水文地质条件和工程防水要求，采用全封闭、半封闭或局部封闭铺设。塑料防水板防水层应牢固地固定在基面上，固定点的间距应根据基面的平整情况确定，拱部宜为 0.5～0.8 m，边墙宜为 1.0～1.5 m，底部宜为 1.5～2.0 m。局部凹凸较大时，应在凹处加密固定点。

1.6.1 塑料防水板防水层的材料要求

塑料防水板可选用乙烯-醋酸乙烯共聚物、乙烯-沥青共混聚合物、聚氯乙烯、高密度聚乙烯类或其他性能相近的材料。

塑料防水板应符合下列规定。

(1)幅宽宜为 2～4 m。

(2)厚度不得小于 1.2 mm。

(3)应具有良好的耐刺穿性、耐久性、耐水性、耐腐蚀性、耐菌性。

(4)塑料防水板的主要性能指标应符合表 1-18 的规定。

表 1-18　塑料防水板的主要性能指标

项　　目	性能指标			
	乙烯-醋酸乙烯共聚物	乙烯-沥青共混聚合物	聚氯乙烯	高密度聚乙烯
拉伸强度/MPa	≥16	≥14	≥10	≥16
断裂延伸率/%	≥550	≥500	≥200	≥550
不透水性(120 min)/MPa	≥0.3	≥0.3	≥0.3	≥0.3
低温弯折性	−35 ℃,无裂纹	−35 ℃,无裂纹	−20 ℃,无裂纹	−35 ℃,无裂纹
热处理尺寸变化率/%	≤2.0	≤2.5	≤2.0	≤2.0

缓冲层宜采用无纺布或聚乙烯泡沫塑料，缓冲层材料的性能指标应符合表 1-19 的规定。

表 1-19　缓冲层材料的性能指标

材料名称	性能指标				
	拉伸强度/(N/50 mm)	伸长率/%	质量/(g/m²)	顶破强度/kN	厚度/mm
聚乙烯泡沫塑料	>0.4	≥100	—	≥5	≥5
无纺布	纵横向≥700	纵横向≥50	>300	—	—

知识链接

防水板的幅宽应尽量宽些，这样防水板的搭接缝数量就会少些，如 1 m 宽的防水板的搭接缝数量是 4 m 宽板的 4 倍，而搭接缝又是防水板防水的薄弱环节。但防水板的幅宽又不能过宽，否则防水板的重量会变大，而造成铺设困难。根据近年来的工程实践情况看，防水板的幅宽以 2～4 m 为宜。

防水板的厚度与板的重量、造价、防水性能有关，板过厚则较重，于铺设不利，且造价较高，但过薄又不易保证防水施工质量，根据目前我国的使用情况，在地下防水工程中使用的塑料防水板的厚度不得小于 1.2 mm。

防水板铺设于初期支护与二次衬砌之间，在二次衬砌浇筑时会受到一定的拉力，故应有足够的抗拉强度。

初期支护为锚喷支护时，支护后围岩仍在变形，即使在整个工程建成后，由于使用或地质等方面的原因，工程结构也存在着变形问题，故防水板应有较高的延伸率。

耐刺穿性是施工中对材料提出的要求，因二次衬砌时有的地段需要采用钢筋混凝土结构，在绑扎钢筋时会对防水板造成损伤，故要求防水板有一定的耐刺穿性，以免板被刺破致使其完整的防水性遭到破坏。

防水板因长期处于地下并要长期发挥其防水性能，故应具有良好的耐久性、耐腐蚀性、耐菌性。

1.6.2 塑料防水板防水层的施工方法

塑料防水板防水层的基面应平整、无尖锐突出物；基面平整度 D/L 不应大于 1/6（D 为初期支护基面相邻两凸面间凹进去的深度，L 为初期支护基面相邻两凸面间的距离）。

铺设塑料防水板前应先铺缓冲层，缓冲层应采用暗钉圈固定在基面上，如图 1-24 所示。钉距应符合《地下工程防水技术规范》(GB 50108—2008)的规定。

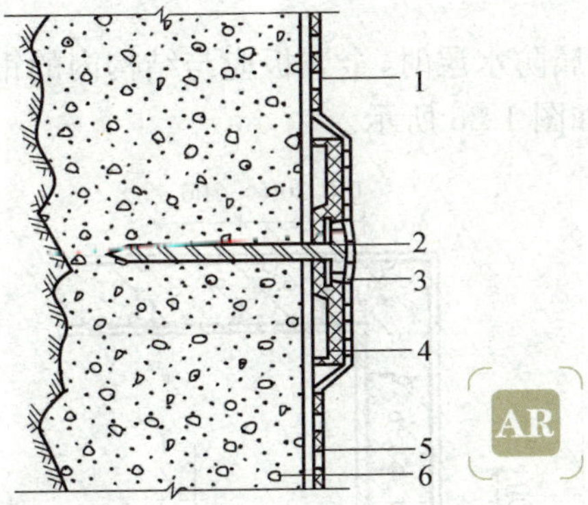

图 1-24 暗钉圈固定缓冲层

1—塑料防水板；2—射钉；3—金属垫圈；4—热塑性暗钉圈；
5—缓冲层；6—初期支护

塑料防水板的铺设应符合下列规定。

(1)铺设塑料防水板时，宜由拱顶向两侧展铺，并应边铺边用压焊机将塑料板与暗钉圈焊接牢靠，不得有漏焊、假焊和焊穿现象。两幅塑料防水板的搭接宽度不应小于 100 mm。搭接缝应为热熔双焊缝，每条焊缝的有效宽度不应小于 10 mm。

(2)环向铺设时，应先拱后墙，下部防水板应压住上部防水板。

(3)塑料防水板铺设时宜设置分区预埋注浆系统。

(4)分段设置塑料防水板防水层时，两端应采取封闭措施。

接缝焊接时，塑料板的搭接层数不得超过三层。塑料防水板铺设时应少留或不留接头，当留设接头时，应对接头进行保护，再次焊接时应将接头处的塑料防水板擦拭干净。铺设塑料防水板时，不应绷得太紧，宜根据基面的平整度留有充分的余地。防水板的铺设应超前混凝土施工，超前距离宜为 5～20 m，并应设临时挡板防止机械损伤和电火花灼伤防水板。

二次衬砌混凝土施工时应符合下列规定。

(1)绑扎、焊接钢筋时应采取防刺穿、灼伤防水板的措施。

(2)混凝土出料口和振捣棒不得直接接触塑料防水板。

塑料防水板防水层铺设完毕后，应进行质量检查，并应在验收合格后进行下道工序的施工。

AR

1.7 金属防水层施工

金属防水层可用于长期浸水、水压较大的水工及过水隧道，所用的金属板和焊条的规格及材料性能应符合设计要求。金属板的拼接应采用焊接，拼接焊缝应严密。竖向金属板的垂直接缝，应相互错开。

在主体结构内侧设置金属防水层时，金属板应与结构内的钢筋焊牢，也可在金属防水层上焊接一定数量的锚固件，如图 1-25 所示。

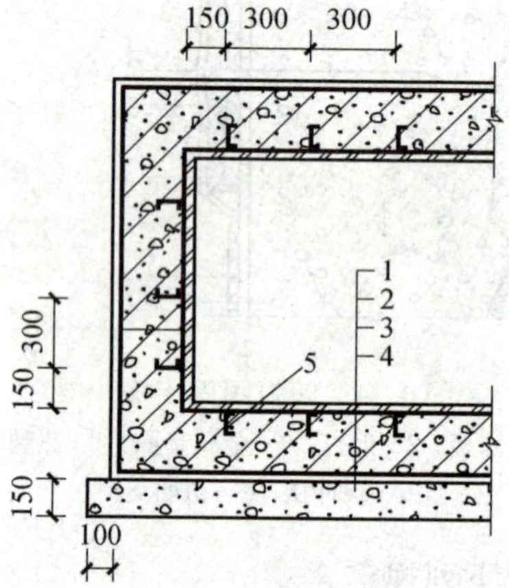

图 1-25　在主体结构内侧设置金属板防水层

1—金属板；2—主体结构；3—防水砂浆；4—垫层；5—锚固筋

主体结构外侧设置金属防水层时，金属板应焊在混凝土结构的预埋件上。金属板经焊缝检查合格后，应将其与结构间的空隙用水泥砂浆灌实，如图 1-26 所示。

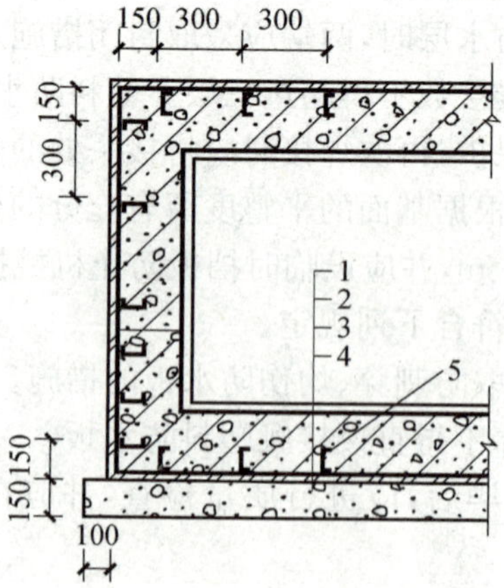

图 1-26　在主体结构外侧设置金属板防水层

1—防水砂浆；2—主体结构；3—金属板；4—垫层；5—锚固筋

金属板防水层应用临时支撑加固，底板上应预留浇捣孔，并应保证混凝土浇筑密实，待底板混凝土浇筑完成后应补焊严密。如先焊成箱体，再整体吊装就位时，则应在其内部加设临时支撑，并注意应采取防锈措施。

1.8 膨润土防水材料防水层施工

膨润土防水材料包括膨润土防水毯和膨润土防水板及其配套材料，采用机械固定法铺设。膨润土防水材料防水层应用于 pH 值为 4～10 的地下环境，对含盐量较高的地下环境应采用经过改性处理的膨润土，并应经检测合格后才能使用。膨润土防水材料防水层应用于地下工程主体结构的迎水面，防水层的两侧应具有一定的夹持力。

知识链接

膨润土与淡水（不会降低膨润土膨胀功能且不含有害物质的水）反应后，将膨胀为自身重量的 5 倍、自身体积的 13 倍左右，靠黏结性和膨胀性发挥止水功能。当地下水不是淡水而是污水时，膨润土难以发挥防水功能，故不能使用普通的天然钠基膨润土，而应该使用防污膨润土。地下水是否是污水，可通过测定电子传导度（EC）、总污度（TDS）或 pH 值来确定。因为盐水的电导度比较高，故必须使用防污膨润土。

1.8.1 膨润土防水材料防水层的材料要求

铺设膨润土防水材料防水层的基层混凝土强度等级不得小于 C15，水泥砂浆的强度等级不得低于 M7.5。阴、阳角部位应做成直径不小于 30 mm 的圆弧或 30 mm×30 mm 的坡角。变形缝、后浇带等接缝部位应设置宽度不小于 500 mm 的加强层，加强层应设置在防水层与结构外表面之间。

穿墙管件部位宜采用膨润土橡胶止水条、膨润土密封膏或膨润土粉进行加强处理。

膨润土防水材料应符合下列规定。

(1)膨润土防水材料中的膨润土颗粒应采用钠基膨润土，不应采用钙基膨润土。

(2)膨润土防水材料应具有良好的不透水性、耐久性、耐腐蚀性和耐菌性。

(3)膨润土防水毯非织布外表面宜附加一层高密度聚乙烯膜。

(4)膨润土防水毯的织布层和非织布层之间应黏结紧密、牢固，膨润土颗粒应分布均匀。

(5)膨润土防水板的膨润土颗粒应分布均匀、粘贴牢固，基材应采用厚度为 0.6～1.0 mm 的高密度聚乙烯片材。

膨润土防水材料的性能指标应符合表 1-20 的要求。

表 1-20 膨润土防水材料的性能指标

项目		性能指标		
		针刺法钠基膨润土防水毯	刺覆膜法钠基膨润土防水毯	胶黏法钠基膨润土防水毯
单位面积质量/(g/m²、干重)		≥4 000		
膨润土膨胀指数/(mL/2g)		≥24		
拉伸强度/(N/100 mm)		≥600	≥700	≥600
最大负荷下拉伸率/%		≥10	≥10	≥8
剥离强度	非织造布与编织布/(N/10 cm)	≥40	≥40	—
	PE 膜与非织造布/(N/10 cm)	—	≥30	—
渗透系数/(cm/s)		$\leqslant 5\times10^{-11}$	$\leqslant 5\times10^{-12}$	$\leqslant 1\times10^{-13}$
滤失量/mL		≤18		
膨润土耐久性/(mL/2g)		≥20		

1.8.2 膨润土防水材料防水层的施工方法

基层应坚实、清洁，不得有明水和积水。膨润土防水材料应采用水泥钉和垫片固定。立面和斜面上的固定间距宜为 400～500 mm，平面上应在搭接缝处固定。膨润土防水毯的织布面应与结构外表面或底板垫层混凝土密贴；膨润土防水板的膨润土面应与结构外表面或底板垫层密贴。

膨润土防水材料应采用搭接法连接，搭接宽度应大于 100 mm。搭接部位的固定位置距搭接边缘的距离宜为 25～30 mm，搭接处应涂膨润土密封膏。平面搭接缝可干撒膨润土颗粒，用量宜为 0.3～0.5 kg/m。当立面和斜面铺设膨润土防水材料时，应上层压着下层，卷材与基层、卷材与卷材之间应密贴，并应平整无褶皱。膨润土防水材料分段铺设时，应采取临时防护措施。甩槎与下幅防水材料连接时，应将收口压板、临时保护膜等去掉，并应将搭接部位清理干净，涂抹膨润土密封膏，然后搭接固定。

膨润土防水材料的永久收口部位应用收口压条和水泥钉固定，并应用膨润土密封膏覆盖。膨润土防水材料与其他防水材料过渡时，过渡搭接宽度应大于 400 mm，搭接范围内应涂抹膨润土密封膏或铺撒膨润土粉。破损部位应采用与防水层相同的材料进行修补，补丁边缘与破损部位边缘的距离不应小于 100 mm；膨润土防水板表面膨润土颗粒损失严重时应涂抹膨润土密封膏。

1.9 地下工程混凝土结构细部构造防水施工

1.9.1 变形缝

设置变形缝的目的是适应地下工程由于温度、湿度作用及混凝土收缩、徐变而产生的水平变位，以及地基不均匀沉降而产生的垂直变位，以保证工程结构的安全和满足密封防水的要求。在这个前提下，还应满足其构造合理、材料易得、工艺简单、检修方便等要求。

知识链接

沉降缝和伸缩缝统称为变形缝，由于两者的防水做法有很多相同之处，故一般不细加区分。但实际上两者是有一定区别的，沉降缝主要用在上部建筑变化明显的部位及地基差异较大的部位，而伸缩缝是为了解决因干缩变形和温度变化所引起的变形以避免产生裂缝而设置的。沉降缝的渗漏水比较多，除了受选材、施工等诸多因素影响外，沉降量过大也是一个重要原因。在目前常用的止水带中，带钢边的橡胶止水带虽大大增加了与混凝土的黏结力，但如沉降量过大，也会使钢边止水带与混凝土脱开。

1. 基本要求

变形缝应满足密封防水、适应变形、施工方便、检修容易等要求。

用于伸缩的变形缝宜少设，可根据不同的工程结构类别、工程地质情况采取后浇带、加强带、诱导缝等替代措施。

变形缝处混凝土结构的厚度不应小于 300 mm。用于沉降的变形缝最大允许沉降差值不应大于 30 mm。变形缝的宽度宜为 20～30 mm。变形缝的几种复合防水构造形式如图 1-27～图 1-29 所示。（外贴式止水带 $L\geqslant300$；外贴防水卷材 $L\geqslant400$；外涂防水涂层 $L\geqslant400$。）

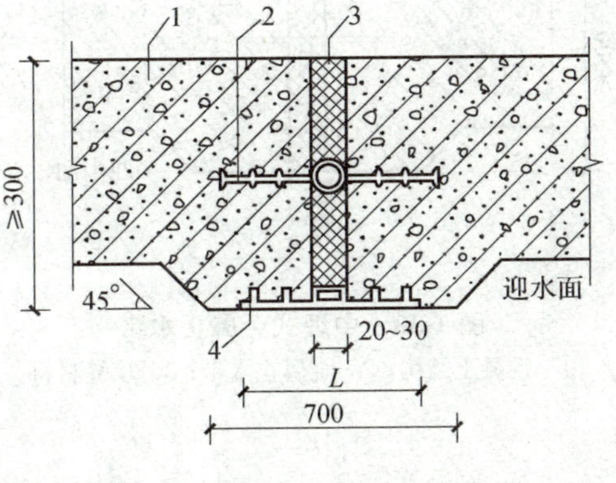

图 1-27　中埋式止水带与外贴防水层复合使用

1—混凝土结构；2—中埋式止水带；3—填缝材料；4—外贴止水带

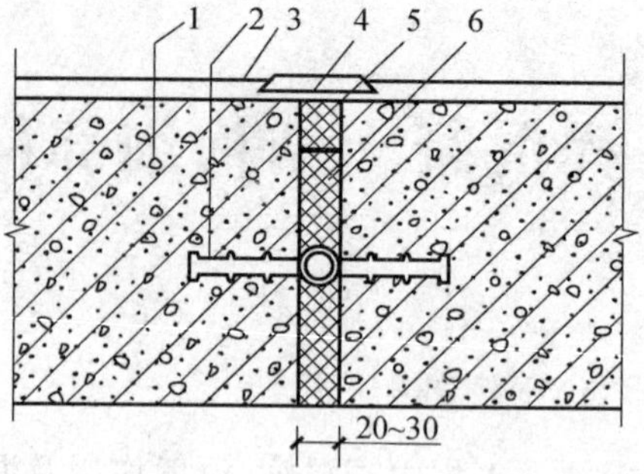

图 1-28　中埋式止水带与嵌缝材料复合使用

1—混凝土结构；2—中埋式止水带；3—防水层；4—隔离层；5—密封材料；6—填缝材料

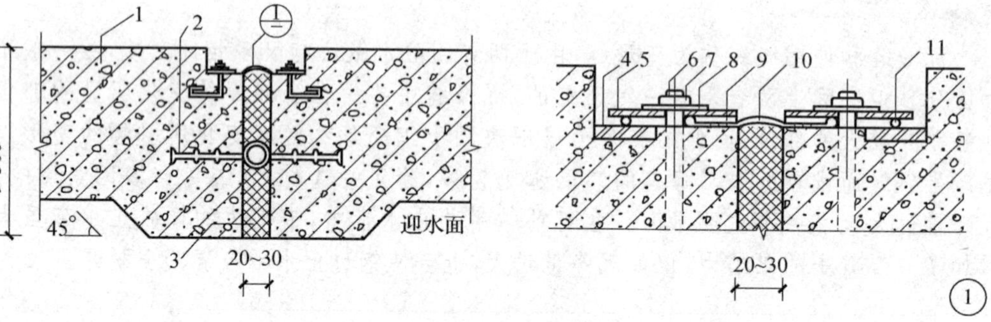

图 1-29　中埋式止水带与可卸式止水带复合使用

1—混凝土结构；2—中埋式止水带；3—填缝材料；4—预埋钢板；5—紧固件压板；6—预埋螺栓；7—螺母；8—垫圈；9—紧固件压块；10—Ω 形止水带；11—紧固件圆钢

环境温度高于 50 ℃处的变形缝，中埋式止水带可采用金属制作，如图 1-30 所示。

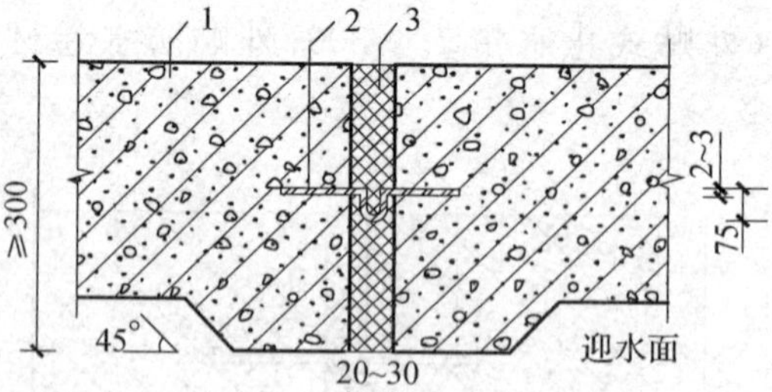

图 1-30　中埋式金属止水带

1—混凝土结构；2—金属止水带；3—填缝材料

2. 材料

橡胶止水带的物理性能应符合表 1-21 的要求。

表 1-21 橡胶止水带的物理性能

项目			性能要求		
			B 型	S 型	J 型
硬度/(邵尔 A,度)			60±5	60±5	60±5
拉伸强度/MPa			≥15	≥12	≥10
扯断伸长率/%			≥380	≥380	≥300
压缩永久变形	70 ℃×24 h,%		≤35	≤35	≤25
	23 ℃×168 h,%		≤20	≤20	≤20
撕裂强度/(kN/m)			≤30	≤25	≤25
脆性温度/℃			≤−45	≤−40	≤−40
热空气老化	70 ℃×168 h	硬度变化/(邵尔 A,度)	+8	+8	—
		拉伸强度/MPa	≥12	≥10	—
		扯断伸长率/%	≥300	≥300	—
	100 ℃×168 h	硬度变化/(邵尔 A,度)	—	—	+8
		拉伸强度/MPa	—	—	≥9
		扯断伸长率/%	—	—	≥250
橡胶与金属黏合			断面在弹性体内		

注 1:B 型适用于变形缝用止水带,S 型适用于施工缝用止水带,J 型适用于有特殊耐老化要求的接缝用止水带。

注 2:橡胶与金属黏合指标仅适用于具有钢边的止水带。

密封材料应采用混凝土建筑物接缝用密封胶,不同模量的建筑物接缝用密封胶的物理性能应符合表 1-22 的要求。

表 1-22 建筑接缝用密封胶的物理性能

项目			性能要求			
			25(低模量)	25(高模量)	20(低模量)	20(高模量)
流动性	下垂度(N 型)	垂直/mm	≤3			
		水平/mm	≤3			
	流平性(S 型)		光滑平整			
挤出性/(mL/min)			≥80			
弹性恢复率/%			≥80		≥60	

续表

项　目		性能要求			
		25(低模量)	25(高模量)	20(低模量)	20(高模量)
拉伸模量/MPa	23 ℃ −20 ℃	≤0.4 和 ≤0.6	>0.4 或 >0.6	≤0.4 和 ≤0.6	>0.4 或 >0.6
定伸黏结性		无破坏			
浸水后定伸黏结性		无破坏			
热压冷拉后黏结性		无破坏			
体积收缩率/%		≤25			

注:体积收缩率仅适用于乳胶型和溶剂型产品。

知识链接

止水带一般分为刚性(金属)止水带和柔性(橡胶或塑料)止水带两类。目前,由于存在生产塑料及橡塑止水带的挤出成型工艺问题,造成外观尺寸误差较大,刚性止水带物理力学性能不如橡胶止水带;橡胶止水带的材质以氯丁橡胶、三元乙丙橡胶为主,其质量稳定、适应能力强,国内外采用较普遍。

3. 施工

中埋式止水带施工应符合下列规定。

(1)止水带的埋设位置应准确,其中间空心圆环应与变形缝的中心线重合。

(2)止水带应固定,顶、底板内止水带应呈盆状安设。

(3)中埋式止水带先施工一侧混凝土时,其端模应支撑牢固,并应严防漏浆。

(4)止水带的接缝宜为一处,并应设在边墙较高的位置上,不得设在结构转角处,接头宜采用热压焊接。

(5)中埋式止水带在转弯处应做成圆弧形,(钢边)橡胶止水带的转角半径不应小于200 mm,转角半径应随止水带的宽度增大而相应加大。

安设于结构内侧的可卸式止水带施工时应符合下列规定。

(1)所需配件应一次配齐。

(2)转角处应做成45°折角,并应增加紧固件的数量。

当变形缝与施工缝均采用外贴式止水带(中埋式)时,其相交部位宜采用十字配件,如图1-31所示。变形缝用外贴式止水带的转角部位宜采用直角配件,如图1-32所示。

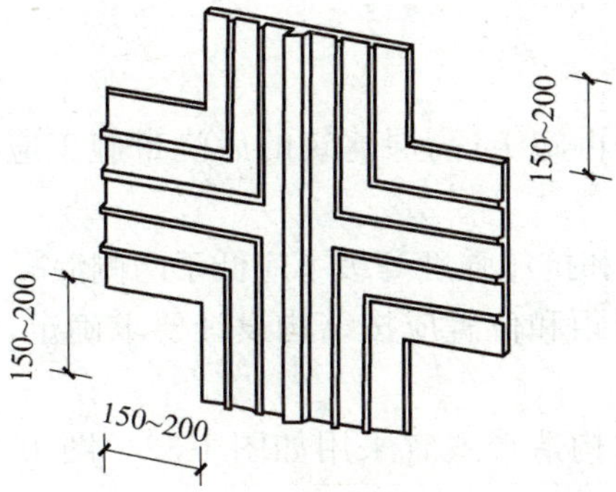

图 1-31 外贴式止水带在施工缝与变形缝相交处的十字配件

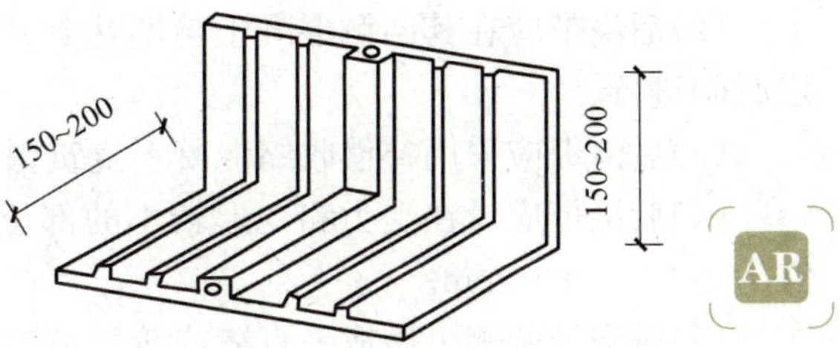

图 1-32 外贴式止水带在转角处的直角配件

密封材料嵌填施工时应符合下列规定。

(1)缝内两侧基面应平整干净、干燥,并应刷涂与密封材料相容的基层处理剂。

(2)嵌缝底部应设置背衬材料。

(3)嵌填应密实连续、饱满,并应黏结牢固。

在缝表面粘贴卷材或涂刷涂料前,应在缝上设置隔离层。卷材防水层、涂料防水层的施工应符合规定。

AR

1.9.2 后浇带

后浇带是在地下工程不允许留设变形缝,而实际长度超过了伸缩缝的最大间距时,所设置的一种刚性接缝。虽然先后浇筑混凝土的接缝形式和防水混凝土施工缝大致相同,但因为后浇带的位置与结构形式、地质情况、荷载差异等有很大关系,故后浇带应按设计要求留设。

后浇带应在两侧混凝土干缩变形基本稳定后施工,混凝土的收缩变形一般在 6 周龄期后才能基本稳定,在条件许可时,间隔时间越长越好。

知识链接

高层建筑后浇带的施工除满足上述条件外,还应符合国家现行标准《高层建筑混凝土结构技术规程》(JGJ 3—2010)的要求,对高层建筑后浇带的施工应按规定时间进行。这里所指的“按规定时间”应通过地基变形计算和建筑物沉降观测,并在地基变形基本稳定的情况下才可以确定。

高层建筑一般是按照上部结构、基础与地基的共同作用进行变形计算,其计算值不应大于地基变形允许值;必要时,还需要分别预估建筑物在施工期间和使用期间的地基变形值。测定建筑地基沉降量、沉降差及沉降速度,是一种十分直观的方法。一般情况下,若沉降速度小于 0.01~0.04 m/d,则可认为已进入稳定阶段,具体取值宜根据各地区地基土的压缩性确定。如工程需要适当提前浇筑后浇带混凝土时,则应采取有效措施,并取得设计单位的同意。

1. 一般要求

(1)后浇带宜用于不允许留设变形缝的工程部位。

(2)后浇带应在其两侧混凝土龄期达到 42 d 后再施工；高层建筑的后浇带施工应按规定时间进行。

(3)后浇带应采用补偿收缩混凝土浇筑，其抗渗和抗压强度等级不应低于两侧混凝土。

(4)后浇带应设在受力和变形较小的部位，其间距和位置应按结构设计要求确定，宽度宜为 700～1 000 mm。

(5)后浇带两侧可做成平直缝或阶梯缝，其防水构造形式宜采用如图 1-33～图 1-35 所示构造。

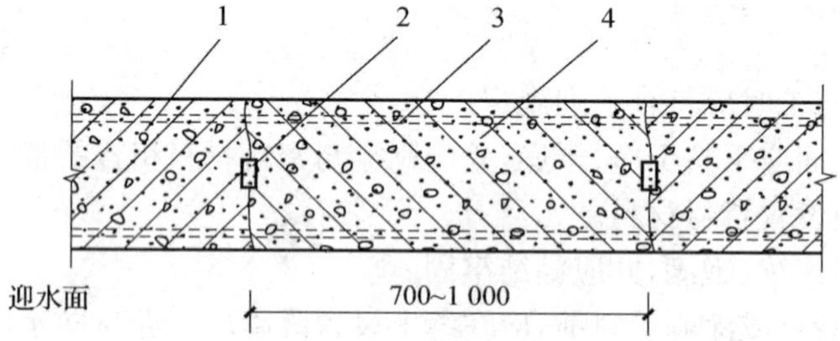

图 1-33　后浇带防水构造(一)

1—先浇混凝土；2—遇水膨胀止水条(胶)；3—结构主筋；4—后浇补偿收缩混凝土

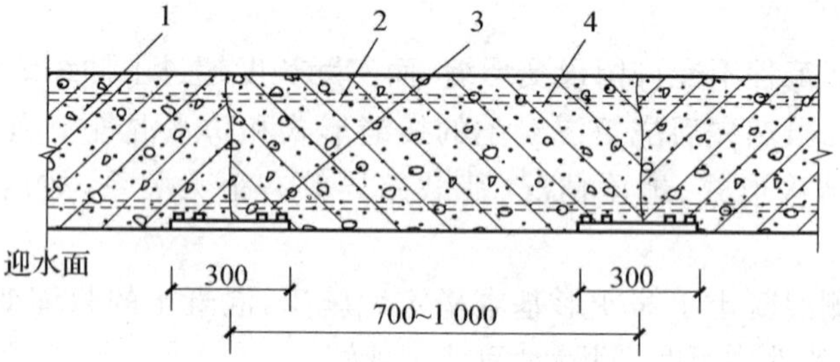

图 1-34　后浇带防水构造(二)

1—先浇混凝土；2—结构主筋；3—外贴式止水带；4—后浇补偿收缩混凝土

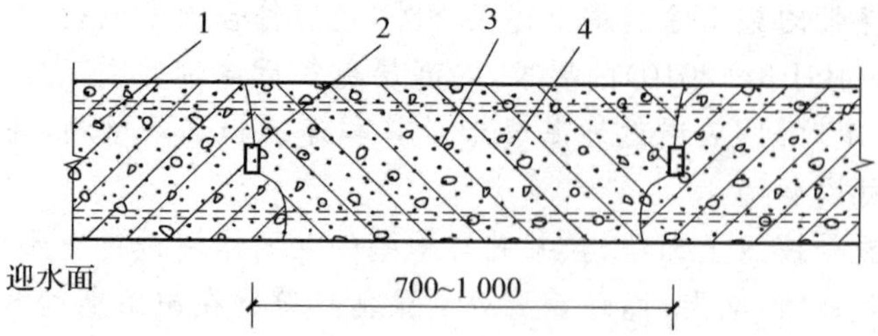

图 1-35　后浇带防水构造(三)

1—先浇混凝土；2—遇水膨胀止水条(胶)；3—结构主筋；4—后浇补偿收缩混凝土

(6)采用掺膨胀剂的补偿收缩混凝土，水中养护 14 d 后的限制膨胀率不应小于 0.015%，膨胀剂的掺量应根据不同部位的限制膨胀率设定值经试验确定。

2. 材料

(1)用于补偿收缩混凝土的水泥、砂、石、拌和水及外加剂、掺合料等应符合《地下工程防水技术规范》(GB 50108—2008)的规定。

(2)混凝土膨胀剂的物理性能应符合表1-23的要求。

表1-23 混凝土膨胀剂物理性能

项目			性能指标
细度	比表面积/(m^3/kg)		≥250
	0.08 mm筛余/%		≤12
	1.25 mm筛余/%		≤0.5
凝结时间	初凝/min		≥45
	终凝/h		≤10
限制膨胀率/%	水中	7 d	≥0.025
		28 d	≤0.10
	空气中	21 d	≥-0.020
抗压强度/MPa	7 d		≥25.0
	28 d		≥45.0
抗折强度/MPa	7 d		≥4.5
	28 d		≥6.5

(3)补偿收缩混凝土的配合比除应符合《地下工程防水技术规范》(GB 50108—2008)的规定外,尚应符合下列要求。

①膨胀剂掺量不宜大于12%。

②膨胀剂掺量应以胶凝材料总量的百分比表示。

3. 施工

后浇带混凝土施工前,后浇带部位和外贴式止水带处应防止落入杂物和损伤外贴止水带。后浇带混凝土应一次浇筑,不得留设施工缝;混凝土浇筑后应及时养护,养护时间不得少于28 d。

后浇带需超前止水时,后浇带部位的混凝土应局部加厚,并应增设外贴式或中埋式止水带,如图1-36所示。

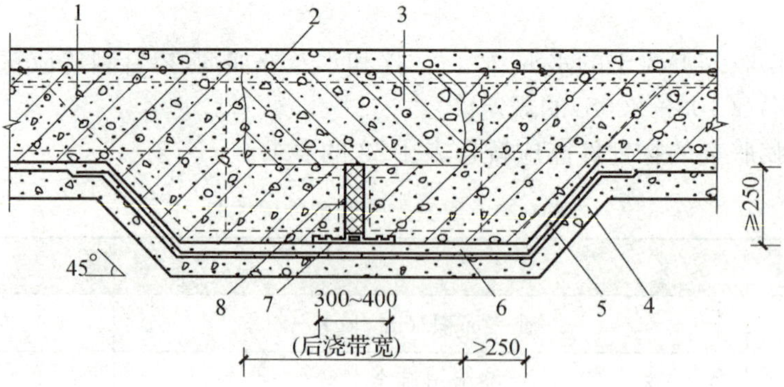

图 1-36 后浇带超前止水构造

1—混凝土结构；2—钢丝网片；3—后浇带；4—垫层混凝土；5—卷材防水层；6—细石混凝土保护层；7—外贴式止水带；8—填缝材料

1.9.3 穿墙管(盒)

穿墙管(盒)应在浇筑混凝土前预埋，与内墙角、凹凸部位的距离应大于 250 mm。

结构变形或管道伸缩量较小时，穿墙管可采用主管直接埋入混凝土内的固定式防水法，主管应加焊止水环或环绕遇水膨胀止水圈，并应在迎水面预留凹槽，槽内应采用密封材料嵌填密实。其防水构造形式宜采用图 1-37 和图 1-38 所示构造。

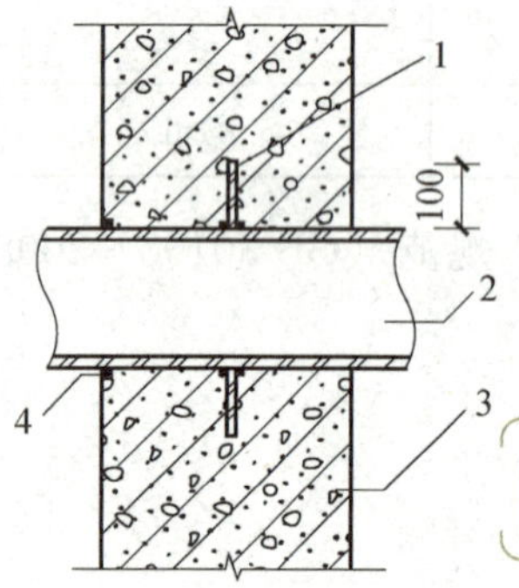

图 1-37 固定式穿墙管防水构造(一)

1—止水环；2—主管；3—混凝土结构；4—密封材料

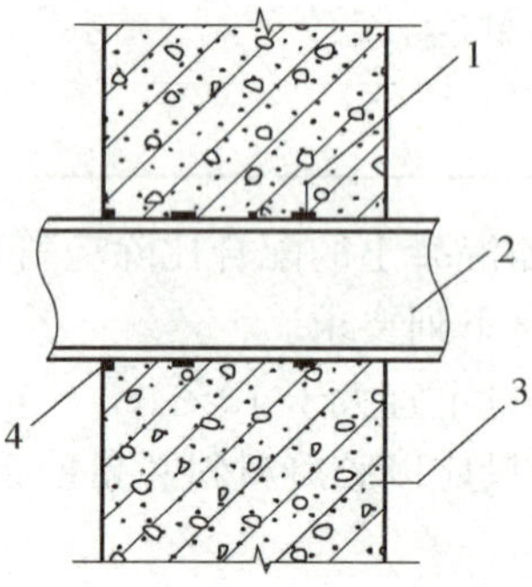

图 1-38 固定式穿墙管防水构造(二)

1—遇水膨胀止水圈；2—主管；3—混凝土结构；4—密封材料

结构变形或管道伸缩量较大或有更换要求时，应采用套管式防水法，套管应加焊止水环，如图 1-39 所示。

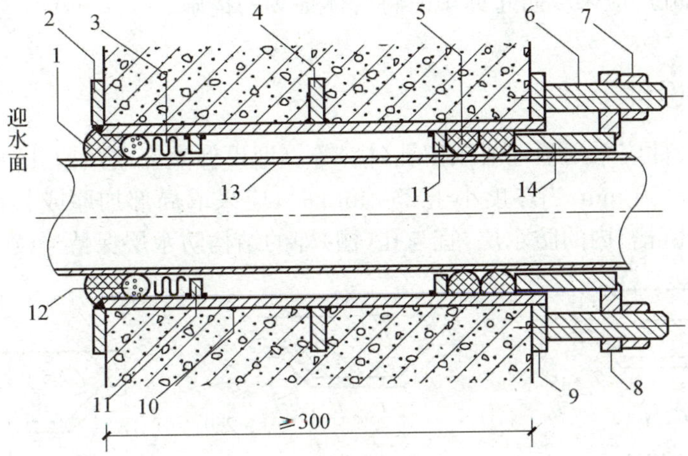

图 1-39 套管式穿墙管防水构造

1—密封材料；2—翼环；3—充填材料；4—止水环；5—橡胶圈；
6—双头螺栓；7—螺母；8—法兰盘；9—翼盘；10—套管；
11—挡圈；12—背衬材料；13—主管；14—短管

穿墙管防水施工时应符合下列要求。

(1)金属止水环应与主管或套管满焊密实，采用套管式穿墙防水构造时，翼环与套管应满焊密实，并应在施工前将套管内表面清理干净。

(2)相邻穿墙管间的间距应大于 300 mm。

(3)采用遇水膨胀止水圈的穿墙管时，其管径宜小于 50 mm，止水圈应采用胶黏剂满粘固定于管上，并应涂缓胀剂或采用缓胀型遇水膨胀止水圈。

穿墙管线较多时，宜相对集中，并应采用穿墙盒。穿墙盒的封口钢板应与墙上的预埋角钢焊严，并应从钢板上的预留浇注孔注入柔性密封材料或细石混凝土，如图 1-40 所示。

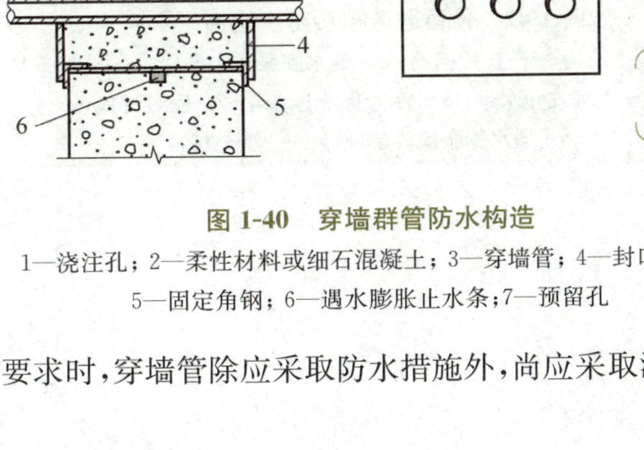

AR

图 1-40 穿墙群管防水构造

1—浇注孔；2—柔性材料或细石混凝土；3—穿墙管；4—封口钢板；
5—固定角钢；6—遇水膨胀止水条；7—预留孔

当工程有防护要求时，穿墙管除应采取防水措施外，尚应采取满足防护要求的措施。穿墙管伸出外墙的部位，应采取防止回填时将管体损坏的措施。

1.9.4 埋设件

结构上的埋设件应采用预埋或预留孔（槽）等。埋设件端部或预留孔（槽）底部的混凝土厚度（L）不得小于 250 mm，当厚度小于 250 mm 时，应采取局部加厚或其他防水措施，如图 1-41 所示。预留孔（槽）内的防水层，宜与孔（槽）外的结构防水层保持连续。

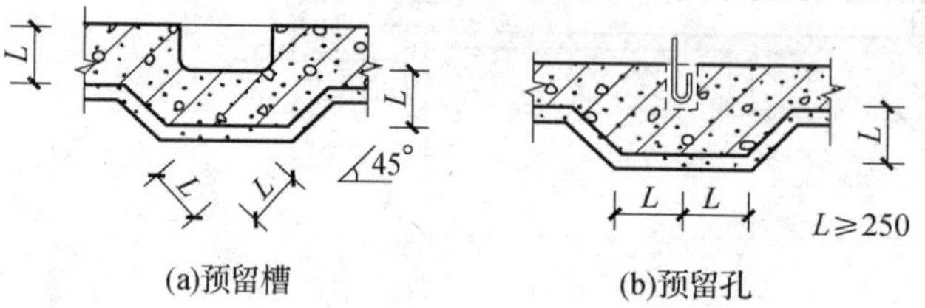

图 1-41 预埋件或预留孔（槽）处理

1.9.5 预留通道接头

预留通道接头处的最大沉降差值不得大于 30 mm。预留通道接头应采用变形缝防水构造形式，如图 1-42 和图 1-43 所示。

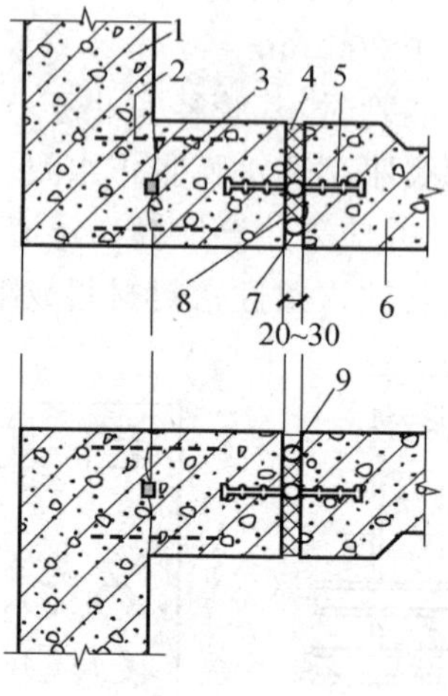

图 1-42 预留通道接头防水构造（一）

1—先浇混凝土结构；2—连接钢筋；3—遇水膨胀止水条（胶）；4—填缝材料；
5—中埋式止水带；6—后浇混凝土结构；7—密封材料；
8—遇水膨胀橡胶条（胶）；9—填充材料

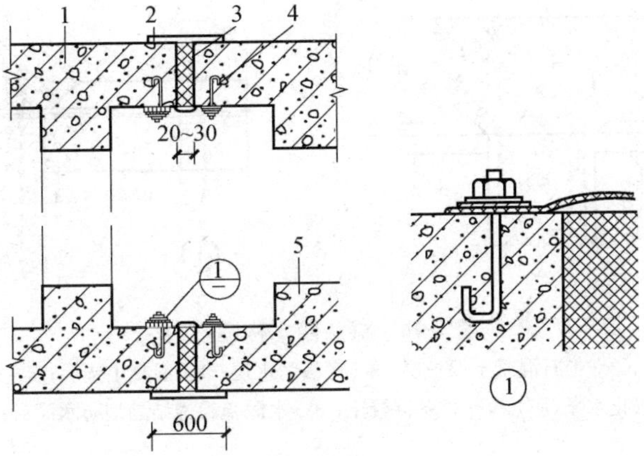

图 1-43 预留通道接头防水构造(二)

1—先浇混凝土结构；2—防水涂料；3—填缝材料；
4—可卸式止水带；5—后浇混凝土结构

预留通道接头的防水施工应符合下列规定。

(1)中埋式止水带、遇水膨胀橡胶条(胶)、预埋注浆管、密封材料、可卸式止水带的施工应符合规范规定。

(2)预留通道先施工部位的混凝土、中埋式止水带和防水相关的预埋件等应及时保护，并应确保端部表面混凝土和中埋式止水带清洁，埋设件不得锈蚀。

(3)当先浇混凝土中未预埋可卸式止水带的预埋螺栓时，可选用金属或尼龙的膨胀螺栓固定可卸式止水带。采用金属膨胀螺栓时，可选用不锈钢材料或用金属涂膜、环氧涂料等涂层进行防锈处理。

1.9.6 桩头

桩头防水设计应符合下列规定。

(1)桩头所用防水材料应具有良好的黏结性、湿固化性。

(2)桩头防水材料应与垫层防水层连为一体。

桩头防水施工应符合下列规定。

(1)应按设计要求将桩顶剔凿至混凝土密实处，并应清洗干净。

(2)破桩后如发现渗漏水，应及时采取堵漏措施。

(3)涂刷水泥基渗透结晶型防水涂料时，应连续、均匀，不得少涂或漏涂，并应及时进行养护。

(4)采用其他防水材料时，基面应符合施工要求。

(5)应对遇水膨胀止水条(胶)进行保护。

桩头防水构造形式应符合图 1-44 和图 1-45 的规定。

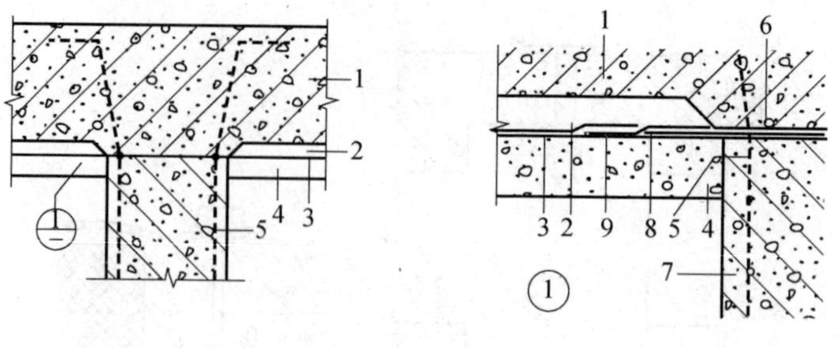

图 1-44　桩头防水构造(一)

1—结构底板；2—细石混凝土保护层；3—底板防水层；4—混凝土垫层；5—桩基受力筋；
6—遇水膨胀止水条(胶)；7—桩基混凝土；8—水泥基渗透结晶型防水涂料；9—防水层

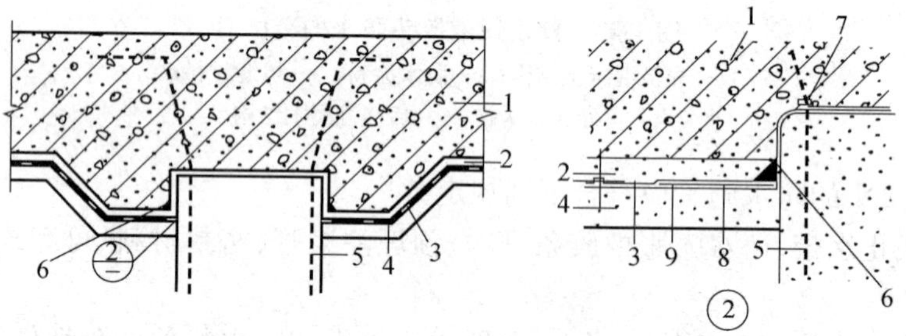

图 1-45　桩头防水构造(二)

1—结构底板；2—细石混凝土保护层；3—底板防水层；4—混凝土垫层；5—桩基受力筋；6—密封材料；
7—遇水膨胀止水条(胶)；8—水泥基渗透结晶型防水涂料；9—聚合物水泥防水砂浆

1.9.7 孔口

地下工程通向地面的各种孔口应采取防地表水倒灌的措施。人员出入口高出地面的高度宜为 500 mm，汽车出入口设置明沟排水时，其高度宜为 150 mm，并应采取防雨措施。

窗井的底部在最高地下水位以上时，窗井的底板和墙应做防水处理，并宜与主体结构断开，如图 1-46 所示。

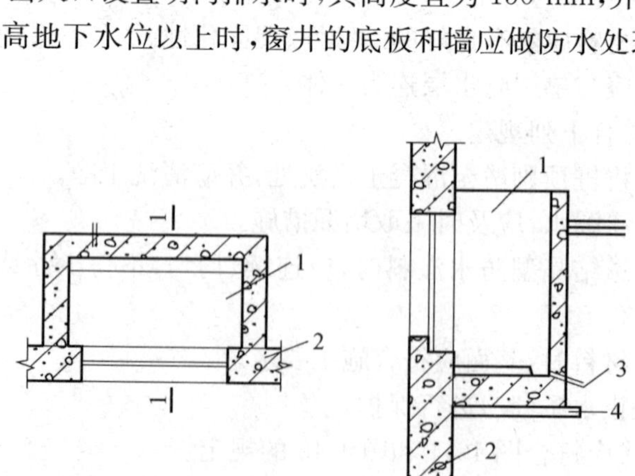

图 1-46　窗井防水构造(一)

1—窗井；2—主体结构；3—排水管；4—垫层

窗井或窗井的一部分在最高地下水位以下时，窗井应与主体结构连成整体，其防水层也应连成整体，并应在地窗井内设置集水井，如图 1-47 所示。

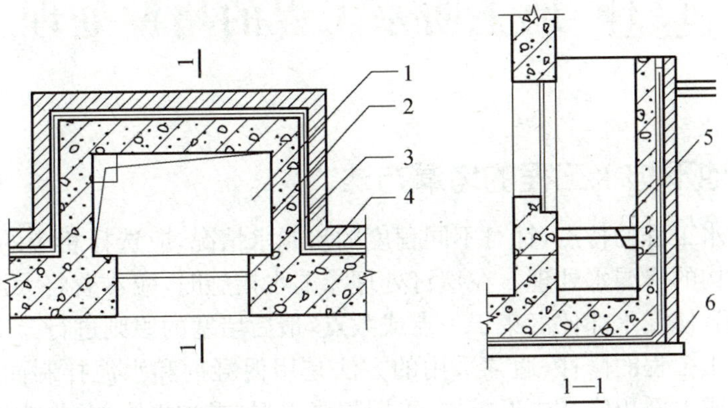

图 1-47 窗井防水构造(二)

1—窗井；2—防水层；3—主体结构；4—防水层保护层；5—集水井；6—垫层

无论地下水位高低，窗台下部的墙体和底板都应做防水层。窗井内的底板，应低于窗下缘 300 mm。窗井墙高出地面不得小于 500 mm。窗井外地面应做散水，散水与墙面间应采用密封材料嵌填。通风口应与窗井同样处理，竖井窗下缘离室外地面高度不得小于 500 mm。

AR

1.9.8 坑、池

坑、池、储水库宜采用防水混凝土整体浇筑，内部应设防水层。受振动作用时应设柔性防水层。底板以下的坑、池，其局部底板应相应降低，并应使防水层保持连续，如图 1-48 所示。

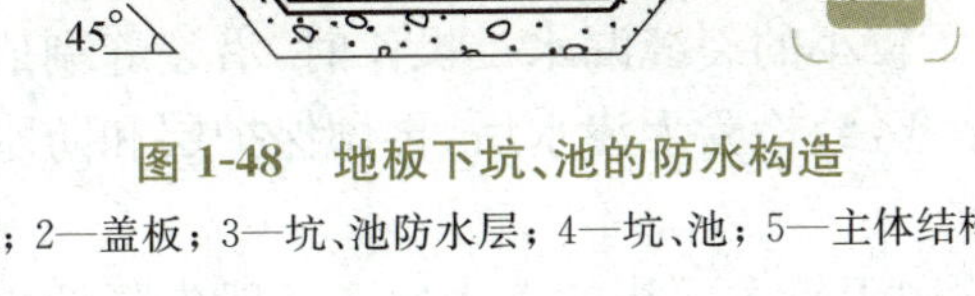

图 1-48 地板下坑、池的防水构造

1—底板；2—盖板；3—坑、池防水层；4—坑、池；5—主体结构防水层

1.10 地下防水工程的堵漏处理

1.10.1 地下防水工程的堵漏方法

根据地下防水工程的特点，针对不同程度的渗漏水情况，应选择相应的防水材料和堵漏方法进行防水结构的渗漏水处理。在拟订处理渗漏水措施时，应本着将大漏变小漏、片漏变孔漏、线漏变点漏，使漏水部位汇集于一点或数点，最后堵塞的原则进行。

对防水混凝土工程的修补，通常采用的方法是用促凝剂和水泥拌制而成的快凝水泥胶浆进行快速堵漏或大面积修补。近年来，采用膨胀水泥(或加膨胀剂)作为防水修补材料，其抗渗堵漏效果更好。对混凝土的微小裂缝，则采用化学注浆堵漏技术。

1. 快硬性水泥胶浆堵漏法

1)堵漏材料

(1)促凝剂。促凝剂是以水玻璃为主，并与硫酸铜、重铬酸钾及水配制而成。配制时按配合比把定量的水加热至 100 ℃，然后将硫酸铜和重铬酸钾倒入水中，继续加热并不断搅拌至完全溶解，冷却至 30 ℃～40 ℃，再将此溶液倒入称量好的水玻璃液体中，搅拌均匀，静置 0.5 h 后就可使用。

(2)快凝水泥胶浆。快凝水泥浆胶的配合比是水泥：促凝剂＝1：(0.5～0.6)。由于这种胶浆凝固块一般 1 min 左右就可凝固，因此，使用时应注意随拌随用。

2)堵漏方法

地下防水工程的渗漏水情况比较复杂，常用的堵漏方法有堵塞法和抹面法。

(1)堵塞法。堵塞法适用于孔洞漏水或裂缝漏水时的修补处理。孔洞漏水常用直接堵塞法和下管堵漏法。直接堵塞法适用于水压不大、漏水孔洞较小的情况。操作时，先将漏水孔洞处剔槽，槽壁必须与基面垂直，并用水刷洗干净，随即将配制好的快凝水泥胶浆捻成与槽尺寸相近的锥形团，在胶浆开始凝固时，迅速压入槽内，并挤压密实，保持 0.5 min 左右即可。当水压力较大、漏水孔洞较大时，可采用下管堵漏法。待孔洞堵塞好后，在胶浆表面抹素灰一层、砂浆一层，以作保护。待砂浆有一定强度后，将胶管拔出，按直接堵塞法将管孔堵塞。最后拆除挡水墙，再做防水层。裂缝漏水的处理方法有裂缝直接堵塞法和下绳堵漏法。裂缝直接堵塞法适用于水压较小的裂缝漏水。操作时，沿裂缝剔成八字形坡的槽，刷洗干净后，用快凝水泥胶浆直接堵塞，经检验无渗水后，再做保护层和防水层。当水压较大、裂缝较长时，可采用下绳堵漏法。

(2)抹面法。抹面法适用于较大面积的渗水面。一般先降低水压或降低地下水位，将基层处理好，然后用抹面法做刚性防水层修补处理。操作时，先在漏水严重处用凿子剔出半贯穿性孔眼，插入胶管将水导出，这样就使“片渗”变为“点渗”，在渗水面做好刚性防水层修补处理。待修补的防水层砂浆凝固后，拔出胶管，再按“孔洞直接堵塞法”将管孔填好。

2. 化学注浆堵塞法

1)注浆材料

(1)氰凝。氰凝的主要成分是以多异氰酸酯与含羟基的化合物(聚酯、聚醚)制成的预聚体。使用前,在预聚体内掺入一定量的副剂(表面活性剂、乳化剂、增塑剂、溶剂与催化剂等),搅拌均匀即配制成氰凝浆液。氰凝浆液不遇水不发生化学反应,稳定性好;当浆液灌入漏水部位后,立即与水发生化学反应,生成不溶于水的凝胶体;同时释放二氧化碳气体,使浆液发泡膨胀,向四周渗透扩散直至反应结束。

(2)丙凝。丙凝由双组分(甲溶液和乙溶液)组成。甲溶液是丙烯酰胺和 N-N′-甲撑双丙烯酰胺及β-二甲氨基丙腈的混合溶液。乙溶液是过硫酸铵的水溶液。两者混合后很快形成不溶于水的高分子硬性凝胶,这种凝胶可以封密结构裂缝,从而达到堵漏的目的。

2)注浆施工

注浆堵漏施工可分为对混凝土表面处理、布置注浆孔、埋设注浆嘴、封闭漏水部位、压水试验、注浆、封孔等工序。注浆孔的间距一般为 1 m 左右,并要交错布置,注浆结束,待浆液固结后,拔出注浆嘴并用水泥砂浆封固注浆孔。

1.10.2 地下防水工程的渗漏方式及治理方法

1. 混凝土墙裂缝漏水

混凝土墙面出现垂直方向为主的裂缝,有的裂缝因贯穿而漏水。治理方法如下。

(1)清除墙外回填土,沿裂缝切槽嵌缝并用氰凝浆液或其他化学浆液灌注缝隙,封闭裂缝。

(2)严格控制原材料质量,优化配合比设计,改善混凝土的和易性,减少水泥用量。

(3)设计时应按设计规范要求控制地下墙体的长度,对特殊形状的地下结构和必须连续的地下结构,应在设计上采取有效措施。

(4)加强养护,一般均应采用覆盖后的浇水养护方法,养护时间不少于规范规定。同时还应防止气温陡降可能造成的温度裂缝。

2. 施工缝漏水

施工缝漏水的治理方法如下。

(1)处理好接缝。拆模后随即用钢丝板刷将接缝刷毛,清除浮浆,扫刷干净,冲洗湿润。在混凝土浇筑前,在水平接缝上铺设 1∶2.5 水泥砂浆 2 mm 左右。浇筑混凝土时须振捣密实。

(2)平缝表面洗刷干净,将橡胶止水条的隔离纸撕掉,居中粘贴在接缝上。搭接长度不小于 50 mm。随后即可继续浇筑混凝土。

(3)沿漏水部位可用氰凝、丙凝等灌注堵塞一切漏水的通道,再用氰凝浆涂刷施工缝内面,宽度不小于 600 mm。

3. 变形缝漏水

变形缝漏水的治理方法如下。

(1)采用埋入式橡胶止水带时,其质量必须合格,搭接接头要挫成斜坡毛面,用 XY-401

胶黏压牢固。止水带在转角处要做成圆角，且不得在拐角处接槎。

(2)表面附贴橡胶止水带时，应在缝内嵌入沥青木丝板，表面嵌两条 BW 橡胶止水条，上面粘贴橡胶止水带，再用压板、螺栓固定。

(3)后埋式止水带须全部剔除，用 BW 橡胶止水条嵌入变形缝底，然后重新铺贴好止水带，再浇混凝土压牢。

4. 穿墙管漏水

穿墙管漏水的治理方法如下。

将管下漏水的混凝土凿深 250 mm。如果水的压力不大，可用快硬水泥胶浆堵塞，或用水玻璃水泥胶堵漏法处理。水玻璃和水泥的配合比为 1∶0.6。从搅拌到操作完毕不宜超过 2 min，操作时应迅速压在漏水处；也可用水泥快燥精胶浆堵漏法。水泥和快燥精的配合比为 2∶1，凝固时间约为 1 min。将拌好的浆液直接压堵在漏水处，待硬化后再松手。

经堵塞不漏水后，随即涂刷一度纯水泥浆，抹一层 1∶2 水泥砂浆，厚度控制在 5 mm 左右。养护 22 d 后，涂水泥浆一度，然后抹第二层 1∶2.5 水泥砂浆，与周边要抹实、抹平。

5. 孔洞堵漏

(1)直接堵漏法。当孔洞较小、水压不太大时，可用直接堵漏法。具体操作时将孔洞凿成凹槽并冲洗干净，用配合比为 1∶0.6 的水泥胶浆塞入孔洞，迅速用力向槽壁四周挤压密实。堵塞后，检查是否漏水，确定无渗漏后做防水层。

(2)下管堵漏法。当孔洞较大、水压较大时，可采用下管堵漏法。首先凿洞、冲洗干净，插入一根胶管，用促凝剂水泥胶浆堵塞胶管外空隙，使水通过胶管排出；当胶浆开始凝固时，立即用力在孔洞四周压实，检查无渗水时，抹上防水层的第一、二层；待防水层有一定强度后将管拔出，按直接堵塞法将管孔堵塞，最后抹防水层的第三、四层。

(3)木楔子堵塞法。木楔子堵塞法用于孔洞不大、水压很大的情况。操作时，用胶浆把一铁管稳牢于漏水处剔成的孔洞内，铁管顶端比基层面低 20 mm，管四周空隙用砂浆、素灰抹好；待砂浆有一定强度后，把一浸过沥青的木楔打入管内，管顶处再抹素灰、砂浆等，经 24 h后，检查无渗漏时，随同其他部位一起做好防水层，如图 1-49 所示。

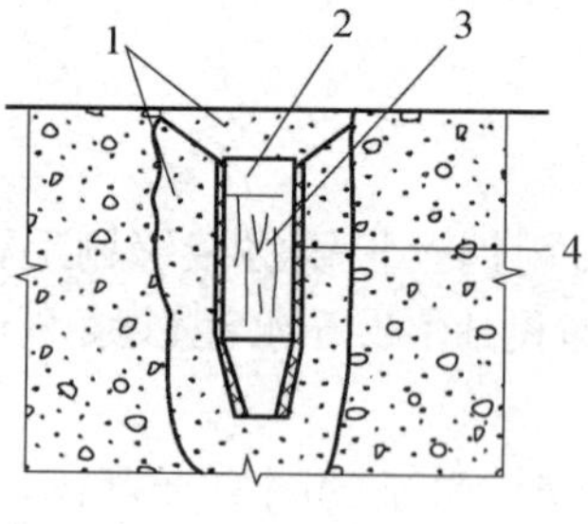

图 1-49　木楔堵漏

1—素灰和砂浆；2—干硬性砂浆；3—木楔；4—铁管

6. 裂缝堵漏

(1)下线法。当水压较大、缝隙不大时，采用下线法施工。操作时，在缝内先放一线，缝长时分段下线，线间中断 20～30 mm，然后用胶浆压紧，从分段处抽线，形成小孔排水；待胶浆达到一定强度后，用胶浆包住钉子塞住抽线时留下的小孔，再抽出钉子，由钉子孔排水，最后将钉子孔堵住做防水层。

（2）半圆铁片堵漏法。当水压较大、裂缝较大时，可将渗漏处剔成八字槽，用半圆铁片放于槽底；铁片上由小孔插入胶管，铁片用胶浆压住，水便由胶管排出。当胶浆达到一定强度时，转动胶管并抽出，再将胶管形成的孔堵住。

1.11 地下工程防水施工质量验收

1.11.1 地下工程防水施工的基本规定

（1）地下防水工程所使用防水材料的要求如下。

①地下防水工程所使用防水材料的品种、规格、性能等必须符合现行国家或行业产品标准和设计要求。

②防水材料必须经具备相应资质的检测单位进行抽样检验，并出具产品性能检测报告。

③防水材料的进场验收应符合如下要求：对材料的外观、品种、规格、包装、尺寸和数量等进行检查验收，并经监理单位或建设单位代表检查确认，形成相应验收记录；对材料的质量证明文件进行检查，并经监理单位或建设单位代表检查确认，纳入工程技术档案；材料进场后应按规定抽样检验，检验应执行见证取样送检制度，并出具材料进场检验报告；材料的物理性能检验项目全部指标达到标准规定时，即为合格；若有一项指标不符合标准规定，应在受检产品中重新取样进行该项指标复验，复验结果符合标准规定，则判定该批材料为合格。

④地下工程使用的防水材料及其配套材料，应符合《建筑防水涂料中有害物质限量》（JC 1066—2008）的规定，不得对周围环境造成污染。

（2）地下防水工程施工的要求如下。

①地下防水工程必须由持有资质等级证书的防水专业队伍进行施工，主要施工人员应持有省级及以上建设行政主管部门或其指定单位颁发的执业资格证书或防水专业岗位证书。

②在地下防水工程施工前，应通过图纸会审，掌握结构主体及细部构造的防水要求，施工单位应编制防水工程专项施工方案，经监理单位或建设单位审查批准后执行。

③地下防水工程的施工，应建立各道工序的自检、交接检和专职人员检查的制度，并有完整的检查记录。工程隐蔽前，应由施工单位通知有关单位进行验收，并形成隐蔽工程验收记录；未经监理单位或建设单位代表对上道工序的检查确认，不得进行下道工序的施工。

④地下防水工程施工期间，必须保持地下水位稳定在工程底部最低高程 0.5 m 以下，必要时应采取降水措施。对采用明沟排水的基坑，应保持基坑干燥。

⑤地下防水工程不得在雨天、雪天和五级风及其以上时施工。防水材料的施工环境气温条件宜符合表 1-24 的规定。

表 1-24　防水材料的施工环境气温条件

防水材料	施工环境气温条件
高聚物改性沥青防水卷材	冷粘法、自粘法不低于 5 ℃，热熔法不低于 -10 ℃
合成高分子防水卷材	冷粘法、自粘法不低于 5 ℃，焊接法不低于 -10 ℃
有机防水涂料	溶剂型为 -5 ℃～35 ℃，反应型、溶乳型为 5 ℃～35 ℃
无机防水涂料	5 ℃～35 ℃
防水混凝土、防水砂浆	5 ℃～35 ℃
膨润土防水涂料	不低于 -20 ℃

（3）地下防水工程是一个子分部工程，其分项工程的划分应符合表 1-25 的要求。

表 1-25　地下防水工程的分项工程

子分部工程		分项工程
地下防水工程	主体结构防水	防水混凝土、水泥砂浆防水层、卷材防水层、涂料防水层、塑料防水板防水层、金属板防水层、膨润土防水材料防水层
	细部构造防水	施工缝、变形缝、后浇带、穿墙管、埋设件、预留通道接头、桩头、孔口、坑、池
	特殊施工法结构防水	锚喷支护、地下连续墙、盾构隧道、沉井、逆筑结构
	排水	渗排水，盲沟排水，隧道、坑道排水，塑料排水板排水
	注浆	预注浆、后注浆，结构裂缝注浆

（4）地下防水工程的分项工程检验批和抽样检验数量应符合下列规定。

①主体结构防水工程和细部构造防水工程应按结构层、变形缝或后浇带等施工段划分检验批。

②特殊施工法结构防水工程应按隧道区间、变形缝等施工段划分检验批。

③排水工程和注浆工程应各为一个检验批。

④各检验批的抽样检验数量：细部构造应为全数检查，其他均应符合规范的规定。

（5）地下工程应按设计的防水等级标准进行验收。

1.11.2　地下建筑防水工程的质量验收

1. 防水混凝土

1）一般要求

（1）防水混凝土适用于抗渗等级不低于 P6 的地下混凝土结构，不适用于环境温度高于 80 ℃的地下工程。处于侵蚀性介质中时，防水混凝土的耐侵蚀性要求应符合《工业建筑防腐蚀设计标准》(GB/T 50046—2018)和《混凝土结构耐久性设计标准》(GB/T 50476—2019)的相关规定。

（2）水泥的选择应符合下列规定。

①宜采用普通硅酸盐水泥或硅酸盐水泥，采用其他品种水泥时应经试验确定。

②在受侵蚀性介质作用时，应按介质的性质选用相应的水泥品种。

③不得使用过期或受潮结块的水泥，并不得将不同品种或强度等级的水泥混合使用。

(3)砂、石的选择应符合下列规定。

①砂宜选用中粗砂，含泥量不应大于3.0%，泥块含量不宜大于1.0%。

②不宜使用海砂；在没有条件使用河砂时，应对海砂进行处理后才能使用，且控制氯离子含量不得大于0.06%。

③碎石或卵石的粒径宜为5～40 mm，含泥量不应大于1.0%，泥块含量不应大于0.5%。

④对长期处于潮湿环境的重要结构混凝土用砂、石，应进行碱活性检验。

(4)矿物掺合料的选择应符合下列规定。

①粉煤灰的级别不应低于二级，烧失量不应大于5%。

②硅粉的比表面积不应小于15 000 m^2/kg，SiO_2 含量不应小于85%。

③粒化高炉矿渣粉的品质要求应符合《用于水泥、砂浆和混凝土中的粒化高炉矿渣粉》(GB/T 18046—2017)的有关规定。

(5)混凝土拌和用水应符合《混凝土用水标准》(JGJ 63—2006)的有关规定。

(6)外加剂的选择应符合下列规定。

①外加剂的品种和用量应经试验确定，所用外加剂应符合《混凝土外加剂应用技术规范》(GB 50119—2013)的质量规定。

②掺加引气剂或引气型减水剂的混凝土，其含气量宜控制在3%～5%。

③考虑外加剂对硬化混凝土收缩性能的影响。

④严禁使用对人体产生危害、对环境产生污染的外加剂。

(7)防水混凝土的配合比应经试验确定，并应符合下列规定。

①试配要求的抗渗水压值应比设计值提高0.2 MPa。

②混凝土胶凝材料总量不宜小于320 kg/m^3，其中水泥用量不宜少于260 kg/m^3；粉煤灰掺量宜为胶凝材料总量的20%～30%，硅粉的掺量宜为胶凝材料总量的2%～5%。

③水胶比不得大于0.50，有侵蚀性介质时水胶比不宜大于0.45。

④砂率宜为35%～40%，泵送时可增加到45%。

⑤灰砂比宜为1∶1.5～1∶2.5。

⑥混凝土拌合物的氯离子含量不应超过胶凝材料总量的0.1%；混凝土中各类材料的总碱量(即 Na_2O 当量)不得大于3 kg/m^3。

(8)防水混凝土采用预拌混凝土时，入泵坍落度宜控制在120～140 mm，坍落度每小时损失不应大于20 mm，坍落度总损失值不应大于40 mm。

(9)混凝土拌制和浇筑过程控制应符合下列规定。

①拌制混凝土所用材料的品种、规格和用量，每工作班检查不应少于两次。每盘混凝土各组成材料计量结果的允许偏差见表1-26。

表 1-26 混凝土组成材料计量结果的允许偏差

混凝土组成材料	每盘计量/%	累计计量/%
水泥、掺合料	±2	±1
粗、细骨料	±3	±2
水、外加剂	±2	±1

②混凝土在浇筑地点的坍落度，每工作班至少检查两次。混凝土的坍落度试验应符合《普通混凝土拌合物性能试验方法标准》(GB/T 50080—2016)的有关规定。混凝土坍落度允许偏差见表 1-27。

表 1-27 混凝土坍落度允许偏差 单位：mm

要求坍落度	允许偏差
≤40	±10
50～90	±15
≥100	±20

③泵送混凝土在交货地点的入泵坍落度，每工作班至少检查 2 次，混凝土入泵时的坍落度允许偏差见表 1-28。

表 1-28 混凝土入泵时的坍落度允许偏差 单位：mm

所需坍落度	允许偏差
≤100	±20
>100	±30

④泵送混凝土拌合物在运输后出现离析，必须进行二次搅拌。当坍落度损失后不能满足施工要求时，应加入原水胶比的水泥浆或掺加同品种的减水剂进行搅拌，严禁直接加水。

(10)防水混凝土抗压强度试件，应在混凝土浇筑地点随机取样后制作，并应符合下列规定。

①同一工程、同一配合比的混凝土，取样频率和试件留置组数应符合《混凝土结构工程施工质量验收规范》(GB 50204—2015)的有关规定。

②抗压强度试验应符合《混凝土物理力学性能试验方法标准》(GB/T 50081—2019)的有关规定。

③结构构件的混凝土强度评定应符合《混凝土强度检验评定标准》(GB/T 50107—2010)的有关规定。

(11)防水混凝土的抗渗性能应采用标准条件下养护混凝土抗渗试件的试验结果评定，试件应在混凝土浇筑地点随机取样后制作，并应符合下列规定。

①连续浇筑混凝土每 500 m^3 留置一组(6 个)抗渗试件，且每项工程不得少于两组；对于预拌混凝土的抗渗试件，留置组数应视结构的规模和要求而定。

②抗渗性能试验应符合《普通混凝土长期性能和耐久性能试验方法标准》(GB/T 50082—2009)的有关规定。

(12)大体积防水混凝土的施工应采取材料选择、温度控制、保温保湿等技术措施。在设计许可的情况下，掺粉煤灰混凝土设计强度的龄期宜为 60 d 或 90 d。

(13)防水混凝土分项工程检验批的抽样检验数量，应按混凝土外露面积每 100 m^2 抽查 1 处，每处 10 m^2，且不得少于 3 处。

2)主控项目

(1)防水混凝土的原材料、配合比及坍落度必须符合设计要求。

检验方法：检查产品合格证、产品性能检测报告、计量措施和材料进场检验报告。

(2)防水混凝土的抗压强度和抗渗性能必须符合设计要求。

检验方法：检查混凝土抗压强度、抗渗性能检验报告。

(3)防水混凝土结构的变形缝、施工缝、后浇带、穿墙管、埋设件等的设置和构造必须符合设计要求。

检验方法：观察检查和检查隐蔽工程验收记录。

3)一般项目

(1)防水混凝土结构表面应坚实、平整，不得有露筋、蜂窝等缺陷，埋设件位置应准确。

检验方法：观察检查。

(2)防水混凝土结构表面的裂缝宽度不应大于 0.2 mm，且不得贯通。

检验方法：用刻度放大镜检查。

(3)防水混凝土结构厚度不应小于 250 mm，其允许偏差应为＋8 mm、－5 mm；主体结构迎水面钢筋保护层厚度不应小于 50 mm，其允许偏差为±5 mm。

检验方法：尺量检查和检查隐蔽工程验收记录。

2.水泥砂浆防水层

1)一般要求

(1)水泥砂浆防水层适用于地下工程主体结构的迎水面或背水面，不适用于受持续振动或环境温度高于 80 ℃的地下工程。

(2)水泥砂浆防水层应采用聚合物水泥防水砂浆，掺外加剂或掺合料的防水砂浆。

(3)水泥砂浆防水层所用的材料应符合下列规定。

①水泥应使用普通硅酸盐水泥、硅酸盐水泥或特种水泥，不得使用过期或受潮结块的水泥。

②砂宜采用中砂，含泥量不应大于 1%，硫化物和硫酸盐含量不得大于 1%。

③用于拌制水泥砂浆的水应采用不含有害物质的洁净水。

④聚合物乳液的外观为均匀液体，无杂质、无沉淀、不分层。

⑤外加剂的技术性能应符合国家或行业有关标准的质量要求。

(4)水泥砂浆防水层的基层质量应符合下列规定。

①基层表面应平整、坚实、清洁，并应充分湿润，无明水。

②基层表面的孔洞、缝隙应采用与防水层相同的水泥砂浆填塞并抹平。

③施工前应将埋设件、穿墙管预留凹槽内嵌填密封材料后，再进行水泥砂浆防水层施工。

(5)水泥砂浆防水层施工应符合下列规定。

①水泥砂浆的配制应按所掺材料的技术要求准确计量。

②分层铺抹或喷涂，铺抹时应压实、抹平，最后一层表面应提浆压光。

③防水层各层应紧密黏合，每层宜连续施工。必须留设施工缝时，应采用阶梯坡形槎，但与阴阳角的距离不得小于 200 mm。

④水泥砂浆终凝后应及时进行养护，养护温度不宜低于 5 ℃，并应保持砂浆表面湿润，养护时间不得少于 14 d。聚合物水泥防水砂浆未达到硬化状态时，不得浇水养护或直接受雨水冲刷，硬化后应采用干湿交替的养护方法。潮湿环境中，可在自然条件下养护。

(6)水泥砂浆防水层分项工程检验批的抽样检验数量，应按施工面积每 100 m^2 抽查 1 处，每处 10 m^2，且不得少于 3 处。

2)主控项目

(1)防水砂浆的原材料及配合比必须符合设计规定。

检验方法：检查产品合格证、产品性能检测报告、计量措施和材料进场检验报告。

(2)防水砂浆的黏结强度和抗渗性能必须符合设计规定。

检验方法：检查砂浆黏结强度、抗渗性能检测报告。

(3)水泥砂浆防水层与基层之间应结合牢固，无空鼓现象。

检验方法：观察和用小锤轻击检查。

3)一般项目

(1)水泥砂浆防水层表面应密实、平整，不得有裂纹、起砂、麻面等缺陷。

检验方法：观察检查。

(2)水泥砂浆防水层施工缝留槎位置应正确，接槎应按层次顺序操作，层层搭接紧密。

检验方法：观察检查和检查隐蔽工程验收记录。

(3)水泥砂浆防水层的平均厚度应符合设计要求，最小厚度不得小于设计值的 85%。

检验方法：用针测法检查。

(4)水泥砂浆防水层表面平整度的允许偏差应为 5 mm。

检查方法：用 2 m 靠尺和楔形塞尺检查。

3.卷材防水层

1)一般要求

(1)卷材防水层适用于受侵蚀性介质作用或受振动作用的地下工程。卷材防水层应铺设在主体结构的迎水面。

(2)卷材防水层应采用高聚物改性沥青防水卷材和合成高分子防水卷材。所选用的基层处理剂、胶黏剂、密封材料等均应与铺贴的卷材相匹配。

(3)在进场材料检验的同时，防水卷材接缝黏结质量检验应按规范执行。

(4)铺贴防水卷材前，基面应干净、干燥，并应涂刷基层处理剂；当基面潮湿时，应涂刷湿固化型胶黏剂或潮湿界面隔离剂。

(5)基层阴阳角应做成圆弧或 45°坡角，其尺寸应根据卷材品种确定；在转角处、变形缝、施工缝、穿墙管等部位应铺贴卷材加强层，加强层宽度不应小于 500 mm。

(6)防水卷材的搭接宽度应符合表 1-29 的要求。铺贴双层卷材时，上、下层和相邻两幅卷材的接缝应错开 1/3～1/2 幅宽，且两层卷材不得相互垂直铺贴。

表 1-29 防水卷材的搭接宽度

卷材品种	搭接宽度/mm
弹性体改性沥青防水卷材	100
改性沥青聚乙烯胎防水卷材	100
自粘聚合物改性沥青防水卷材	80
三元乙丙橡胶防水卷材	100/60(胶黏剂/胶结带)
聚氯乙烯防水卷材	60/80(单面焊/双面焊)
	100(胶黏剂)
聚乙烯丙纶复合防水卷材	100(黏结料)
高分子自粘胶膜防水卷材	70/80(自粘胶/胶结带)

(7)冷粘法铺贴卷材应符合下列规定。

①胶黏剂涂刷应均匀,不得露底,不堆积。

②根据胶黏剂的性能,应控制胶黏剂涂刷与卷材铺贴的间隔时间。

③铺贴时不得用力拉伸卷材,并排除卷材下面的空气,辊压黏结牢固。

④铺贴卷材应平整、顺直,搭接尺寸准确,不得有扭曲、皱折。

⑤卷材接缝部位应采用专用黏结剂或胶结带满粘,接缝口应用密封材料封严,其宽度不应小于 10 mm。

(8)热熔法铺贴卷材应符合下列规定。

①火焰加热器加热卷材应均匀,不得加热不足或烧穿卷材。

②卷材表面热熔后应立即滚铺,排除卷材下面的空气,并黏结牢固。

③铺贴卷材应平整、顺直,搭接尺寸准确,不得有扭曲、皱折。

④卷材接缝部位应溢出热熔的改性沥青胶料,并黏结牢固,封闭严密。

(9)自粘法铺贴卷材应符合下列规定。

①铺贴卷材时,应将有黏性的一面朝向主体结构。

②外墙、顶板铺贴时,排除卷材下面的空气,并黏结牢固。

③铺贴卷材应平整、顺直,搭接尺寸准确,不得有扭曲、皱折。

④立面卷材铺贴完成后,应将卷材端头固定,并应用密封材料封严。

⑤低温施工时,宜对卷材和基面采用热风适当加热,然后再铺贴卷材。

(10)卷材接缝采用焊接法施工应符合下列规定。

①焊接前卷材应铺放平整,搭接尺寸准确,焊接缝的结合面应清扫干净。

②焊接前应先焊长边搭接缝,后焊短边搭接缝。

③控制热风加热的温度和时间,焊接处不得漏焊、跳焊或焊接不牢。

④焊接时不得损害非焊接部位的卷材。

(11)铺贴聚乙烯丙纶复合防水卷材应符合下列规定。

①应采用配套的聚合物水泥防水黏结材料。

②卷材与基层粘贴应采用满粘法,黏结面积不应小于 90%,刮涂黏结料应均匀,不得露底、堆积、流淌。

③固化后的黏结料厚度不应小于 1.3 mm。

④卷材接缝部位应挤出黏结料，接缝表面处应刮 1.3 mm 厚、50 mm 宽的聚合物水泥黏结料封边。

⑤聚合物水泥黏结料固化前，不得在其上行走或进行后续作业。

(12)高分子自粘胶膜防水卷材宜采用预铺反粘法施工，并应符合下列规定。

①卷材宜单层铺设。

②在潮湿基面铺设时，基面应平整坚固、无明水。

③卷材长边应采用自粘边搭接，短边应采用胶结带搭接，卷材端部搭接区应相互错开。

④立面施工时，在自粘边位置距离卷材边缘 10～20 mm 内，每隔 400～600 mm 应进行机械固定，并应保证固定位置被卷材完全覆盖。

⑤浇筑结构混凝土时不得损伤防水层。

(13)卷材防水层完工并经验收合格后应及时做保护层。保护层应符合下列规定。

①顶板的细石混凝土保护层与防水层之间宜设置隔离层。细石混凝土保护层厚度：机械回填时不宜小于 70 mm，人工回填时不宜小于 50 mm。

②底板的细石混凝土保护层厚度不应小于 50 mm。

③侧墙宜采用软质保护材料或铺抹 20 mm 厚 1∶2.5 水泥砂浆。

(14)卷材防水层分项工程检验批的抽检数量，应按铺贴面积每 100 m^2 抽查 1 处，每处 10 m^2，且不得少于 3 处。

2)主控项目

(1)卷材防水层所用卷材及其配套材料必须符合设计要求。

检验方法：检查产品合格证、产品性能检测报告和材料进场检验报告。

(2)卷材防水层在转角处、变形缝、施工缝、穿墙管等部位的做法必须符合设计要求。

检验方法：观察检查和检查隐蔽工程验收记录。

3)一般项目

(1)卷材防水层的搭接缝应粘贴或焊接牢固，密封严密，不得有扭曲、皱折、翘边和起泡等缺陷。

检验方法：观察检查。

(2)采用外防外贴法铺贴卷材防水层时，立面卷材接槎的搭接宽度，高聚物改性沥青类卷材应为 150 mm，合成高分子类卷材应为 100 mm，且上层卷材应盖过下层卷材。

检验方法：观察和尺量检查。

(3)侧墙卷材防水层的保护层与防水层应结合紧密，保护层厚度应符合设计要求。

检验方法：观察和尺量检查。

(4)卷材搭接宽度的允许偏差应为－10 mm。

检验方法：观察和尺量检查。

4.涂料防水层

1)一般要求

(1)涂料防水层适用于受侵蚀性介质作用或受振动作用的地下工程。有机防水涂料宜用于主体结构的迎水面，无机防水涂料宜用于主体结构的迎水面或背水面。

(2)有机防水涂料应采用反应型、水乳型、聚合物水泥等涂料；无机防水涂料应采用掺外加剂、掺合料的水泥基防水涂料或水泥基渗透结晶型防水涂料。

(3)有机防水涂料的基面应干燥。当基面较潮湿时，应涂刷湿固化型胶结剂或潮湿界面隔离剂；无机防水涂料施工前，基面应充分润湿，不得有明水。

(4)涂料防水层的施工应符合下列规定。

①多组分涂料应按配合比准确计量，搅拌均匀，并应根据有效时间确定每次配制的用量。

②涂料应分层涂刷或喷涂，涂层应均匀，涂刷应待前遍涂层干燥成膜后进行；每遍涂刷时应交替改变涂层的涂刷方向，同层涂膜的先后搭压宽度宜为30～50 mm。

③涂料防水层的甩槎处接缝宽度不应小于100 mm，接涂前应将其甩槎表面处理干净。

④采用有机防水涂料时，基层阴阳角处应做成圆弧；在转角处、变形缝、施工缝、穿墙管等部位应增加胎体增强材料和增涂防水涂料，宽度不应小于50 mm。

⑤胎体增强材料的搭接宽度不应小于100 mm，上、下层和相邻两幅胎体的接缝应错开1/3幅宽，且上、下层胎体不得相互垂直铺贴。

(5)涂料防水层完工并经验收合格后应及时做保护层。保护层应符合下列规定。

①顶板的细石混凝土保护层与防水层之间宜设置隔离层。细石混凝土保护层厚度：机械回填时不宜小于70 mm，人工回填时不宜小于50 mm。

②底板的细石混凝土保护层厚度不应小于50 mm。

③侧墙宜采用软质保护材料或铺抹20 mm厚1∶2.5水泥砂浆。

(6)涂料防水层分项工程检验批的抽检数量，应按铺贴面积每100 m^2 抽查1处，每处10 m^2，且不得少于3处。

2)主控项目

(1)涂料防水层所用的材料及配合比必须符合设计要求。

检验方法：检查产品合格证、产品性能检测报告、计量措施和材料进场检验报告。

(2)涂料防水层的平均厚度应符合设计要求，最小厚度不得低于设计厚度的90%。

检验方法：用针测法检查。

(3)涂料防水层在转角处、变形缝、施工缝、穿墙管等部位的做法必须符合设计要求。

检验方法：观察检查和检查隐蔽工程验收记录。

3)一般项目

(1)涂料防水层应与基层黏结牢固、涂刷均匀，不得流淌、鼓泡、露槎。

检验方法：观察检查。

(2)涂层间夹铺胎体增强材料时，应使防水涂料浸透胎体、覆盖完全，不得有胎体外露现象。

检验方法：观察检查。

(3)侧墙涂料防水层的保护层与防水层应结合紧密，保护层厚度应符合设计要求。

检验方法：观察检查。

5.塑料防水板防水层

1)一般要求

(1)塑料防水板防水层适用于经常承受水压、侵蚀性介质或有振动作用的地下工程。塑料防水板宜铺设在复合式衬砌的初期支护与二次衬砌之间。

(2)塑料防水板防水层的基面应平整，无尖锐突出物，基面平整度 D/L 不应大于1/6。

(3)初期支护的渗漏水,应在塑料防水板防水层铺设前封堵或引排。

(4)塑料防水板的铺设应符合下列规定。

①铺设塑料防水板前应先铺缓冲层,缓冲层应用暗钉圈固定在基面上;缓冲层搭接宽度不应小于 50 mm;铺设塑料防水板时,应边铺边用压焊机将塑料防水板与暗钉圈焊接。

②两幅塑料防水板的搭接宽度不应小于 100 mm,下部塑料防水板应压住上部塑料防水板。接缝焊接时,塑料防水板的搭接层数不得超过 3 层。

③塑料防水板的搭接缝应采用双焊缝,每条焊缝的有效宽度不应小于 10 mm。

④塑料防水板铺设时宜设置分区预埋注浆系统。

⑤分段设置塑料防水板防水层时,两端应采取封闭措施。

(5)塑料防水板的铺设应超前二次衬砌混凝土施工,超前距离宜为 5～20 m。

(6)塑料防水板应牢固地固定在基面上,固定点间距应根据基面平整情况确定,拱部宜为 0.5～0.8 m,边墙宜为 1～1.5 m,底部宜为 1.5～2.0 m;局部凹凸较大时,应在凹处加密固定点。

(7)塑料防水板防水层分项工程检验批的抽样检验数量,应按铺设面积每 100 m^2 抽查 1 处,每处 10 m^2,但不得少于 3 处。焊缝检验应按焊缝条数抽查 5%,每条焊缝为 1 处,但不得少于 3 处。

2)主控项目

(1)塑料防水板及其配套材料必须符合设计要求。

检验方法:检查产品合格证、产品性能检测报告和材料进场检验报告。

(2)塑料防水板的搭接缝必须采用双缝热熔焊接,每条焊缝的有效宽度不应小于 10 mm。

检验方法:双焊缝间空腔内充气检查和尺量检查。

3)一般项目

(1)塑料防水板应采用无钉孔铺设,其固定点的间距应符合规范规定。

检验方法:观察和尺量检查。

(2)塑料防水板与暗钉圈应焊接牢靠,不得漏焊、假焊和焊穿。

检验方法:观察检查。

(3)塑料防水板的铺设应平顺,不得有下垂、绷紧和破损现象。

检验方法:观察检查。

(4)塑料防水板搭接宽度的允许偏差为－10 mm。

检验方法:尺量检查。

6.金属板防水层

1)一般要求

(1)金属防水板适用于抗渗性能要求较高的地下工程,金属板应铺设在主体结构的迎水面。

(2)金属板防水层所采用的金属材料和保护材料应符合设计要求。金属板及其焊接材料的规格、外观质量和主要物理性能,应符合国家现行有关标准的规定。

(3)金属板的拼接及金属板与工程结构的锚固件连接应采用焊接。金属板的拼接焊缝应进行外观检查和无损检验。

(4)金属板表面有锈蚀、麻点或划痕等缺陷时,其深度不得大于该板材厚度的负偏差值。

(5)金属板防水层分项工程检验批的抽样检验数量,应按铺设面积每 10 m^2 抽查 1 处,每处 1 m^2,且不得少于 3 处。焊缝表面缺陷检验应按焊缝的条数抽查 5%,且不得少于 1 条焊缝;每条焊缝检查 1 处,总抽查数不得少于 10 处。

2)主控项目

(1)金属板和焊接材料必须符合设计要求。

检验方法:检查产品合格证、产品性能检测报告和材料进场检验报告。

(2)焊工应持有有效的执业资格证书。

检验方法:检查焊工执业资格证书和考核日期。

3)一般项目

(1)金属板表面不得有明显凹面和损伤。

检验方法:观察检查。

(2)焊缝不得有裂纹、未熔合、夹渣、焊瘤、咬边、烧穿、弧坑、针状气孔等缺陷。

检验方法:观察检查和使用放大镜、焊缝量规及钢尺检查,必要时采用渗透或磁粉探伤检查。

(3)焊缝的焊波应均匀,焊渣和飞溅物应清除干净。保护涂层不得有漏涂、脱皮和反锈现象。

检验方法:观察检查。

7.膨润土防水材料防水层

1)一般要求

(1)膨润土防水材料防水层适用于 pH=4～10 的地下环境中。膨润土防水材料防水层应用于复合式衬砌的初期支护与二次衬砌之间以及明挖法地下工程主体结构的迎水面,防水层两侧应具有一定的夹持力。

(2)膨润土防水材料中的膨润土颗粒应采用钠基膨润土,不应采用钙基膨润土。

(3)膨润土防水材料防水层基面应坚实、清洁,不得有明水,基面平整度应符合规范规定,基层阴阳角应做成圆弧或坡角。

(4)膨润土防水毯的织布面与膨润土防水板的膨润土面,均应与结构外表面密贴。

(5)膨润土防水材料应采用水泥钉和垫片固定;立面和斜面上的固定间距宜为 400～500 mm,平面上应在搭接缝处固定。

(6)膨润土防水材料的搭接宽度应大于 100 mm;搭接部位的固定间距宜为 200～300 mm,固定点与搭接边缘的距离宜为 25～30 mm,搭接处应涂抹膨润土密封膏。平面搭接缝处可干撒膨润土颗粒,其用量宜为 0.3～0.5 kg/m。

(7)膨润土防水材料的收口部位应采用金属压条与水泥钉固定,并用膨润土密封膏覆盖。

(8)转角处和变形缝、施工缝、后浇带等部位均应设置宽度不小于 500 mm 的加强层,加强层应设置在防水层与结构外表面之间。穿墙管件宜采用膨润土橡胶止水条、膨润土密封膏进行加强处理。

(9)膨润土防水材料分段铺设时,应采取临时遮挡防护措施。

(10)膨润土防水材料防水层分项工程检验批的抽检数量,应按铺贴面积每 100 m^2 抽查

1 处，每处 10 m^2，且不得少于 3 处。

2）主控项目

（1）膨润土防水材料必须符合设计要求。

检验方法：检查产品合格证、产品性能检测报告、计量措施和材料进场检验报告。

（2）膨润土防水材料防水层在转角处和变形缝、施工缝、后浇带、穿墙管等部位的做法必须符合设计要求。

检验方法：观察检查和检查隐蔽工程验收记录。

3）一般项目

（1）膨润土防水毯的织布面或防水板的膨润土面，应朝向工程主体结构的迎水面。

检验方法：观察检查。

（2）立面或斜面铺设的膨润土防水材料应上层压住下层，防水层与基层、防水层与防水层之间应密贴，并应平整无折皱。

检验方法：观察检查。

（3）膨润土防水材料的搭接和收口部位应符合规范规定。

检验方法：观察检查。

（4）膨润土防水材料搭接宽度的允许偏差应为－10 mm。

检验方法：观察和尺量检查。

1.11.3 细部构造防水工程的质量验收

1. 施工缝

1）主控项目

（1）施工缝用止水带、遇水膨胀止水条或止水胶、水泥基渗透结晶型防水涂料和预埋注浆管必须符合设计要求。

检验方法：检查产品合格证、产品性能检测报告和材料进场检验报告。

（2）施工缝的防水构造必须符合设计要求。

检验方法：观察检查和检查隐蔽工程验收记录。

2）一般项目

（1）墙体水平施工缝应留设在高出底板表面不小于 300 mm 的墙体上。拱、板与墙结合的水平施工缝，宜留在拱、板和墙交接处以下 150～300 mm 处；垂直施工缝应避开地下水和裂隙水较多的地段，并宜与变形缝相结合。

检验方法：观察检查和检查隐蔽工程验收记录。

（2）在施工缝处继续浇筑混凝土时，已浇筑的混凝土抗压强度不应小于 1.2 MPa。

检验方法：观察检查和检查隐蔽工程验收记录。

（3）水平施工缝浇筑混凝土前，应将其表面浮浆和杂物清除，然后铺设净浆、涂刷混凝土界面处理剂或水泥基渗透结晶型防水涂料，再铺 30～50 mm 厚的 1∶1 水泥砂浆，并及时浇筑混凝土。

检验方法：观察检查和检查隐蔽工程验收记录。

（4）垂直施工缝浇筑混凝土前，应将其表面清理干净，再涂刷混凝土界面处理剂或水泥基渗透结晶型防水涂料，并及时浇筑混凝土。

检验方法：观察检查和检查隐蔽工程验收记录。

(5)中埋式止水带及外贴式止水带的埋设位置应准确，固定应牢靠。

检验方法：观察检查和检查隐蔽工程验收记录。

(6)遇水膨胀止水带应具有缓膨胀性能。止水条与施工缝基面应密贴，中间不得有空鼓、脱离等现象；止水条应牢固地安装在缝表面或预埋凹槽内；止水条采用搭接连接时，搭接宽度不得小于30 mm。

检验方法：观察检查和检查隐蔽工程验收记录。

(7)遇水膨胀止水胶应采用专用注胶器挤出黏结在施工缝表面，并做到连续、均匀、饱满，无气泡和孔洞，挤出宽度及厚度应符合设计要求；止水胶挤出成型后，固化期内应采取临时保护措施；止水胶固化前不得浇筑混凝土。

检验方法：观察检查和检查隐蔽工程验收记录。

(8)预埋式注浆管应设置在施工缝断面中部，注浆管与施工缝基面应密贴并固定牢靠，固定间距宜为200～300 mm；注浆导管与注浆管的连接应牢固、严密，导管埋入混凝土内的部分应与结构钢筋绑扎牢固，导管的末端应临时封堵严密。

检验方法：观察检查和检查隐蔽工程验收记录。

2.变形缝

1)主控项目

(1)变形缝用止水带、填缝材料和密封材料必须符合设计要求。

检验方法：检查产品合格证、产品性能检测报告和材料进场检验报告。

(2)变形缝的防水构造必须符合设计要求。

检验方法：观察检查和检查隐蔽工程验收记录。

(3)中埋式止水带的埋设位置应准确，其中间空心圆环与变形缝的中心线应重合。

检验方法：观察检查和检查隐蔽工程验收记录。

2)一般项目

(1)中埋式止水带的接缝应设在边墙较高的位置上，不得设在结构转角处；接头宜采用热压焊接，接缝应平整、牢固，不得有裂口和脱胶现象。

检验方法：观察检查和检查隐蔽工程验收记录。

(2)中埋式止水带在转角处应做成圆弧形。顶板、底板内止水带应安装成盆状，并宜采用专用钢筋套或扁钢固定。

检验方法：观察检查和检查隐蔽工程验收记录。

(3)外贴式止水带在变形缝与施工缝相交部位宜采用十字配件；外贴式止水带在变形缝转角部位宜采用直角配件。止水带的埋设位置应准确，固定应牢靠，并与固定止水带的基层密贴，不得出现空鼓、翘边等现象。

检验方法：观察检查和检查隐蔽工程验收记录。

(4)安设于结构内侧的可卸式止水带所需配件应一次配齐，转角处应做成45°坡角，并增加紧固件的数量。

检验方法：观察检查和检查隐蔽工程验收记录。

(5)嵌填密封材料的缝内两侧基面应平整、洁净、干燥，并应涂刷基层处理剂；嵌缝底部应设置背衬材料;密封材料嵌填应严密、连续、饱满,黏结牢固。

检验方法:观察检查和检查隐蔽工程验收记录。

(6)变形缝表面粘贴卷材或涂刷防水涂料前,应在缝上设置隔离层和加强层。

检验方法:观察检查和检查隐蔽工程验收记录。

3.后浇带

1)主控项目

(1)后浇带用遇水膨胀止水条或止水胶、预埋注浆管、外贴式止水带必须符合设计要求。

检验方法:检查产品合格证、产品性能检测报告和材料进场检验报告。

(2)补偿收缩混凝土的原材料及配合比必须符合设计要求。

检验方法:检查产品合格证、产品性能检测报告、计量措施和材料进场检验报告。

(3)后浇带防水构造必须符合设计要求。

检验方法:观察检查和检查隐蔽工程验收记录。

(4)对于掺膨胀剂的补偿收缩混凝土,其抗压强度、抗渗性能和限制膨胀率必须符合设计要求。

检验方法:检查混凝土抗压强度、抗渗性能和水中养护 14 d 后的限制膨胀率检测报告。

2)一般项目

(1)补偿收缩混凝土浇筑前,后浇带部位和外贴式止水带应采取保护措施。

检验方法:观察检查。

(2)后浇带两侧的接缝表面应先清理干净,再涂刷混凝土界面处理剂或水泥基渗透结晶型防水涂料;后浇带混凝土的浇筑时间应符合设计要求。

检验方法:观察检查和检查隐蔽工程验收记录。

(3)遇水膨胀止水条、遇水膨胀止水胶的施工应符合规范规定;预埋注浆管、外贴式止水带的施工应符合规范规定。

检验方法:观察检查和检查隐蔽工程验收记录。

(4)后浇带混凝土应一次浇筑,不得留施工缝。混凝土浇筑后应及时养护,养护时间不得少于 28 d。

检验方法:观察检查和检查隐蔽工程验收记录。

4.穿墙管

1)主控项目

(1)穿墙管用遇水膨胀止水条和密封材料必须符合设计要求。

检验方法:检查产品合格证、产品性能检测报告和材料进场检验报告。

(2)穿墙管防水构造必须符合设计要求。

检验方法:观察检查和检查隐蔽工程验收记录。

2)一般项目

(1)固定式穿墙管应加焊止水环或环绕遇水膨胀止水圈,并做好防腐处理。穿墙管应在主体结构迎水面预留凹槽,槽内应用密封材料嵌填密实。

检验方法:观察检查和检查隐蔽工程验收记录。

(2)套管式穿墙管的套管与止水环及翼环应连续满焊,并做好防腐处理。套管内表面应清理干净，穿墙管与套管之间应用密封材料和橡胶密封圈进行密封处理，并采用法兰盘及螺栓进行固定。

检验方法：观察检查和检查隐蔽工程验收记录。

(3)穿墙盒的封口钢板与混凝土结构墙上预埋的角钢应焊平，并从钢板上的预留浇注孔注入改性沥青密封材料或细石混凝土，封填后将浇注孔口用钢板焊接封闭。

检验方法：观察检查和检查隐蔽工程验收记录。

(4)当主体结构迎水面有柔性防水层时，防水层与穿墙管连接处应增设加强层。

检验方法：观察检查和检查隐蔽工程验收记录。

(5)密封材料嵌填应密实、连续、饱满，黏结牢固。

检验方法：观察检查和检查隐蔽工程验收记录。

5.埋设件

1)主控项目

(1)埋设件用密封材料必须符合设计要求。

检验方法：检查产品合格证、产品性能检测报告和材料进场检验报告。

(2)埋设件防水构造必须符合设计要求。

检验方法：观察检查和检查隐蔽工程验收记录。

2)一般项目

(1)埋设件应位置准确，固定牢靠；埋设件应进行防腐处理。

检验方法：观察、尺量和手扳检查。

(2)埋设件端部或预留孔、槽底部的混凝土厚度不得小于 250 mm。当混凝土厚度小于 250 mm 时，应局部加厚或采取其他防水措施。

检验方法：尺量检查和检查隐蔽工程验收记录。

(3)结构迎水面的埋设件周围应预留凹槽，凹槽内应用密封材料嵌填密实。

检验方法：观察检查和检查隐蔽工程验收记录。

(4)用于固定模板的螺栓必须穿过混凝土结构时，可采用工具式螺栓或螺栓加堵头，螺栓上应加焊止水环。拆模后留下的凹槽应用密封材料封堵密实，并用聚合物水泥砂浆抹平。

检验方法：观察检查和检查隐蔽工程验收记录。

(5)预留孔、槽内的防水层应与主体防水层保持连续。

检验方法：观察检查和检查隐蔽工程验收记录。

(6)密封材料嵌填应密实、连续、饱满，黏结牢固。

检验方法：观察检查和检查隐蔽工程验收记录。

6.预留通道接头

1)主控项目

(1)预留通道接头用中埋式止水带、遇水膨胀止水条或止水胶、预埋注浆管、密封材料和可卸式止水带必须符合设计要求。

检验方法：检查产品合格证、产品性能检测报告和材料进场检验报告。

(2)预留通道接头防水构造必须符合设计要求。

检验方法：观察检查和检查隐蔽工程验收记录。

(3)中埋式止水带的埋设位置应准确,其中间空心圆环与变形缝的中心线应重合。

检验方法:观察检查和检查隐蔽工程验收记录。

2)一般项目

(1)预留通道先浇筑混凝土结构、中埋式止水带和预埋件应及时保护,预埋件应进行防锈处理。

检验方法:观察检查。

(2)遇水膨胀止水条、遇水膨胀止水胶的施工应符合规范规定;预埋注浆管的施工应符合规范规定。

检验方法:观察检查和检查隐蔽工程验收记录。

(3)密封材料嵌填应密实、连续、饱满,黏结牢固。

检验方法:观察检查和检查隐蔽工程验收记录。

(4)用膨胀螺栓固定可卸式止水带时,止水带与紧固件压块以及止水带与基面之间应结合紧密。采用金属膨胀螺栓时,应选用不锈钢材料或进行防锈处理。

检验方法:观察检查和检查隐蔽工程验收记录。

(5)预留通道接头外部应设保护墙。

检验方法:观察检查和检查隐蔽工程验收记录。

7. 桩头

1)主控项目

(1)桩头用聚合物水泥防水砂浆、水泥基渗透结晶型防水涂料、遇水膨胀止水条或止水胶和密封材料必须符合设计要求。

检验方法:检查产品合格证、产品性能检测报告和材料进场检验报告。

(2)桩头防水构造必须符合设计要求。

检验方法:观察检查和检查隐蔽工程验收记录。

(3)桩头混凝土应密实,如发现渗漏水应及时采取封堵措施。

检验方法:观察检查和检查隐蔽工程验收记录。

2)一般项目

(1)桩头顶面和侧面裸露处应涂刷水泥基渗透结晶型防水涂料,并延伸至结构底板垫层150 mm处;桩头周围300 mm范围内应抹聚合物水泥防水砂浆过渡层。

检验方法:观察检查和检查隐蔽工程验收记录。

(2)结构底板防水层应做在聚合物水泥防水砂浆过渡层上并延伸至桩头侧壁,其与桩头侧壁接缝处应采用密封材料嵌填。

检验方法:观察检查和检查隐蔽工程验收记录。

(3)桩头的受力钢筋根部应采用遇水膨胀止水条或止水胶,并应采取保护措施。

检验方法:观察检查和检查隐蔽工程验收记录。

(4)遇水膨胀止水条、遇水膨胀止水胶的施工应符合规范规定。

检验方法:观察检查和检查隐蔽工程验收记录。

(5)密封材料嵌填应密实、连续、饱满,黏结牢固。

检验方法:观察检查和检查隐蔽工程验收记录。

8.孔口

1)主控项目

(1)孔口用防水卷材、防水涂料和密封材料必须符合设计要求。

检验方法:检查产品合格证、产品性能检测报告和材料进场检验报告。

(2)孔口防水构造必须符合设计要求。

检验方法:观察检查和检查隐蔽工程验收记录。

2)一般项目

(1)人员出入口高出地面的距离不应小于500 mm;汽车出入口设置明沟排水时,其高出地面的距离宜为150 mm,并应采取防雨措施。

检验方法:观察和尺量检查。

(2)窗井的底部在最高地下水位以上时,窗井的墙体和底板应做防水处理,并宜与主体结构断开。窗井下部的墙体和底板应做防水处理。

检验方法:观察检查和检查隐蔽工程验收记录。

(3)窗井或窗井的一部分在最高地下水位以下时,窗井应与主体结构连成整体,其防水层也应连成整体,并应在窗井内设置集水井。窗井下部的墙体和底板应做防水层。

检验方法:观察检查和检查隐蔽工程验收记录。

(4)窗井内的底板应低于窗下缘300 mm。窗井墙高出室外地面的距离不得小于500 mm;窗井外地面应做散水,散水与墙面间应采用密封材料嵌填。

检验方法:观察检查和检查隐蔽工程验收记录。

(5)密封材料嵌填应密实、连续、饱满,黏结牢固。

检验方法:观察检查和检查隐蔽工程验收记录。

9.坑、池

1)主控项目

(1)坑、池防水混凝土的原材料、配合比及坍落度必须符合设计要求。

检验方法:检查产品合格证、产品性能检测报告、计量措施和材料进场检验报告。

(2)坑、池防水构造必须符合设计要求。

检验方法:观察检查和检查隐蔽工程验收记录。

(3)坑、池、储水库内部防水层完成后,应进行蓄水试验。

检验方法:观察检查和检查蓄水试验记录。

2)一般项目

(1)坑、池、储水库宜采用防水混凝土整体浇筑,混凝土表面应坚实、平整,不得有露筋、蜂窝和裂缝等缺陷。

检验方法:观察检查和检查隐蔽工程验收记录。

(2)坑、池底板的混凝土厚度不应小于250 mm。当底板的厚度小于250 mm时,应采取局部加厚措施,并应使防水层保持连续。

检验方法:观察检查和检查隐蔽工程验收记录。

(3)坑、池施工完成后,应及时遮盖和防止杂物堵塞。

检验方法:观察检查。

1.11.4 特殊施工法结构防水工程的质量验收

1. 锚喷支护

1)一般要求

(1)锚喷支护适用于暗挖法地下工程的支护结构及复合式衬砌的初期支护。

(2)喷射混凝土施工前,应根据围岩裂隙及渗漏水的情况,预先采用引排或注浆堵水。

(3)喷射混凝土所用原材料应符合下列规定。

①选用普通硅酸盐水泥或硅酸盐水泥。

②中砂或粗砂的细度模数宜大于 2.5,含泥量不应大于 3%。干法喷射时,含水率宜为 5%~7%。

③采用卵石或碎石,粒径不应大于 15 mm;含泥量不应大于 1%;使用碱性速凝剂时,不得使用含有活性二氧化硅的石料。

④不含有害物质的洁净水。

⑤速凝剂的初凝时间不应大于 5 min,终凝时间不应大于 10 min。

(4)混合料必须计量准确、搅拌均匀,并符合下列规定。

①水泥与砂石质量比宜为 1∶(4~4.5),砂率宜为 45%~55%,水胶比不得大于 0.45,外加剂和外掺料的掺量应通过试验确定。

②水泥和速凝剂称量允许偏差均为±2%,砂石称量允许偏差均为±3%。

③混合料在运输和存放过程中严防受潮,存放时间不应超过 120 min。当掺入速凝剂时,存放时间不应超过 20 min。

(5)喷射混凝土终凝 2 h 后应采取喷水养护,养护时间不得少于 14 d。当气温低于 5 ℃时,不得喷水养护。

(6)喷射混凝土试件制作组数应符合下列规定。

①地下铁道工程应按区间或小于区间断面的结构,每 20 延米拱和墙各取抗压试件一组;车站取抗压试件两组。其他工程应按每喷射 50 m^3 同一配合比的混合料或混合料小于 50 m^3 的独立工程取抗压试件一组。

②地下铁道工程应按区间结构每 40 延米取抗渗试件一组;车站每 20 延米取抗渗试件一组。当其他工程有抗渗要求时,可增做抗渗性能试验。

(7)锚杆必须进行抗拔力试验。同一批锚杆每 100 根应取一组试件,每组 3 根,不足 100 根也取 3 根。同一批试件抗拔力平均值不应小于设计锚固力,且同一批试件抗拔力的最低值不应小于设计锚固力的 90%。

(8)锚喷支护分项工程检验批的抽样检验数量,应按区间或小于区间断面的结构每 20 延米检查 1 处,车站每 10 延米检查 1 处,每处 10 m^2,且不得少于 3 处。

2)主控项目

(1)喷射混凝土所用原材料、混合料配合比以及钢筋网、锚杆、钢拱架等必须符合设计要求。

检验方法:检查产品合格证、产品性能检测报告、计量措施和材料进场检验报告。

(2)喷射混凝土抗压强度、抗渗性能和锚杆抗拔力必须符合设计要求。

检验方法:检查混凝土抗压强度、抗渗性能检验报告和锚杆抗拔力检验报告。

(3)锚杆支护的渗漏水量必须符合设计要求。

检验方法:观察检查和检查渗漏水检测记录。

3)一般项目

(1)喷层与围岩以及喷层之间应黏结紧密,不得有空鼓现象。

检验方法:用小锤轻击检查。

(2)喷层厚度60%以上检查点不应小于设计厚度,最小厚度不得小于设计厚度的50%,且平均厚度不得小于设计厚度。

检验方法:用针探法或凿孔法检查。

(3)喷射混凝土应密实、平整,无裂缝、脱落、漏喷、露筋。

检验方法:观察检查。

(4)喷射混凝土表面平整度 D/L 不得大于1/6。

检验方法:尺量检查。

2.地下连续墙

1)一般要求

(1)地下连续墙适用于地下工程的主体结构、支护结构以及复合式衬砌的初期支护。

(2)地下连续墙应采用防水混凝土,胶凝材料用量不应小于400 kg/m^3,水胶比不得大于0.55,坍落度不得小于180 mm。

(3)地下连续墙施工时,混凝土应按每一个单元槽段留置一组抗压强度试件,每5个单元槽段留置一组抗渗试件。

(4)叠合式侧墙的地下连续墙与内衬结构连接处,应凿毛并清洗干净,必要时应做特殊防水处理。

(5)地下连续墙应根据工程要求和施工条件减少槽段数量。地下连续墙槽段接缝应避开拐角部位。

(6)地下连续墙如有裂缝、孔洞、露筋等缺陷,应采用聚合物水泥砂浆修补;地下连续墙槽段接缝如有渗漏,应采用引排或注浆封堵。

(7)地下连续墙分项工程检验批的抽样检验数量,应按地下连续墙每5个槽段抽查1个槽段,且不得少于3个槽段。

2)主控项目

(1)防水混凝土的原材料、配合比以及坍落度必须符合设计要求。

检验方法:检查产品合格证、产品性能检测报告、计量措施和材料进场检验报告。

(2)防水混凝土的抗压强度和抗渗性能必须符合设计要求。

检验方法:检查混凝土抗压强度、抗渗性能检验报告。

(3)地下连续墙的渗漏水量必须符合设计要求。

检验方法:观察检查和检查渗漏水检测记录。

3)一般项目

(1)地下连续墙的槽段接缝构造应符合设计要求。

检验方法:观察检查和检查隐蔽工程验收记录。

(2)地下连续墙墙面不得有露筋、露石和夹泥现象。

检验方法：观察检查。

(3)地下连续墙墙体表面平整度，对于临时支护墙体，其允许偏差应为 50 mm，对于单一或复合墙体，其允许偏差应为 30 mm。

检验方法：尺量检查。

1.11.5 子分部工程的质量验收

地下防水工程质量验收的程序和组织应符合《建筑工程施工质量验收统一标准》(GB 50300—2013)的有关规定。

(1)检验批的合格判定应符合下列规定。

①主控项目的质量经抽样检验全部合格。

②一般项目的质量经抽样检验 80%以上检测点合格，其余不得有影响使用功能的缺陷；对有允许偏差的检验项目，其最大偏差不得超过规范规定允许偏差的 1.5 倍。

③施工具有明确的操作依据和完整的质量检查记录。

(2)分项工程质量验收合格应符合下列规定。

①分项工程所含检验批的质量均应验收合格。

②分项工程所含检验批的质量验收记录应完整。

(3)子分部工程质量验收合格应符合下列规定。

①子分部工程所含分项工程的质量均应验收合格。

②质量控制资料应完整。

③地下工程渗漏水检测应符合设计的防水等级标准要求。

④观感质量检查应符合要求。

(4)地下防水工程应具备的竣工和记录资料见表 1-30。

表 1-30　地下防水工程应具备的竣工和记录资料

序号	项　目	竣工和记录资料
1	防水设计	设计图、设计交底记录、图纸会审记录、设计变更通知单和材料代用核定单
2	资质、资格证明	施工单位资质及施工人员上岗证复印证件
3	施工方案	施工方法、技术措施、质量保证措施
4	技术交底	施工操作要求及安全等注意事项
5	材料质量证明	产品合格证、产品性能检测报告、材料进场检验报告
6	混凝土、砂浆质量证明	试配及施工配合比、混凝土抗压强度、抗渗性能检验报告、砂浆黏结强度、抗渗性能检验报告
7	中间检查记录	施工质量验收记录、隐蔽工程验收记录、施工检查记录
8	检验记录	渗漏水检测记录、观感质量检查记录
9	施工日志	逐日施工情况
10	其他资料	事故处理报告、技术总结

(5)地下防水工程应对下列部位做好隐蔽工程验收记录。

①防水层的基层。

②防水混凝土结构和防水层被掩盖的部位。

③变形缝、施工缝、后浇带等防水构造的做法。

④管道穿过防水层的封固部位。

⑤渗排水层、盲沟和坑槽。

⑥结构裂缝注浆处理部位。

⑦衬砌前围岩渗漏水处理部位。

⑧基坑的超挖和回填。

(6)地下防水工程的观感质量检查应符合下列规定。

①防水混凝土应密实,表面应平整,不得有露筋、蜂窝等缺陷;裂缝宽度不得大于0.2 mm,并不得贯通。

②水泥砂浆防水层应密实、平整、黏结牢固,不得有空鼓、裂纹、起砂、麻面等缺陷。

③卷材防水层接缝应黏结牢固、封闭严密,防水层不得有损伤、空鼓、皱折等缺陷。

④涂料防水层应与基层黏结牢固,不得有脱皮、流淌、鼓泡、露胎、皱折等缺陷。

⑤塑料防水板防水层应铺设牢固、平整,搭接焊缝严密,不得有下垂、绷紧破损现象。

⑥金属板防水层焊缝不得有裂纹、未熔合、夹渣、焊瘤、咬边、烧穿、弧坑、针状气孔等缺陷。

⑦变形缝、施工缝、后浇带、穿墙管、埋设件、预留通道接头、桩头、孔口、坑、池等防水构造应符合设计要求。

⑧锚喷支护、地下连续墙、盾构隧道、沉井、逆筑结构等防水构造应符合设计要求。

⑨排水系统不淤积,不堵塞,确保排水畅通。

⑩结构裂缝的注浆效果应符合设计要求。

(7)地下工程出现渗漏水时,应及时进行治理,符合设计的防水等级标准要求后方可验收。

(8)地下防水工程验收后,应填写子分部工程质量验收记录,随同工程验收验评资料分别由建设单位和施工单位存档。

【案例】 针对本单元引例的施工方案(节选)

1.施工准备

1)技术准备

(1)在施工方案经监理审批合格后应对项目部全体管理人员及劳务班组管理人员进行方案的交底,在施工开始前应对进场的作业人员进行相关的技术交底,入场教育、三级安全教育、班前教育等安全交底;同时应将技术核定及变更单中的内容及时标注在图纸上。

(2)组织项目管理人员尤其是现场管理人员、劳务班组管理人员熟悉基础阶段施工图纸、施工技术规范、标准、图集等技术资料。

(3)编制地下室防水分部工程中各分项工程技术交底,并向操作班组进行技术交底;以施工段划分检验批。

2)现场准备

(1)工作面施工准备,组织技术人员对施工区域情况进行检查、验收。

(2)工程轴线控制网测量定位及控制桩、控制点的保护。轴线控制桩点设置在不易被破坏且能得到较好保护的位置。

(3)临时供水、供电管线敷设及配电箱设置应全部到位并完成测试。

(4)生产设施设置;现场加工场地的安排;各种材料、设备及构配件堆放场地的安排;施工机械设备的就位、调试等。

3)各种资源的准备

(1)劳动力需用量。根据项目部各阶段进度要求配备足够的作业人员。

(2)机械设备需用量及进出场。由分包单位提供,机具包括卷尺、抹子、裁刀、刮板、压辊、扫帚、平铲、备料桶、施工桶、搅拌桶、搅拌器等。

4)材料准备

(1)主材:1.5 mm厚高分子复合聚乙烯涤纶防水卷材。

(2)辅材:密封材料、基层处理剂、聚合物水泥防水胶黏材料。

防水材料应符合规定的质量要求,防水主材运到施工现场后,应提供相关的合格证、出厂检测报告等资料;并会同总建、监理等单位对进场材料取样送检,经检验合格方可使用。

2.防水工程施工

1)施工工艺

高分子复合聚乙烯涤纶防水卷材:工艺采用聚合物水泥防水胶黏材料将高分子复合聚乙烯涤纶防水卷材之间的搭接边黏合,同时将高分子复合聚乙烯涤纶粘贴在防水部位,待固化形成复合的防水层。

2)施工工艺流程与方法

地下室防水工程的施工流程:清理基层→细部节点处理(柔性密封防水、附加层等)→涂刷基层胶黏剂→大面铺贴防水卷材(搭接处理、收边处理等)→施工质量自检→质量验收→保护层施工。

(1)清理基层。基层必须牢固,无松动、起砂等缺陷,表面平整干净、干燥,不许有突出表面的异物。基层若高低不平,应用掺加108胶(占水泥的15%)的1:3水泥砂浆抹平。阴阳角应做成R50的光滑圆角。施工前,按前述对防水基层进行检查验收,若不符合要求则相关班组应返工整改。

对基层上的浮灰、建渣、杂物和积水进行清理清除,以达到施工条件的要求。

(2)细部节点处理。防水施工有各种细部节点,它们是变形集中和施工质量完好率不高的部位,故需增加细部节点处理(如柔性密封防水、附加层等)。

常需处理的细部有阴阳角,穿墙管口,甩、接槎部位,后浇带,集水坑等。

①阴阳角的处理。阴阳角部位增设一层附加层,采用同质材料满粘施工一道,其宽度为500 mm,阴阳角两边各250 mm宽,铺贴阴阳角处应做成圆弧或45°坡角,防水卷材应采用满粘法。图1-50为外侧墙与顶板交角部位的防水构造。

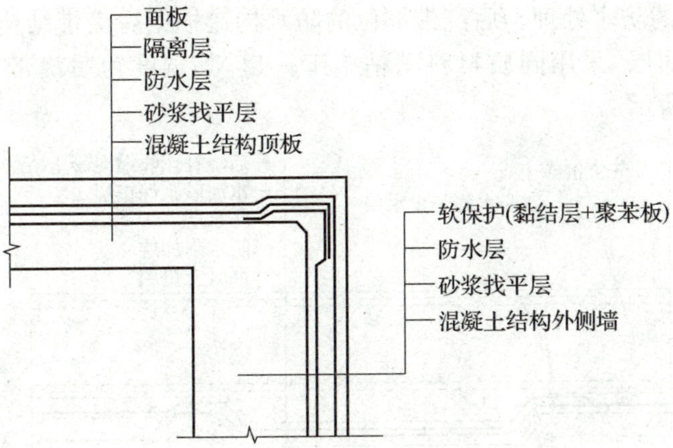

图 1-50 外侧墙与顶板交角部位的防水构造

②穿墙管口的处理。管口与基层接触处，预留宽度为 20 mm、深度为 20 mm 环形凹槽，用密封材料嵌填。管口周围增设一层附加层，采用同质材料满粘施工一道，其宽度为 500 mm，如图 1-51所示。

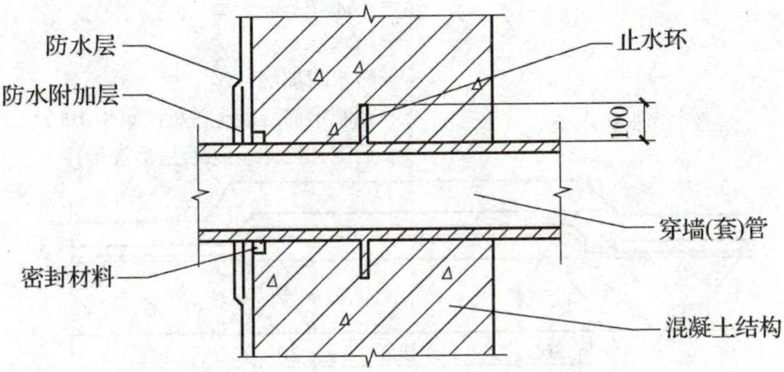

图 1-51 固定式穿墙管的防水构造

③甩、接槎部位的防水处理。清理、修复前期施工甩槎防水层，将其粘贴在结构混凝土表面。接槎施工应将侧墙防水层覆盖在上，接槎搭接宽度不应小于 150 mm，并压实密封，如图 1-52 所示。

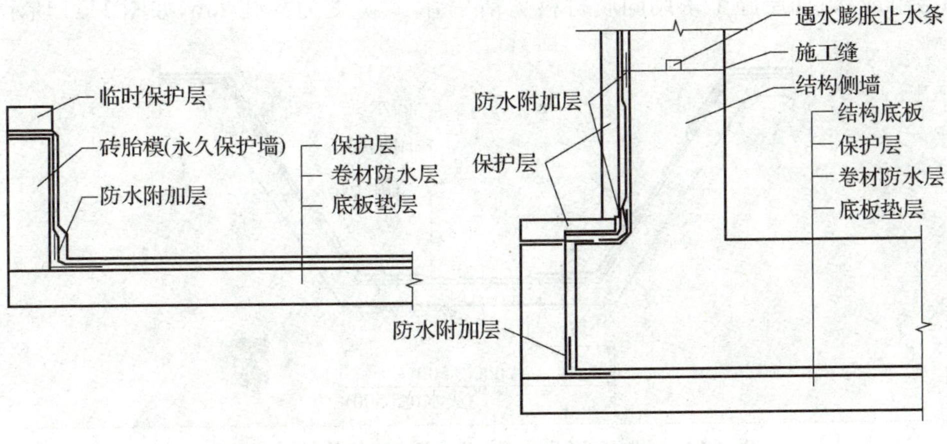

图 1-52 底板垫层防水层甩、接槎部位的防水处理

④后浇带部位的防水处理。后浇带部位的防水构造根据后浇带结构和止水方式有所不同，并增加一层附加层，采用同质材料满粘施工一道，其宽度为后浇带宽度加 500 mm，如图 1-53 和图 1-54 所示。

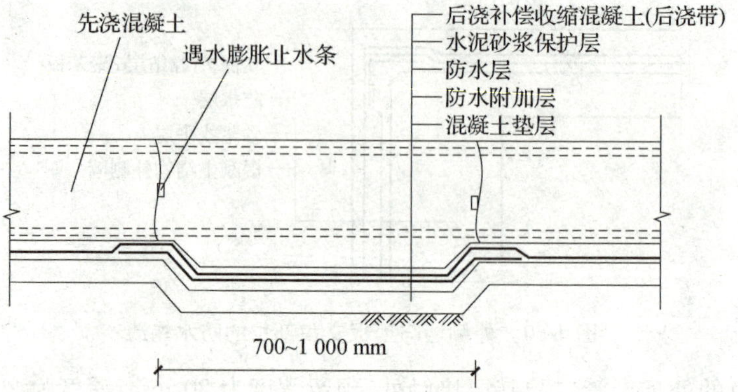

图 1-53　后浇带部位的防水处理(一)

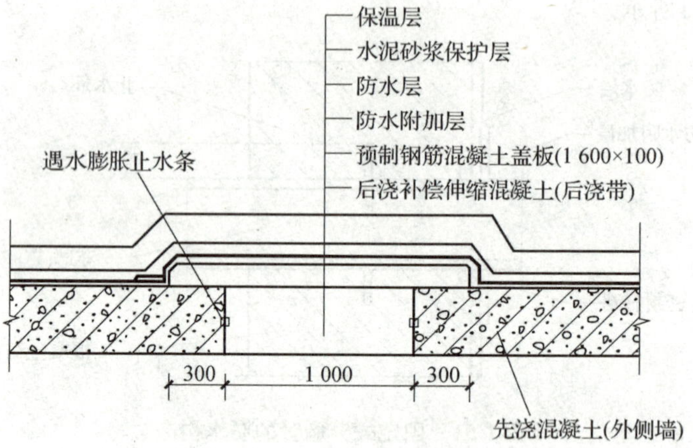

图 1-54　后浇带部位的防水处理(二)

⑤集水坑的处理。集水坑(集水井、独立基础)部位的防水设防由结构自防水和结构内外两侧两道防水设防完成。结构自防水施工由土建单位完成。结构内外两侧两道防水由防水层和附加层组成，附加层施工采用同质材料满粘一道，其宽度为 500 mm，如图 1-55 所示。

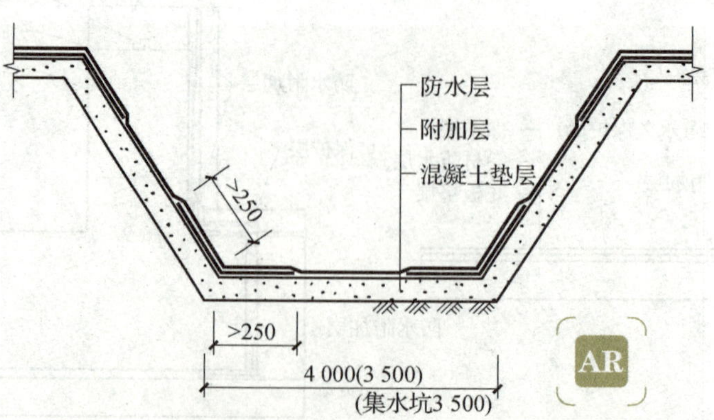

AR

图 1-55　集水坑(集水井、独立基础)部位的防水构造

3)地下室大面施工

(1)底板部分。

①聚合物水泥防水胶黏材料的配制。聚合物选用801胶水(或聚合物干粉),其配制比例为801胶:水:水泥=1:3:6,配制时先将水和801胶水加入容器内搅拌溶解融合,再加入水泥后机械搅拌至无凝块、无沉淀、无气泡即可使用,制成的聚合物水泥防水胶黏材料应在4 h内用完。

②防水卷材大面铺贴。底板部分可采点粘、条粘或空铺法发先用毛刷或刮板将聚合物水泥防水胶黏材料均匀涂施在基层(找平层)上,涂层应均匀、不露底、不堆积;随即粘贴防水卷材,同时在防水卷材上表面用刮板排气压实,排出多余部分防水胶黏材料,最终保证聚合物水泥防水胶黏材料的涂层厚度不小于1.0 mm;复合防水层不得有空壳、鼓泡、皱折等现象。

施工时应注意,铺贴防水卷材不得用力拉伸卷材,使用刮板或橡胶板排气、提浆须适度、仔细,保证粘贴牢固。铺贴方向和顺序见施工工艺。

高分子复合聚乙烯涤纶卷材搭接时采用同防水材料相配套的专用胶黏剂。同层防水卷材搭接的长边搭接宽度为100 mm,短边搭接宽度为100 mm;短边搭接避免齐缝,相邻两幅防水卷材的短边搭接缝应相距500 m。

(2)侧墙部分。侧墙部位防水层按规范要求,防水卷材与结构侧墙部位采用满粘法。该施工为外防外贴。

①防水卷材大面铺贴。方法类似于底面施工,铺贴方向由下而上,由多人协助向上滚铺粘贴防水卷材,滚铺时施压以排除防水卷材下面的空气,要求防水卷材平整顺直,搭接尺寸准确,不得扭曲、皱折,确保防水卷材与墙面基层黏结牢固。

②防水卷材搭接处理。侧墙部位防水卷材的搭接方法和搭接宽度同底面施工工法。侧墙卷材与底面卷材的接槎搭接宽度不应小于150 mm。当侧墙立面过高时应采取措施防止卷材下滑。

(3)顶板部分。顶板部位的防水层施工参照底板施工进行。立墙泛水处的防水层高出种植土1 m以上。当顶板有种植要求时,根据《种植屋面工程技术规程》(JGJ 155—2013)的规定其防水等级应为一级,需增设一道耐根穿刺防水层。防水构造的层次:结构—找坡—防水层—耐根穿刺防水层—隔离层—保护层—(蓄)排水层。

思考与练习

1. 试述刚性防水对所用材料的具体要求。
2. 防水卷材的品种有哪些?各有什么特点?
3. 防水混凝土的施工要点有哪些?
4. 水泥砂浆防水层的施工要点有哪些?
5. 试述地下防水工程卷材防水层外防外贴法的施工方法。
6. 试述地下防水工程卷材防水层外防内贴法的施工方法。
7. 地下工程涂膜防水施工工艺有哪些?
8. 地下结构物的变形缝如何施工?

9. 地下工程的防水等级及其标准如何划分?
10. 地下防水工程防水材料的进场验收应符合哪些规定?
11. 地下防水工程是一个子分部工程,其分项工程如何划分?
12. 地下防水工程的分项工程检验批和抽样检验数量应符合哪些规定?
13. 地下建筑防水工程防水混凝土的一般要求有哪些?
14. 防水混凝土配合比的一般要求有哪些?
15. 水泥砂浆防水层所用材料的一般要求有哪些?
16. 水泥砂浆防水层施工应符合的规定有哪些?
17. 冷粘法铺贴卷材应符合的规定有哪些?
18. 热熔法铺贴卷材应符合的规定有哪些?
19. 自粘法铺贴卷材应符合的规定有哪些?
20. 涂料防水层的施工应符合的规定有哪些?
21. 涂料防水层完工并经验收合格后应及时做保护层,保护层应符合的规定有哪些?
22. 塑料防水板的铺设应符合的规定有哪些?
23. 地下防水工程子分部工程质量验收应如何进行?
24. 地下防水工程应具备的竣工和记录资料有哪些?

2 单元 厨房、厕浴间防水施工

学习目标

知识要点	能力目标	权重
厨房、厕浴间防水施工要求	了解厨房、厕浴间防水施工要求	5%
厨房、厕浴间防水细部构造	掌握厨房、厕浴间防水细部构造	10%
单组分聚氨酯防水涂料施工	掌握单组分聚氨酯防水涂料材料的要求、主要施工机具、工艺流程、操作要点、成品保护及安全注意事项	10%
聚合物水泥防水涂料施工	掌握聚合物水泥防水涂料材料的要求、主要施工机具、工艺流程、操作要点、成品保护及安全注意事项	10%
刚性防水材料与柔性防水涂料复合施工	掌握刚性防水材料与柔性防水涂料复合材料的要求、主要施工机具、工艺流程、操作要点、成品保护及安全注意事项	10%
聚合物乳液（丙烯酸）防水涂料施工	掌握聚合物乳液（丙烯酸）防水涂料材料的要求、主要施工机具、工艺流程、操作要点、成品保护及安全注意事项	5%
改性聚脲防水涂料施工	掌握改性聚脲防水涂料材料的要求、主要施工机具、工艺流程、操作要点、成品保护及安全注意事项	5%
界面渗透型防水液与柔性防水涂料复合施工	掌握界面渗透型防水液与柔性防水涂料复合材料的要求、主要施工机具、工艺流程、操作要点、成品保护及安全注意事项	5%
水泥基渗透结晶型防水材料施工	掌握水泥基渗透结晶型防水材料材料的要求、主要施工机具、工艺流程、操作要点、成品保护及安全注意事项	10%
聚乙烯丙纶卷材-聚合物水泥防水层施工	掌握聚乙烯丙纶卷材-聚合物水泥防水层材料的要求、主要施工机具、工艺流程、操作要点、成品保护及安全注意事项	15%
工程质量验收	掌握工程质量验收的要求、方法	15%

引　例 >>>

某工程由主楼及其相应地下室组成，总建筑面积为 46 567 m^2。主体建筑层数为地上 12 层，地下二层，一层层高为 5.4 m，标准层层高为 3.9 m，建筑物高度为 54.3 m。设计使用年限为 50 年，场地类别为Ⅱ类，抗震等级为四级，抗震设防烈度为 6 度，结构形式为框架-剪力墙结构，基础为人工挖孔桩基础。

根据设计，卫生间防水部位及做法见表 2-1。

表 2-1　某工程卫生间防水部位及做法

工程部位	用料及做法	参考指标	附　注
陶瓷地砖（卫生间）	8～10 mm 厚地砖铺实拍平，水泥浆擦缝或 1∶1 水泥砂浆填缝 20 mm 厚 1∶4 干硬性水泥砂浆 1.5 mm 厚聚氨酯防水涂料，面撒黄沙，四周沿墙上翻 150 mm 高 刷基层处理剂一遍 15 mm 厚 1∶2 水泥砂浆找平 50 mm 厚 C20 细石混凝土找 1%坡，最薄处不小于 20 mm 钢筋混凝土楼板	总厚：95～97 mm 自重：2.26 kN/m^2	地砖如需高缝铺贴，应在单项工程设计中注明，并用 1∶1 水泥砂浆填缝

针对本项目，如何做好厕浴间防水(示例如图 2-1 所示)施工？

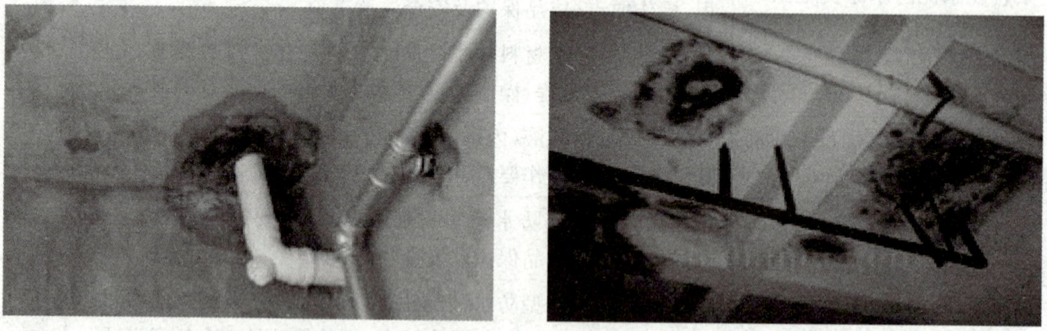

图 2-1　厕浴间防水示例

2.1 厨房、厕浴间防水施工要求

1. 厨房、厕浴间防水材料要求

(1)厨房、厕浴间防水材料一般有合成高分子防水涂料、聚合物水泥防水涂料、水泥基渗透结晶型防水材料、界面渗透型防水材料与涂料复合、聚乙烯丙纶防水卷材与聚合物水泥黏结料等。选用其他防水材料时，其材料性能指标必须符合相关材料标准的施工质量，应达到验收要求。

(2)使用高分子防水涂料、聚合物水泥防水涂料时，防水层厚度不应小于1.2 mm；水泥基渗透结晶型防水涂膜的厚度不应小于0.8 mm或用料控制不应小于0.8 kg/m^2；界面渗透型防水液与柔性防水涂料复合施工时厚度不应小于0.8 mm；聚乙烯丙纶防水卷材与聚合物水泥黏结料复合施工时，其厚度不应小于1.8 mm。

采用防水材料复合时要求如下。

①刚性防水材料与柔性涂料复合使用时，刚性材料宜放在下部。

②两种柔性材料复合使用时，应具有相容性。

③厨房、厕浴间防水层现场使用的增强附加层胎体材料可选用无纺布或低碱玻纤布，其质量应符合有关材料的标准要求。

④基层处理剂与卷材、涂料、黏结料均应分别配套且材性相容。

2.厨房、厕浴间排水坡度(含找坡层)要求

(1)地面向地漏处排水坡度应为1%～2%。

(2)地漏处排水坡度，从地漏边缘向外50 mm内排水坡度为5%。

(3)大面积公共厕浴间地面应分区，每一个分区设一个地漏。区域内的排水坡度为2%，坡度直线长度不大于3 m。

3.厨房、厕浴间防水构造要求

1)楼地面结构层

预制钢筋混凝土圆孔板板缝通过厕浴间时，板缝间应用防水砂浆堵严抹平，缝上加一层宽度为250 mm的胎体增强材料，并涂刷两遍防水涂料。

2)防水基层(找平层)

用配合比为1∶2.5或1∶3.0的水泥砂浆找平，厚度为20 mm，抹平压光。

3)地面防水层、地面与墙面阴阳角处理

地面防水层应做在地面找平层之上、饰面层以下。地面四周与墙体连接处，防水层往墙面上返250 mm以上；地面与墙面阴阳角处先做附加层处理，再做四周立墙防水层。

4)管根防水

(1)管根孔洞在立管定位后，楼板四周缝隙用1∶3水泥砂浆堵严。当缝大于20 mm时，可用细石防水混凝土堵严，并做底模。

(2)管根与混凝土(或水泥砂浆)之间应留凹槽，槽深为10 mm，宽度为20 mm。凹槽内嵌填密封膏。

(3)管根平面与管根周围立面转角处应做涂膜防水附加层。

(4)预设套管措施。必要时在立管外设置套管，一般套管高出铺装层地面20 mm，套管内径要比立管外径大2～5 mm，空隙嵌填密封膏。

套管安装时，在套管周边预留10 mm×10 mm凹槽，凹槽内嵌填密封膏。

5)饰面层

防水层上做20 mm厚水泥砂浆保护层，其上做地面砖等饰面层，材料由设计选定。

6)墙面与顶板防水

墙面与顶板应做防水处理。有淋浴设施的厕浴间墙面的防水层高度不应小于 1.8 m，并与楼地面防水层交圈。顶板防水处理由设计确定。

4. 厨房、厕浴间防水基层(找平层)要求

(1)基层(找平层)可用水泥砂浆抹平压光，要求坚实平整、不起砂、基本干燥(有潮湿基层要求除外)。

(2)基层坡度达到设计要求，不得积水。

(3)基层与相连接的管件、卫生洁具、地漏、排水口等应在防水层施工前先将预留管道安装牢固，管根处用密封膏嵌填密实。

5. 厨房、厕浴间施工工艺和管理要求

厨房、厕浴间防水施工顺序是应先做立墙，后做地面。厨房、厕浴间根据施工条件应有照明和通风设施。水乳型防水涂料的储存环境温度应在 5 ℃以上。施工前做好防水与土建工序的合理安排，严禁在施工完的防水层上打眼凿洞。防水层未干时，禁止人员在工作面上踩踏。厨房、厕浴间防水施工现场应配备防火器材，注意防火、防毒。

6. 厨房、厕浴间质量验收

在施工过程中应做好工序之间的交接验收。厨房、厕浴间防水层完工后，应做 24 h 蓄水试验。蓄水高度为 20～30 mm。确认无渗漏时再做保护层或饰面层。设备与饰面层施工完毕后还应在其上继续做第二次 24 h 蓄水试验，达到最终无渗漏和排水畅通才为合格，方可进行正式验收。

2.2 厕浴间防水细部构造

1. 厕浴间防水平面构造

厕浴间防水平面构造如图 2-2 所示。

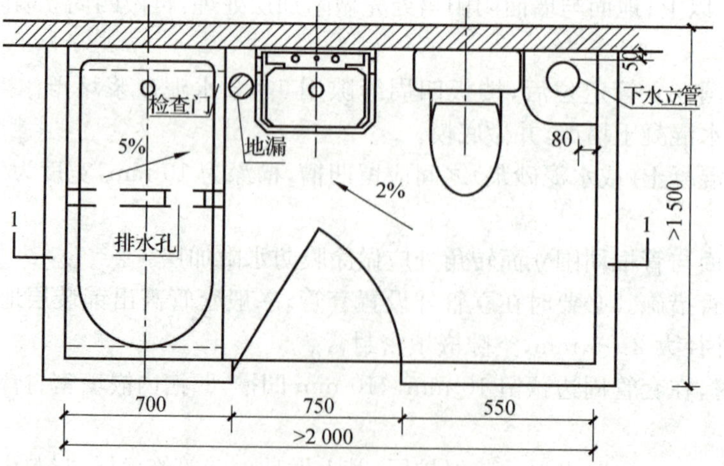

图 2-2 厕浴间防水平面构造

2. 厕浴间防水细部剖面构造

厕浴间防水细部剖面构造如图 2-3 和图 2-4 所示（热水管应设置套管）。

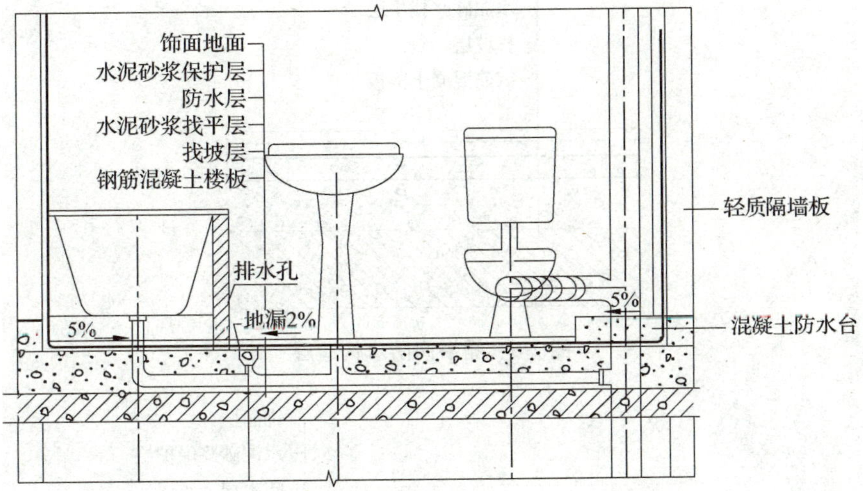

图 2-3 厕浴间防水细部剖面构造（一）

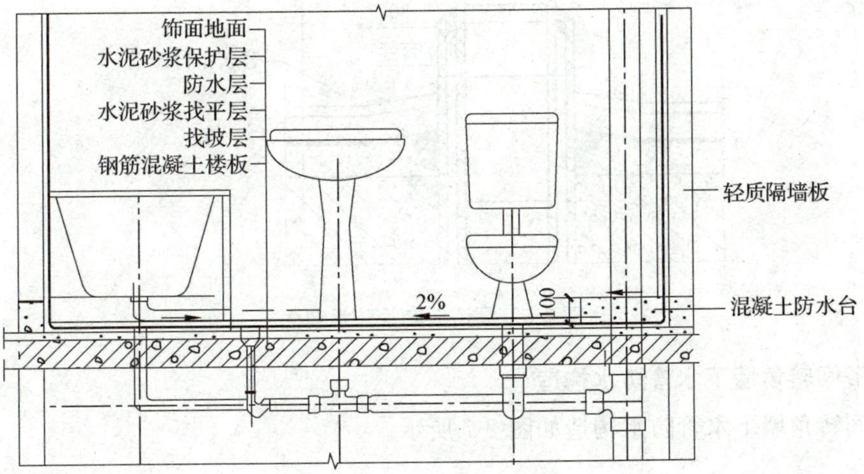

图 2-4 厕浴间防水细部剖面构造（二）

3. 厕浴间防水构造层

厕浴间防水构造层如图 2-5 所示。

4. 厕浴间套管防水剖面

厕浴间套管防水剖面如图 2-6 所示。

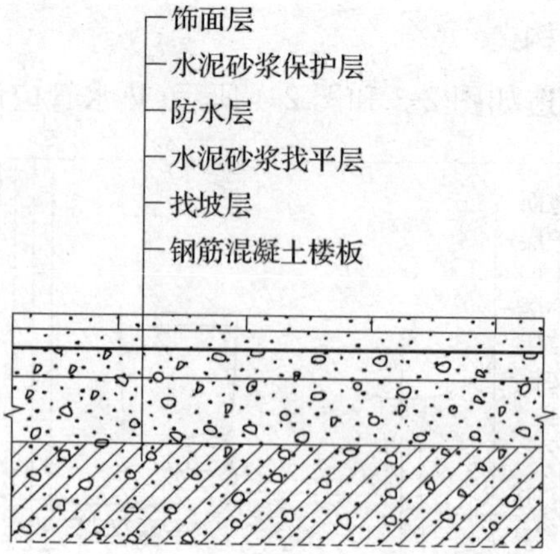

图 2-5　厕浴间防水构造层

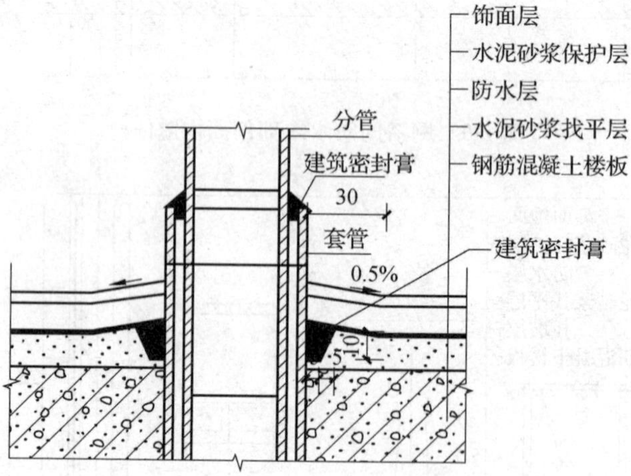

图 2-6　厕浴间套管防水剖面

5. 厕浴间转角墙下水管防水构造

厕浴间转角墙下水管防水构造如图 2-7 所示。

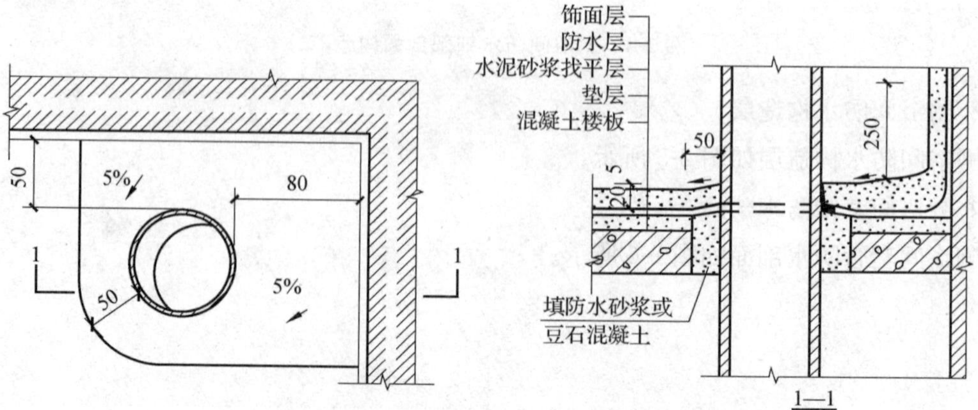

图 2-7　转角墙下水管防水构造

6. 厕浴间地漏防水构造

厕浴间地漏防水构造如图 2-8 所示。

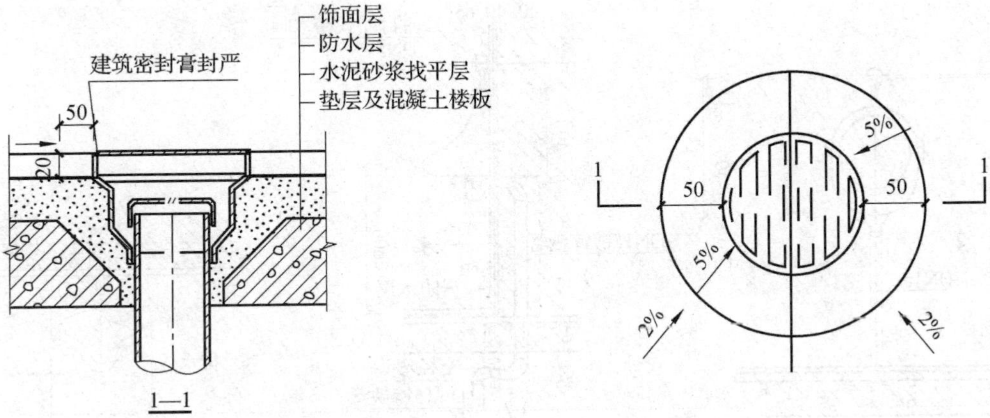

图 2-8 厕浴间地漏防水构造

7. 厕浴间落地式小便器防水构造

厕浴间落地式小便器防水构造如图 2-9 所示。

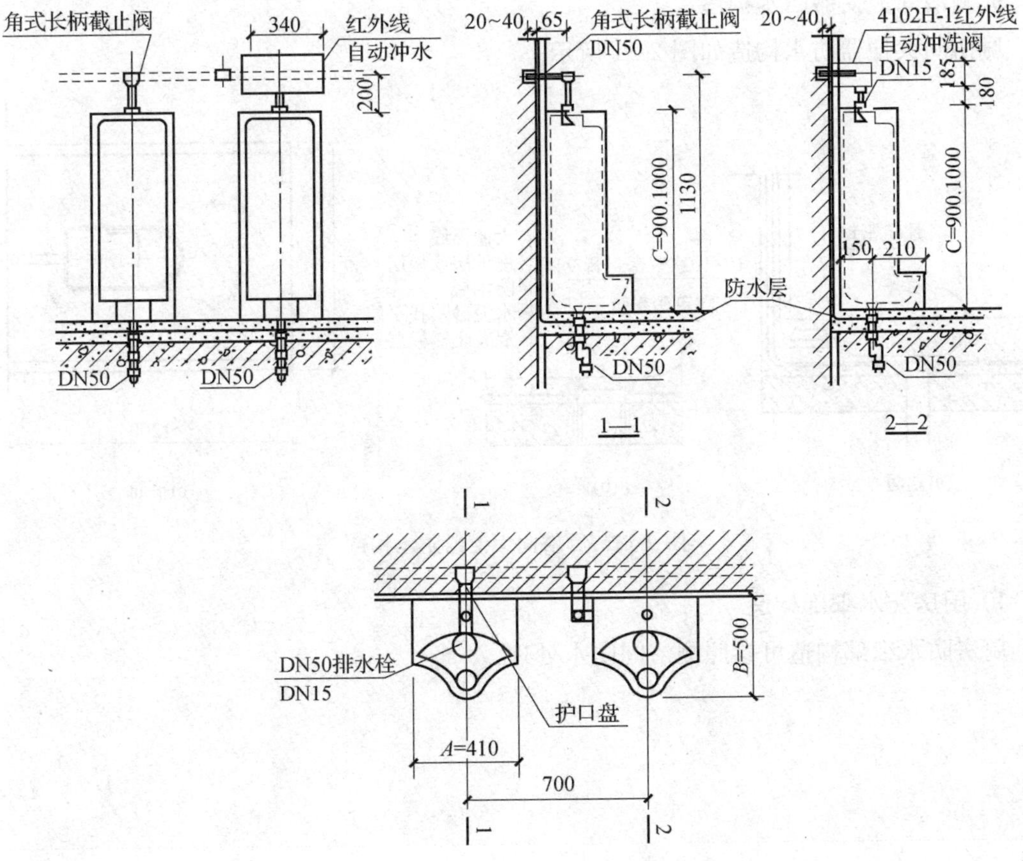

图 2-9 厕浴间落地式小便器防水构造

8. 厕浴间壁挂式小便器防水构造

厕浴间壁挂式小便器防水构造如图 2-10 所示。

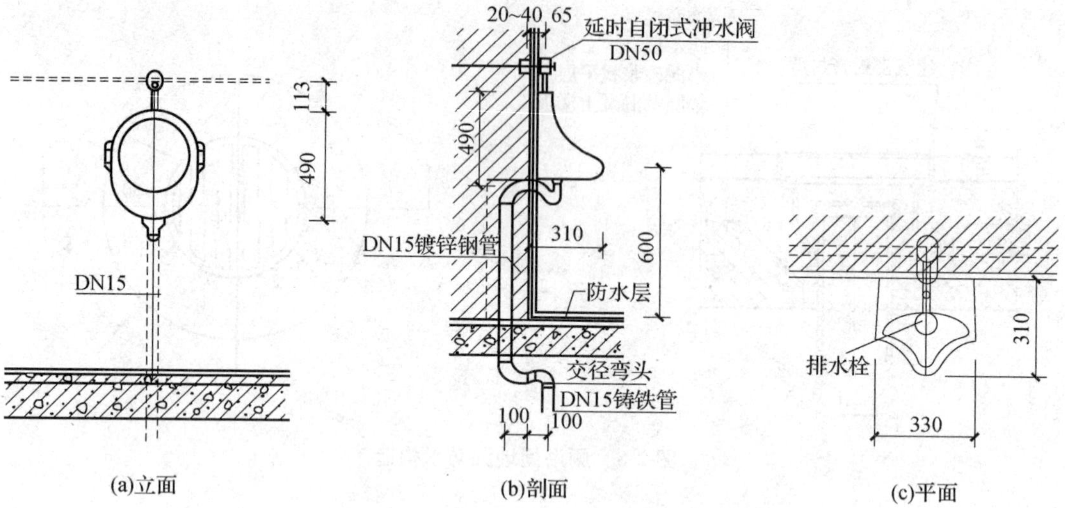

图 2-10　厕浴间壁挂式小便器防水构造

9. 厕浴间大便器防水构造

厕浴间大便器防水构造如图 2-11 所示。

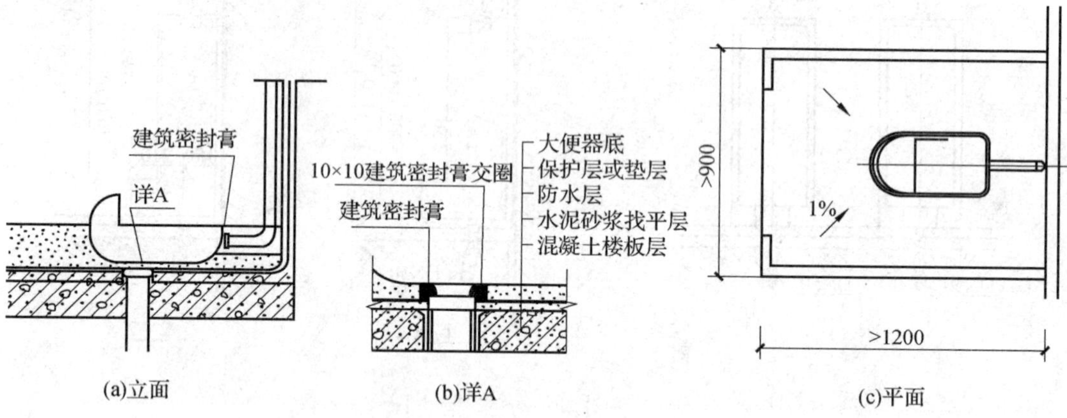

图 2-11　厕浴间大便器防水构造

10. 厨房防水细部构造

厨房防水细部构造可参照厕浴间防水处理。

2.3 厨房、厕浴间防水施工工艺

厨房、厕浴间防水工程，按使用要求和选材不同，结合以往成熟的施工经验，其施工工艺和作业要求可做以下对应选择。

2.3.1 单组分聚氨酯防水涂料施工

单组分聚氨酯防水涂料是以异氰酸酯、聚醚为主要原料，配以各种助剂制成，属于无有机溶剂挥发型合成高分子的单组分柔性防水涂料。涂料应符合国家标准《聚氨酯防水涂料》(GB/T 19250—2013)的规定，其主要物理性能指标应符合表2-2的要求。

表2-2 单组分聚氨酯防水涂料主要物理性能指标

项目		性能要求	
		Ⅰ类	Ⅱ类
固体含量/%		≥80	
拉伸强度/MPa		≥1.9	≥2.45
断裂伸长率/%		≥550	≥450
不透水性(0.3 MPa,30 min)		不透水	
低温弯折性		−40 ℃弯折无裂纹	
干燥时间	表干时间/h	≤12	
	实干时间/h	≤24	
潮湿基面黏结强度/MPa		≥0.50	

注：产品按拉伸性能分为Ⅰ、Ⅱ两类。

1. 主要施工机具

主要施工机具如下。

(1)涂料涂刮工具：橡胶刮板。

(2)地漏、转角处等涂料涂刷工具：油漆刷。

(3)清理基层工具：铲刀。

(4)修补基层工具：抹子。

2. 施工工艺

1)工艺流程

工艺流程为：清理基层→细部附加层施工→第一遍涂膜防水层→第二遍涂膜防水层→第三遍涂膜防水层→第一次蓄水试验→保护层、饰面层施工→第二次蓄水试验→工程质量验收。

2)操作要点

(1)清理基层。基层表面必须认真清扫干净。

(2)细部附加层施工。厕浴间的地漏、管根、阴阳角等处应用单组分聚氨酯涂刮一遍做附加层处理。

(3)第一遍涂膜施工。以单组分聚氨酯涂料用橡胶刮板在基层表面均匀涂刮,厚度一致,涂刮量以 0.6~0.8 kg/m^2 为宜。

(4)第二遍涂膜施工。在第一遍涂膜固化后,进行第二遍聚氨酯涂刮。对平面的涂刮方向应与第一遍刮涂方向垂直,涂刮量与第一遍相同。

(5)第三遍涂膜和黏砂粒施工。第二遍涂膜固化后,进行第三遍聚氨酯涂刮,要求达到设计厚度。在最后一遍涂膜施工完毕尚未固化时,在其表面应均匀地撒上少量干净的粗砂,以增强与即将覆盖的水泥砂浆保护层之间的黏结力。

厨房、厕浴间防水层经多遍涂刷后,单组分聚氨酯涂膜的总厚度应大于等于 1.5 mm。

(6)当涂膜固化完全并经蓄水试验验收合格才可进行保护层、饰面层施工。

阅读材料

单组分聚氨酯防水涂料

单组分聚氨酯防水涂料也称湿固化型聚氨酯防水涂料,它通过和空气中的湿气发生反应而固化交联成膜。它不含煤焦油、甲苯、二甲苯等其他有毒有害溶剂,属最新一代绿色环保型防水涂料,可用于地下室、新旧屋面、卫生间、桥梁、涵洞、人防工程等场合的防水、防潮,也可用于金属管道、车间地坪、水池等的防腐。

单组分聚氨酯防水涂料有优异的力学性能和低温性能,施工简便,涂膜无接缝,良好的黏结力;绿色环保,固体含量高;对基面含水率适应性强,既可以在潮湿的基面上施工,也可以在相对湿度较大的条件下施工 ;无须现场配料,省时省工,不会发生计量差错而影响工程质量。

施工时需注意,涂刷面层时,每遍不宜过厚,否则涂膜容易起泡;施工现场必须保持良好的通风;物料绝对禁止与水接触,严禁烟火,应存放于 40 ℃以下的阴凉干燥处,保质期为 12 个月。

3.成品保护及安全注意事项

(1)操作人员应严格保护已做好的涂膜防水层,并及时做好保护层。在做保护层以前,非防水施工人员不得进入施工现场,以免损坏防水层。

(2)地漏要防止被杂物堵塞,确保排水畅通。

(3)施工时,不允许涂膜材料污染已做好饰面的墙壁、卫生洁具、门窗等。

(4)材料必须密封储存于阴凉干燥处,严禁与水接触。存放材料的地点和施工现场必须通风良好。

(5)存料、施工现场严禁烟火。

阅读材料

聚氨酯防水涂料防水失败的五大原因

聚氨酯防水涂料是一种非常不错的防水材料，在我国应用得比较广泛，但为什么会出现聚氨酯防水失败的情况呢？聚氨酯防水失败的原因有以下五点。

(1)底层未清洁干净。在防水施工之前，必须将素地面清洁干净，且尽量不要有粉尘与松动物质，否则就会出现防水层与基层黏结不牢固的现象，留下渗漏隐患。

(2)底层有水气。因为聚氨酯防水涂料为油性的防水材料，所以在施工前必须确认素地是否干燥，否则防水做完后，水汽被包裹在里面，经由日照转换成强大力量的蒸汽，将造成聚氨酯防水层剥离。

(3)聚氨酯防水涂料防水层过薄。聚氨酯防水层必须达到一定的厚度才能具有防水效果，因为聚氨酯材料本身仍有较低的吸水特性，倘若防水层厚度不足，经过连日的滂沱大雨，雨水透过聚氨酯防水层至底部，经由好天气的日照，仍会在底部产生水蒸气，造成防水层剥离。因此，最好能在所有的转角处粘贴玻纤网格布进行增强处理，以防止聚氨酯防水层断裂造成渗漏。

(4)材料劣质化。因为市场上有关防水材料价格的竞争非常激烈，所以会使得许多国内聚氨酯材料生产厂商在防水材料上偷工减料，造成防水材本身物性下降，导致防水失败。

(5)施工经验不足。防水施工最好由防水专业施工队进行操作。在防水施工之前需仔细判断渗漏原因，再加以解决。

2.3.2 聚合物水泥防水涂料施工

聚合物水泥防水涂料(简称JS防水涂料)是以聚合物乳液和水泥为主要原料，加入其他添加剂制成的液料与粉料两部分，按规定比例混合拌匀使用。JS防水涂料属双组分水性防水涂料，涂料应符合《聚合物水泥防水涂料》(GB/T 23445—2009)的规定，其主要物理性能指标应符合表2-3的要求。

表2-3 聚合物水泥防水涂料的主要物理性能指标

项目		性能要求	
		Ⅰ类	Ⅱ类
固体含量/%		≥65	
干燥时间	表干时间/h	≤4	
	实干时间/h	≤8	
拉伸强度(无处理)/MPa		≥1.2	≥1.8
断裂伸长率(无处理)/%		≥200	≥80

续表

项　　目	性能要求	
	Ⅰ类	Ⅱ类
低温柔性(ϕ10 mm 棒)	−10 ℃,无裂纹	
不透水性(0.3 MPa,30 min)	不透水	
潮湿基面黏结强度/MPa	≥0.5	≥1.0

1.施工机具

主要施工机具如下。

(1)基层清理工具:锤子、凿子、铲子、钢丝刷、扫帚。

(2)取料配料工具:台秤、搅拌器、材料桶。

(3)涂料涂覆工具:滚刷、刮板、刷子等。

2.施工工艺

(1)工艺流程。工艺流程为:清理基层→底面防水层→细部附加层→涂刷中间防水层→涂刷表面防水层→第一次蓄水试验→保护层、饰面施工→第二次蓄水试验→工程质量验收。

(2)防水涂料配合比。防水涂料配合比见表2-4。

表2-4　防水涂料配合比

防水涂料类别		按重量配合比
Ⅰ型	底层涂料	液料∶粉料=10∶7～10∶14
	中、面层涂料	液料∶粉料=10∶7～10∶0～2
Ⅱ型	底层涂料	液料∶粉料=10∶10～20∶14
	中、面层涂料	液料∶粉料=10∶10～20∶0～2

(3)操作要点。

①清理基层。表面必须彻底清扫干净,不得有浮尘、杂物、明水等。

②涂刷底面防水层。底层用料由专人负责配制,先按表2-4的配合比分别称出配料所用的液料、粉料和水,然后在桶内用手提电动搅拌器搅拌均匀,使粉料充分分散。

用滚刷或油漆刷均匀地涂刷成底面防水层,不得露底,一般用量为0.3～0.4 kg/m^2。待涂层干固后,才能进行下一道工序。

③细部附加层。对地漏、管根、阴阳角等易发生漏水的部位,应进行密封或加强处理。

嵌填密封膏:按设计要求在管根等部位的凹槽内嵌填密封膏,密封材料应压嵌严密,防止裹入空气,并与缝壁黏结牢固,不得有开裂、鼓泡和下塌现象。

细部附加层:在地漏、管根、阴阳角和出入口等易发生漏水的薄弱部位,可加一层增强胎体材料,材料宽度不小于300 mm,搭接宽度应不小于100 mm。施工时先涂一层JS防水涂料,再铺胎体增强材料,最后涂一层JS防水涂料。

④涂刷中、面防水层。按设计要求和表2-4提供的防水涂料配合比,将配制好的Ⅰ型或

Ⅱ型 JS 防水涂料均匀涂刷在底面防水层上。每遍涂刷量以 0.8～1.0 kg/m² 为宜(涂料用量均为液料和粉料原材料用量,不含稀释加水量)。多遍涂刷(一般 3 遍以上),直到达到设计规定的涂膜厚度要求。

⑤大面涂刷涂料时,不得加铺胎体,如设计要求增加胎体时,须使用耐碱网格布或 40 g/m² 的聚酯无纺布。

⑥第一次蓄水试验。在最后一遍防水层干固 48 h 试水后蓄水 24 h,以无渗漏为合格。

⑦保护层或饰面层施工。第一次蓄水试验合格后,即可做保护层、饰面层施工。

⑧第二次蓄水试验。在保护层或饰面层完工后,进行第二次蓄水,确保厨房、厕浴间的防水工程质量。

3. 成品保护

(1)操作人员应严格保护已做好的涂膜防水层。涂膜防水层未干时,严禁在上面践踏;在做完保护层之前,任何与防水作业无关的人员不得进入施工现场;在第一次蓄水试验合格后应及时做好保护层,以免损坏防水层。

(2)地漏或排水口要防止杂物堵塞,确保排水畅通。

(3)施工时,涂膜材料不得污染已做好饰面的墙壁、卫生洁具、门窗等。

4. 注意事项

(1)防水涂料的配制应计量准确,搅拌均匀。

(2)涂料涂刷施工时应按操作工艺严格执行,保证涂膜厚度,注意工序间隔时间。粉料应存放在干燥处,液料存放于温度在 5 ℃以上的阴凉处。配置好的防水涂料应在 3h 内用完。

(3)厕浴间施工时应有足够的照明及通风。

阅读材料

JS 复合防水系统的特点及施工工艺

JS 复合防水系统由网格布抗裂防水层和 JS 防水涂料涂层构成,是一种新型的防水系统,其适用范围较广,可在砖石、砂浆、混凝土、金属、木材、硬塑料、玻璃、石膏板、沥青、橡胶、SBS、APP、聚氨酯等基层上施工,对于各种新旧建筑物、构筑物均可使用。其特点如下。

(1)能在潮湿或干燥的多种材质的基面上直接施工。

(2)对基层的微裂缝追随性强,涂层坚韧高强。

(3)涂层的耐水性、耐候性、耐久性优异。

(4)与外层水泥砂浆及各种黏结材料结合牢固。

(5)无毒、无害、无污染、施工简单,工期短。该系统的抗裂层采用聚合物水泥防水砂浆涂覆耐碱网格布;防水涂料涂层采用 JS 防水涂料(即聚合物水泥防水涂料,它由液料和粉料两部分组成)。

施工工艺如下。

(1)结构基层清理。结构基层需先用 1∶2 水泥砂浆进行找平,厚度大于 20 mm,然后将表面清理干净,无杂物。

(2)网格布抗裂防水层施工。

①配料。按粉料：水=1：0.5(质量比)，在干净的容器中加入清水，再加入聚合物防水砂浆粉料，并用搅拌器搅匀形成浆料。

②施工。先用滚筒蘸浆料在基层上进行滚涂，随即将网格布铺贴在滚涂过的基层上，并用滚筒将网格布压实，使网格布与基层服贴。网格布搭接处的长度不得小于100 mm。

(3)防水涂料滚涂施工。

①配料。按粉料：乳液：水=1：0.3：0.15(质量比)，在干净的容器中加入清水和乳液，先搅拌均匀，再加入聚合物水泥防水剂粉料，并用搅拌器搅匀形成浆料。

②施工。待网格布抗裂防水层干燥后，用滚筒蘸浆料在其上进行滚涂，分两遍进行滚涂，第二遍必须等前一遍干燥后才可开始。

③滚涂的质量要求。防水涂料使用时应随时注意搅拌均匀，避免有沉淀；滚涂要均匀，不能有局部沉积，并要求来回反复滚涂数次使浆料与基层间不留气泡、黏结密实；滚涂必须按规定用量取料，切不可过厚或过薄。

(4)系统施工的注意事项。

①施工环境温度应在5 ℃以上。

②严禁私自添加砂、水泥及其他添加剂。

③配好的浆料应在4 h内用完，已凝固硬化的浆料不得再使用。

④袋装粉料的储运要注意防潮、防雨。

⑤施工完后必须确保做好成品保护。

2.3.3 刚性防水材料与柔性防水涂料复合施工

刚柔防水材料复合施工，指底层采用无机抗渗堵漏防水材料做刚性防水，上层做柔性涂膜防水的两者复合施工。

1. 无机抗渗堵漏防水材料与单组分聚氨酯防水涂料复合施工

无机抗渗堵漏防水材料(简称818抗渗堵漏剂)由无机粉料和水按一定比例配制而成的刚性抗渗堵漏剂。材料应符合《无机防水堵漏材料》(GB 23440—2009)的规定，其主要物理性能指标应符合表2-5的要求。

表2-5 无机抗渗堵漏防水材料主要物理性能指标

项目		性能要求
凝结时间/min	初凝	≥10
	终凝	≤360
抗压强度(3 d)/MPa		≥13.0
抗折强度(3 d)/MPa		≥3.0
抗渗压力(7 d)MPa	涂层	≥0.4
	试件	≥1.5
黏结强度(7 d)/MPa		≥0.6

1)施工机具

主要机具如下。

(1)配料工具:电动搅拌器。

(2)涂刮防水层工具:橡胶刮板。

(3)细部构造涂刷涂料工具:油漆刷。

(4)清理基层工具:小铲刀。

(5)修补工具:小抹子。

(6)计量器具:配料桶、水桶、台秤等。

2)作业条件

基层应坚实平整,不起砂,无空鼓、松动、裂缝等现象。找平层(基层)做完 24 h 后,即可进行防水施工。

穿墙管、预埋件等应事先安装牢固,收头圆滑。排水坡度符合设计要求,不积水。

3)施工工艺

(1)施工工艺流程:清理基层→附加层施工→刚性防水层施工→柔性防水层施工。

(2)操作要点。

①清理基层。在水泥砂浆基层(找平层)施工前,必须将基层表面认真清扫干净。

②附加层施工。将沟槽清理干净,用 818 抗渗堵漏剂嵌填、压实、刮平。阴阳角立面与平面各涂刮 818 抗渗堵漏剂一遍,尺寸分别为 200 mm。

③刚性防水层施工。以 818 抗渗堵漏剂∶水=1∶0.4 比例(重量比)配制,搅拌成均匀无团块的浆料,用橡胶刮板均匀刮涂在基面上,要求按往返顺序刮涂,不得留有气孔和砂眼,每遍的刮压方向与上遍相垂直,共刮两遍,用料为 1.2～1.5 kg/m^2,每遍刮涂完毕,用手轻压无印痕时,开始洒水养护,切忌干燥失水,避免涂层粉化。

④柔性防水层施工。待刚性防水层养护表干后,管根、地漏、阴阳角等节点处用单组分聚氨酯涂刮一遍,做法同附加层施工。

大面积涂刮单组分聚氨酯防水涂料时,每遍用料为 0.6 kg/m^2,涂刷 2～3 遍,用料共为 1.8～2 kg/m^2,均匀涂刷。在最后一遍防水涂料施工完尚未固化前,可均匀撒布粗砂,以增强防水层与保护层之间的黏结力。第一次和第二次蓄水试验及保护层、饰面层等做法,均与聚氨酯或聚合物水泥防水涂料做法相同。

4)成品保护与注意事项

(1)材料须储存在阴凉干燥处,严禁与水接触。

(2)每遍防水层施工完但未固化干燥前不得上人,不得堆放物品,不得进行下道工序施工。每一次试水合格后及时做保护层,避免破坏防水层。

(3)铺设面层时,不得随意剔凿防水层。

(4)当气温低于 5 ℃时,单组分聚氨酯固化时间应顺延。

2.抗渗堵漏防水材料与聚合物水泥防水涂料刚柔复合施工

聚合物乳液(丙烯酸)防水涂料是以丙烯酸乳液为主要原料,加入其他添加剂制成的单组分水乳型合成高分子防水涂料。涂料应符合《聚合物乳液建筑防水涂料》(JC/T 864—2008)的规定,其主要物理性能指标应符合表 2-6 的要求。

表 2-6　聚合物乳液(丙烯酸)防水涂料主要物理性能指标

项　目		性能要求
固体含量/%		≥65
干燥时间	表干时间/h	≤4
	实干时间/h	≤8
不透水性(0.3 MPa,30 min)		不透水
拉伸强度/MPa		≥1.0
断裂延伸率/%		≥300
低温柔性(ϕ10 mm 棒弯 180°)		−10 ℃,无裂纹

注:上述为Ⅰ类指标。

1)施工机具

主要施工机具如下。

(1)清理基层工具:铲子、锤子、凿子、钢丝刷、扫帚、抹布等。

(2)称料配料工具:水桶、台秤、称料桶、拌料桶(盆)、搅拌器。

(3)抹面涂覆工具:滚子、刷子、刮板、抹子、压子。

2)施工工艺

(1)工艺流程。抗渗堵漏防水材料与聚合物水泥防水涂料刚柔复合施工工艺流程为:清理基层→细部附加层→刚性防水层→聚合物水泥防水涂料柔性防水层→撒砂→第一次蓄水试验→保护层、面层施工→第二次蓄水试验→工程质量验收。

(2)操作要点。

①清理基层。基层要求牢固、干净、平整,表面必须认真清扫,不平整处用水泥砂浆找平。

②细部附加层。地漏、管根、阴阳角、沟槽等处清理干净,用不漏水材料嵌填、压实、刮平。

③刚性防水层。将缓凝型不漏水按粉料∶水=1∶(0.3～0.35)搅拌成均匀浆料。用抹子或刮板抹两遍浆料,用料量约为 2.4 kg/m²,抹压后潮湿养护。

④聚合物水泥防水涂料柔性防水层和刚性防水层表面必须平整干净,阴阳角处呈圆弧形。按规定比例配制聚合物水泥防水涂料,在桶内用电动搅拌器充分搅拌均匀,直到料中不含团粒。

防水层分底层、中层、面层三层涂覆。待刚性防水层干固后,即可涂覆底层涂膜;待底层涂膜干固后,即可涂覆中层、面层涂膜。涂膜厚度应不小于 1.2 mm。

涂覆时应注意选择适当的工具(滚刷、刮板、刷子等);涂料如有沉淀应随时搅拌均匀;每层涂覆必须按规定取料,切不可过多或过少;涂覆要均匀,不应有局部沉积,涂料与基层之间黏结严密,不得留有气泡;各层之间的间隔时间以前一层涂膜干固不黏手为准。

⑤第一次蓄水试验。蓄水试验须待涂层完全干固后方可进行,一般需隔 48 h,在特别潮湿又不通风的环境中需更长时间。

⑥保护层、面层施工。根据设计要求做保护层。可在最后一遍涂膜施工完毕尚未固化时，均匀撒上干净的粗砂，增加与防水层之间的黏结力。

⑦第二次蓄水试验。在保护层或饰面完工后，进行第二次蓄水试验，以达到无渗漏为合格。

3)成品保护

(1)操作人员严格保护已做好的涂膜防水层，并及时做好保护层。在做保护层之前，非施工人员不得进入现场，以免损坏防水层。

(2)地漏要防止被杂物堵塞，确保排水畅通。

(3)施工时，涂膜材料不得污染已做好饰面的墙壁、卫生洁具、门窗等。

2.3.4 聚合物乳液(丙烯酸)防水涂料施工

1.施工机具

主要施工机具如下。

(1)清理基面工具：开刀、凿子、锤子、钢丝刷、扫帚、抹布。

(2)涂覆工具：滚子、刷子。

2.施工工艺

1)工艺流程

工艺流程为：清理基层→涂刷底部防水层→细部附加层→涂刷中、面层防水层→防水层第一次蓄水试验→保护层或饰面层施工→第二次蓄水试验→工程质量验收。

2)操作要点

(1)清理基层。必须将基层表面的浮土打扫干净，清除杂物、油渍、明水等。

(2)涂刷底部防水层。将丙烯酸防水涂料倒入一个空桶中，约 2/3 桶，加水少许稀释并充分搅拌，用滚刷均匀地涂刷底层，用量约为 0.4 kg/m^2，待手摸不黏手后进行下一道工序。

(3)涂刷细部附加层。

①嵌填密封膏。按设计要求在管根等部位的凹槽内嵌填密封膏，密封材料应压嵌严密，防止裹入空气，并与缝壁黏结牢固，不得有开裂、鼓泡和下塌现象。

②地漏、管根、阴阳角等易漏水部位的凹槽内，用丙烯酸防水涂料涂覆找平。

③在地漏、管根、阴阳角和出入口易发生漏水的薄弱部位，须增加一层胎体增强材料，宽度不得小于 300 mm，搭接宽度不得小于 100 mm，施工时先涂刷丙烯酸防水涂料，再铺增强层材料，然后再涂刷两遍丙烯酸防水涂料。

(4)涂刷中、面层防水层。取丙烯酸防水涂料，用滚刷均匀地涂在底层防水层上面，每遍用量为 0.5～0.8 kg/m^2，其下层增强层和中层必须连续施工，不得间隔，若厚度不够，则应加涂一层或数层以达到设计规定的涂膜厚度。

(5)第一次蓄水试验。在做完全部防水层干固 48 h 以后，蓄水 24 h，未出现渗漏为合格。

(6)保护层或饰面层施工。第一次蓄水合格后，即可做保护层或饰面施工。

(7)第二次蓄水试验。在保护层或饰面施工完工后，应进行第二次蓄水试验，以确保防水工程质量。

3. 成品保护

(1)操作人员应严格保护好已施工的防水层,非防水施工人员不得进入现场践踏。

(2)为确保地漏、排水口排水畅通,避免杂物堵塞。

(3)施工时严防涂料污染已做好的其他部位。

4. 注意事项

(1)温度在 5 ℃以下时不得施工。

(2)不宜在特别潮湿或不通风的环境中施工。

(3)涂料应存放在 5 ℃以上的阴凉干燥处。存放地点及施工现场必须通风良好,严禁烟火。

2.3.5 改性聚脲防水涂料施工

改性聚脲防水涂料是以聚脲为主要原料,配以多种助剂制成,属于无有机溶剂环保型双组分合成高分子柔性防水涂料。涂料按照《聚氨酯防水涂料》(GB/T 19250—2013)的规定,其主要物理性能指标应符合表 2-7 的要求。

表 2-7 改性聚脲防水涂料主要物理性能指标

项　　目	性能要求
固体含量/%	≥92
拉伸强度/MPa	≥19
撕裂强度/(N/mm)	≥12
断裂伸长率/%	≥450
不透水性(0.3 MPa,30 min)	不透水
表干时间/h	≤8
实干时间/h	≤24
低温弯折性/℃	≤−35

改性聚脲防水涂料环保指标应符合表 2-8 的要求。

表 2-8 改性聚脲防水涂料环保指标

项　　目	指　　标
总挥发性有机化合物/(g/L)	≤50
游离甲醛/(g/kg)	≤1

1. 施工机具

主要施工机具如下。

(1)刮涂工具:塑料刮板。

(2)转角处等涂料涂刷工具:油漆刷。

(3)清理基层:铲刀。

(4)修补基层:抹子。

(5)其他:配料桶、搅拌器、台秤等。

2. 施工工艺

(1)工艺流程。施工工艺流程为:清理基层→配料、搅拌涂料→细部附加层施工→第一遍涂膜施工→第二遍涂膜施工和撒砂→第一次蓄水试验→保护层或饰面层施工→第二次蓄水试验。

(2)改性聚脲防水涂料配合比、涂刷遍数、厚度及用量详见表2-9。

表2-9 改性聚脲防水涂料配合比等要求

按重量配合比	遍数	涂料用量/(kg/m^2)	涂料厚度/mm
甲:乙=1.5:1	2	2+0.1	1.5

(3)操作要点。

①清理基层。基层表面必须认真清扫干净,不得有浮尘、杂物、明水等。

②配料、搅拌涂料。将甲、乙料先分别搅拌均匀,然后按甲:乙=1.5:1比例倒入配料桶中充分拌和均匀备用,用后的剩余涂料应及时密封。配好的涂料应在30 min内用完。

③细部附加层施工。厨房、厕浴间的地漏、管根、阴阳角等处用调配好的涂料涂刷(或刮涂)一遍,做附加层处理。

④第一遍涂膜施工。附加层干固后将配好的涂料用塑料刮板在基层表面均匀刮涂,厚度应均匀一致,涂刮量以0.8~1.0 kg/m^2 为宜。

⑤第二遍涂膜施工和撒砂。第一遍涂膜固化后,进行第二遍刮涂,刮涂要求及涂料用量与第一遍相同,但刮涂方向应与第一遍刮涂方向垂直。在第二遍涂膜施工完毕尚未固化时,在其表面可均匀地撒上少量干净的粗砂。

⑥第一次蓄水试验。第二遍涂膜干固2 h后蓄水24 h,无渗漏为合格。

⑦保护层或饰面层施工。第一次蓄水试验后,做保护层、饰面层。

⑧第二次蓄水试验。保护层、饰面层完工后,进行第二次蓄水试验。

3. 成品保护及安全注意事项

(1)操作人员应采取措施保护好已做的涂膜防水层,及时完成保护层施工。

(2)防止杂物堵塞地漏,保持排水畅通。

(3)施工时涂膜材料不得污染已做好的饰面墙壁、卫生洁具、门窗等。

(4)基面为石材、金属、玻璃等光滑的致密性材质时,应先使用专用界面胶处理。

2.3.6 界面渗透型防水液与柔性防水涂料复合施工

防水液与柔性防水涂料复合施工,指底层采用防水液喷涂,上层做柔性涂膜防水的两者复合施工。

界面渗透型防水液(又称防水液、DPS),界面渗透型防水液的质量指标见表2-10。

表 2-10　界面渗透型防水液主要物理性能指标

项　目	技术指标
抗压强度比/%	≥200
渗透深度/mm	≥2
48 h 吸水量比/%	≤65
抗透水压力比/%	≥200
抗冻性(−20 ℃～20 ℃,15 次)	表面无粉化、裂纹
耐热性(80 ℃,72 h)	表面无粉化、裂纹
耐碱性饱和氢氧化钙溶液浸泡 168 h	表面无粉化、裂纹
耐酸性 1%盐酸溶液浸泡 168 h	表面无粉化、裂纹

柔性防水涂料有浓缩乳液防水涂料、单组分聚氨酯防水涂料、聚合物水泥防水涂料。

浓缩乳液防水涂料是以浓缩防水乳液与水泥混合后制成的防水涂料。涂料应符合《聚合物水泥防水涂料》(GB/T 23445—2009)的规定,其主要物理性能指标应符合表 2-11 的要求。

表 2-11　浓缩乳液防水涂料主要物理性能指标

项　目		性能要求(Ⅱ型)
拉伸强度/MPa		≥1.8
断裂伸长率/%		≥80
不透水性(0.3 MPa,30 min)		不透水
涂膜干燥时间/h	表干时间	≤4
	实干时间	≤8
潮湿基层黏结强度/MPa		≥1.0

1. 施工机具

主要施工机具如下。

(1)清理工具:凿子、锤子、铲刀、开刀、钢丝刷、棉丝、抹布、扫帚、簸箕等。

(2)配料工具:台秤、电动搅拌器、装料小桶等。

(3)施工工具:喷雾器、滚刷、油漆刷等。

2. 作业条件

(1)基层应坚实平整、不起砂,无空鼓、松动、裂缝等现象,在混凝土基层(无须做找平层)上直接喷涂防水液。

(2)穿墙管、预埋件等事先安装牢固,收头严实,排水坡度符合设计要求,不积水。

施工环境条件要求如下。

①施工的环境温度为 5 ℃～35 ℃,混凝土表面温度不低于 2 ℃。

②喷涂作业面不应与其他工种交叉作业。

3.施工工艺

1)工艺流程

工艺流程为:清理基层→基层湿润→制备防水液→大面喷涂防水液(刚性防水层)→细部附加层(柔性防水涂料)→局部涂刷柔性防水涂料→第一次蓄水试验→保护层、面层施工→第二次蓄水试验→工程质量验收。

2)操作要点

(1)基层处理。基层应清除干净,去除污迹、灰皮、浮渣等。混凝土基层应坚实、平整,若有蜂窝、麻面、干裂、疏松等缺陷,应进行修补。修补前剔凿缺陷部位,彻底清洗干净后喷涂界面渗透型防水液,用水泥砂浆修补抹平,遇有可见裂缝,用浓缩乳液防水涂料刮涂。

(2)基层湿润。一般旧混凝土或新浇筑的混凝上表面,应先用水冲刷或润湿,湿润后的基层不应有明水。

(3)制备防水液。防水液是使用原液直接喷涂,严禁掺水稀释。使用前将溶液储存桶摇动2～3 min,再把桶内溶液倒入背伏式喷雾器中备用。如果溶液有冻结现象,应待完全溶化后再使用。

防水液使用前应加入微量酚酞(粉红色酸碱指示剂),并用力摇匀至溶液产生泡沫才可喷涂于混凝土表面(粉红色4 h后自动消失)。

(4)喷涂防水液。

①防水液用量。防水液可直接喷于混凝土表面或水泥方砖、水泥砂浆面层。一般只须喷涂一次,用量为0.3～0.4 kg/m^2,平均每千克喷涂面积为3 m^2。对特殊要求的部位可视混凝土及砂浆表面的粗糙程度不同加喷。

②大面积防水液喷涂施工。当新浇筑混凝土的强度达到1.2 MPa(能上人)时,即可进行喷涂。大面积喷涂时,应先里后外,左右喷射,每次喷涂应覆盖前一喷涂圈的一半,使防水液充分均匀地浸透全部施工面。

平面与立面之间的交接处喷涂,应有150 mm的搭接层。

在垂直表面上喷涂时,如果溶液往下流,应加快喷嘴的喷射速度,同时边喷边刷,使整个区域均匀覆盖之后再以同样的覆盖率喷涂一次。

为使喷涂面完全饱和,要在喷涂后15～20 min内检查该区域,如发现某些区域干得较快,则待检查完毕后再重新在该区域加以喷涂。由于多余的防水液并不能渗透,而是浮于表面成黏稠状,因此,对多余的黏状物应用水冲掉或刮掉。

防水液正常的渗透时间为1～2 h,若天气干燥时,可于喷涂后1 h在混凝土表面轻喷清水,以便使溶液更好渗入。30 min后便可允许轻度触碰。处理3 h后或表面干燥时可行走,喷涂24 h后可进行其他作业。

(5)细部附加层施工。

①采用浓缩乳液防水涂料施工。

涂料配制:底料配制比(体积比)为1∶4(浓缩乳液∶水);净浆涂黏料配制比(体积比)为1∶1∶1(浓缩乳液∶水∶水泥)。

配制方法:先在料桶内倒入浓缩乳液,然后加入等量的水,用电动搅拌器搅拌3次,每次搅拌0.5 min后停止,待混合均匀后再加入等量的水泥(水泥应过筛后分次加入),用电动搅拌器搅拌 5 次，每次 0.5 min 后停 0.5 min，直到混合均匀。搅拌均匀后静止 10 min(使其反应充分)待用。严禁在使用过程中加水、加料。已搅拌好的浓缩乳液防水涂料应在 2 h 内用完，已凝固的涂料不得搅拌再用。

附加层施工做法：对厨房、厕浴间、管根、阴阳角、地漏等部位，在大面喷涂防水液 24 h 后，即可进行局部附加层部位的施工。厕浴间管道穿墙防水构造如图 2-12 所示，下水立管防水构造如图 2-13 所示，套管防水构造如图 2-14 所示，地漏防水构造如图 2-15 所示。

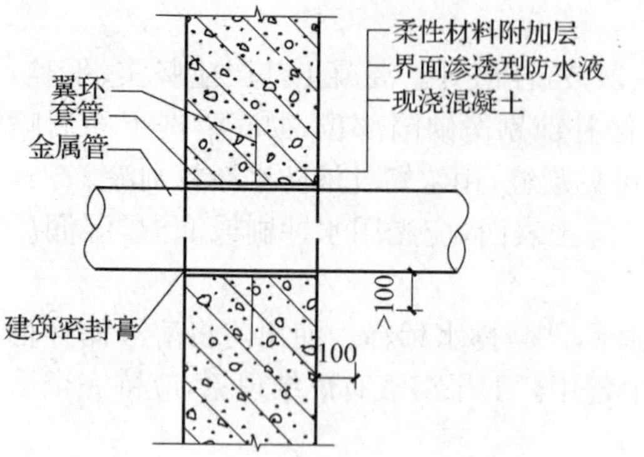

图 2-12　厕浴间管道穿墙防水构造

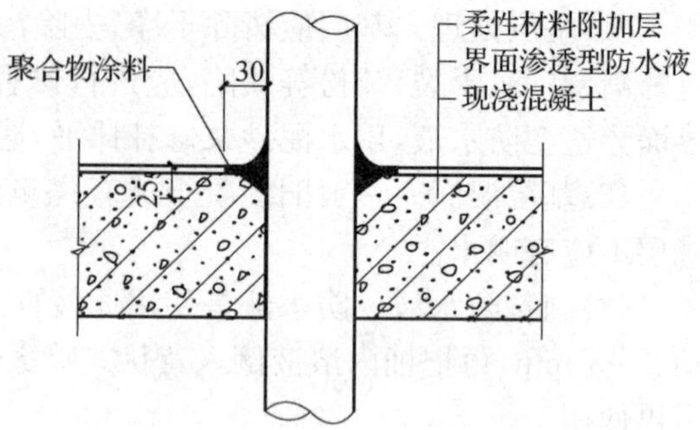

图 2-13　厕浴间下水立管防水构造

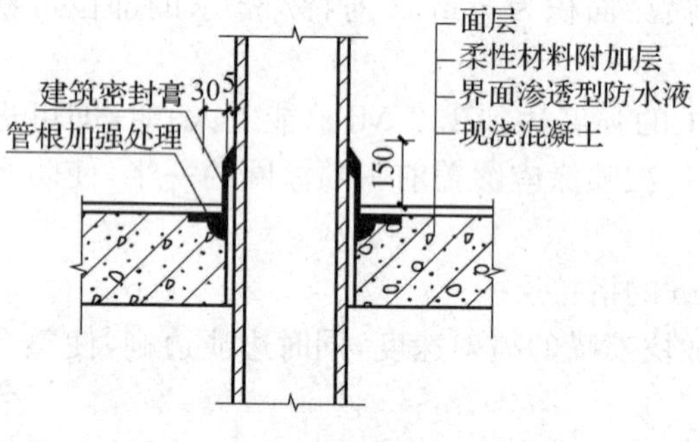

图 2-14　厕浴间套管防水构造

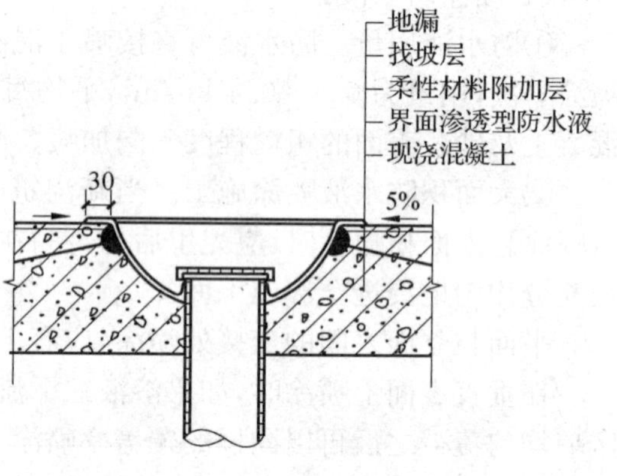

图 2-15　厕浴间地漏防水构造

先在附加层部位涂刷底料后，涂刷第一遍净浆涂黏料，每次涂层表干后(约 4 h)再涂刷下一遍，一般涂刷 3～4 遍，每次须涂刷均匀，总涂层厚度为 0.8 mm。冬季施工时，可用热风机进行局部加热。

②采用单组分聚氨酯防水材料做附加层施工时应与界面渗透型防水液配合施工。

对厨房、厕浴间、管根、阴阳角、地漏等部位在大面积喷涂完防水液 24h 后，即可进行局部附加层部位的施工。附加层涂层的厚度不小于 1.5 mm。操作要点与单组分聚氨酯涂料施工相同。

③采用聚合物水泥防水涂料(JS)做附加层施工时应与界面渗透型防水液配合施工。

对厨房、厕浴间、管根、阴阳角、地漏等部位，在大面积喷涂防水液 24 h 后，即可进行局部附加层部位的施工。附加层涂层的厚度不小于 1.5 mm。操作要点与聚合物水泥涂料施工相同。

当厨房、厕浴间混凝土基层出现表面疏松或可见裂缝较多时，应采用刚柔复合做法。

4. 成品保护与安全、注意事项

1)成品保护

(1)施工前做好水电、土建与防水工序的合理安排，必须先安装好预留设备与管道。严禁在施工完成的厕浴间防水层上打眼凿洞。

(2)铺设面层时，不得随意剔凿防水层。如有损坏及时通知防水施工人员进行修补。

(3)操作人员应采取措施严格保护好已做完的防水层。在未做保护层之前除防水施工人员外的任何人员不得进入现场或堆积杂物，以免破坏防水层。

(4)地漏或排水口内防止杂物堵塞，确保排水畅通。

(5)施工过程中，不得污染已做好饰面的墙壁、卫生洁具、门窗等。

2)施工安全

(1)施工人员须持证上岗，作业前应进行防水施工安全、技术交底。

(2)施工人员必须严格遵守施工现场的各项安全规章制度，严格按照操作规程操作，工人要配备相应的劳保用品(如眼镜、手套等)。

(3)严禁使用不合格的施工机具。使用电器设备时，应首先检查电源开关。机械设备(搅拌器等)在使用前应试运转，确定无误后，方可进行作业。

(4)施工作业后，要做到活完料净脚下清，经检查无隐患后再撤出现场。

(5)厕浴间室内无窗或光线亮度差时，必须设置足够的照明及采取通风措施。

3)注意事项

(1)防水液及浓缩乳液为水乳型材料，注意防冻。

(2)施工温度应保持正温。

(3)防水液储存时应桶装盖好，运离热源。

2.3.7 水泥基渗透结晶型防水材料施工

水泥基渗透结晶型防水材料施工指采用涂料涂刷或使用防水砂浆施抹进行防水层施工。

1. 水泥基渗透结晶型防水涂料施工

水泥基渗透结晶型防水材料是一种刚性防水材料，与水作用后材料中含有的活性化学物质，通过载体向混凝土内部渗透，在混凝土中形成不溶于水的结晶体，填塞毛细孔道从而使混凝土致密、防水。

水泥基渗透结晶型防水材料按使用方法分为防水涂料和防水剂。

水泥基渗透结晶型防水涂料包括浓缩剂、增效剂，它们均是粉状材料，化学活性较强，经与水拌和调配成防水涂料。该涂料应符合《水泥基渗透结晶型防水材料》(GB 18445—2012)的规定，其主要物理性能指标应符合表 2-12 的要求。

表 2-12　水泥基渗透结晶型防水涂料主要物理性能指标

项　目		性能要求（Ⅰ型）
安定性		合格
凝结时间	初凝/min	≥20
	终凝/h	≤24
抗折强度/MPa	7 d	≥2.80
	28 d	≥3.50
抗压强度/MPa	7 d	≥12.0
	28 d	≥18.0
湿基面黏结强度/MPa	≥1.0	
抗渗压力(28 d)/MPa	≥0.8	
渗透压力(28 d)/%	≥200	
第二次抗渗压力(56 d)/MPa	≥0.6	

浓缩剂浆料：直接刷涂或喷涂于混凝土表面。

增效剂浆料：用于浓缩剂涂层的表面，在浓缩剂涂层上形成坚硬的表层，可增强浓缩剂的渗透效果。它可单独使用于结构表面，起防潮作用。

水泥基渗透结晶型防水剂（又称掺合剂）是专有的以多种特殊活性化学物质为主要原料，配以各种其他辅料制成，属于水泥基渗透结晶型刚性防水材料。

1）主要施工机具

主要施工机具有手用钢丝刷、电动钢丝刷、凿子、锤子、计量水和料的器具、拌料器具、专用尼龙刷、油漆刷、喷雾器具、胶皮手套等。

2）作业条件

(1)水泥基渗透结晶型防水材料不得在环境温度低于 4 ℃时使用。

(2)基层应粗糙、干净、润湿。无论新浇筑或修旧的混凝土基面，均应用水润湿透（但不得有明水）。新浇筑的混凝土以浇筑后 24～72 h 为涂料最佳使用时段。

(3)基层不得有缺陷部位，否则应处理后方可进行施工。

3）施工工艺

(1)工艺流程。工艺流程为：基层检查→基层处理→制浆→重点部位的加强处理→第一遍涂刷涂料→第二遍涂刷涂料→养护→检验。

(2)操作要点。

①基层检查。检查混凝土基层有无裂纹、孔洞、有机物、油漆和杂物等。

②基层处理。先修理缺陷部位，如封堵孔洞，除去有机物、油漆等其他黏结物，遇有大于 0.4 mm 以上的裂纹时，应进行裂缝修理；对蜂窝结构或疏松结构均应凿除，对松动杂物用水冲刷至见到坚实的混凝土基面并将其润湿，涂刷浓缩剂浆料，用量为 1 kg/m²，再用防水砂浆填补、压实，掺合剂的掺量为水泥含量的 2%。

打毛混凝土基面，使毛细孔充分暴露。

底板与边墙相交的阴角处加强处理。用浓缩剂料团（浓缩剂粉∶水＝5∶1，用抹子调和 2 min 即可使用）趁潮湿嵌填于阴角处，用手锤或抹子捣固压实。

③制浆。用量：总用量不小于 0.8 kg/m^2，浓缩剂不小于 0.4 kg/m^2，增效剂不小于 0.4 kg/m^2。制浆过程：按防水涂料∶水＝5∶2（体积比）将粉料与水倒入容器内，搅拌 3～5 min 混合均匀。一次制浆不宜过多，要在 20 min 内用完，混合物变稠时要频繁搅动，中间不得加水、加料。

④重点部位的加强处理。厨房、厕浴间的地漏、管根、阴阳角、非混凝土或水泥砂浆基面等处用柔性涂料做加强处理。做法同柔性涂料或参考细部构造做法，厕浴间下水立管防水做法如图 2-16 所示，地漏防水做法如图 2-17 所示。

⑤第一遍涂刷涂料。涂料涂刷时需用半硬的尼龙刷，不宜用抹子、滚筒、油漆刷等；涂刷时应来回用力，以保证凹凸处都能涂上，涂层要求均匀，不应过薄或过厚，以控制在单位用量之内。

⑥第二遍涂刷涂料。待上道涂层终凝 6～12 h 后，仍呈潮湿状态时进行，如第一遍涂层太干则应先喷洒些雾水后再用增效剂进行涂刷。此遍涂层也可使用相同量的浓缩剂。

⑦养护。养护必须用干净水，在涂层终凝后做喷雾养护，不应出现明水，一般每天需喷雾水 3 次，连续数天，当天气较热或较干燥时应多喷几次，使其保持湿润状态，防止涂层过早干燥。蓄水试验需在养护 3～7 d 后进行。

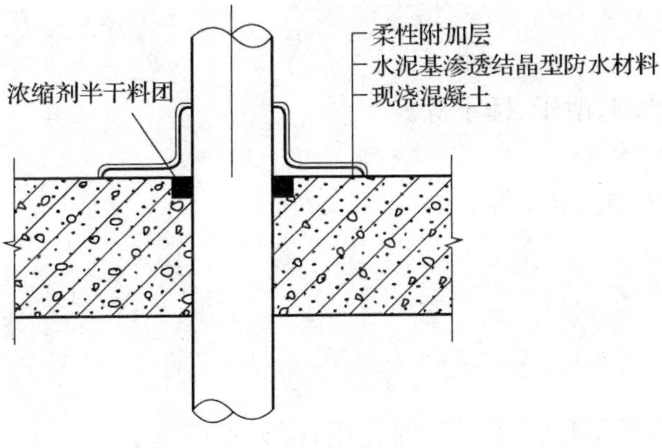

图 2-16　下水立管防水做法

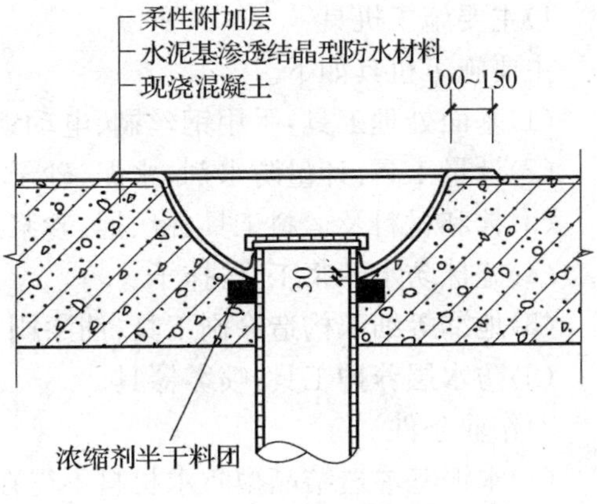

图 2-17　地漏防水做法

⑧检验。涂料涂层施工后，需检查涂层是否均匀、用量是否准确、有无漏涂，如有缺陷应及时修补。经蓄水试验合格后，方可进行下道工序施工。

4）成品保护及安全注意事项

（1）保护好防水涂层，在养护期内任何人员不得进入施工现场。

（2）地漏要防止杂物堵塞，确保排水畅通。

（3）拌料和涂刷涂料时应戴胶皮手套。

（4）防水涂料必须储存在干燥的环境中，最低温度为 7 ℃，一般储存条件下的有效期为 1 年。

2.水泥基渗透结晶型防水砂浆施工

水泥基渗透结晶型防水砂浆由水泥基渗透结晶型掺合剂、硅酸盐水泥、中(粗)砂(含泥量≤2%)按比例配置而成。防水砂浆应符合《砂浆、混凝土防水剂》(JC/T 474—2008)的规定。其主要物理性能指标应符合表2-13的要求。

表2-13 水泥基渗透结晶型防水砂浆主要物理性能指标

项目		性能要求(合格品)
净浆安定性		合格
抗压强度比/%	7 d	≥85
	28 d	≥80
透水压力比/%		≥200
48 h吸水量比/%		≤75
收缩率比/%		≤135
对钢筋锈蚀作用		对钢筋无锈蚀

水泥基渗透结晶型防水砂浆包括水泥基渗透结晶型防水剂(又称掺合剂)、水泥(采用硅酸盐水泥)、砂(中粒砂,含泥量≤2%)。

1)主要施工机具

主要施工机具如下。

(1)基面处理工具:手用钢丝刷、电动钢丝刷、凿子、锤子等。

(2)计量工具:计量防水剂、水泥、砂子、水等。

(3)拌和材料及运料工具:锹、桶、砂浆搅拌机、推车等。

(4)施抹防水砂浆工具:抹子。

(5)地漏等细部构造涂刷工具:油漆刷。

(6)防水层养护工具:喷雾器具。

2)作业条件

(1)水泥基渗透结晶型防水材料不得在环境温度低于4 ℃时使用;雨天不得施工。

(2)基层应粗糙、干净,以提供充分开放的毛细管系统,以利于渗透。

(3)基层需要润湿,无论新浇筑的或是旧的混凝土基面,都应用水润湿,但不得有明水;基层有缺陷时应修补处理后方可进行施工。

3)施工工艺

(1)工艺流程。工艺流程为:基层检查→基层处理→重点部位加强处理→第一遍涂刷水泥净浆→拌制防水砂浆→抹防水砂浆→加分格缝→养护。

(2)操作要点。

①基层检查。检查混凝土基层有无油漆、有机物、杂物以及孔洞或大于0.4 mm的裂纹等缺陷。

②基层处理。先处理缺陷部位、封堵孔洞,除去有机物、油漆等其他黏结物,清除油污及疏松物等。如有大于0.4 mm以上的裂纹,应先进行裂缝修理,沿裂缝两边凿出20 mm(宽)×

30 mm(深)的U形槽,用水冲净、润湿后,除去明水,沿槽内涂刷浆料后用浓缩剂半干料团(粉水比6∶1)填满、夯实;遇有蜂窝或疏松结构时均应凿除,将所有松动的杂物用水冲刷掉,直至见到坚实的混凝土基面,将其润湿后涂刷灰浆(粉水比5∶2),用量为1 kg/m²,再用防水砂浆填补、压实,防水剂的掺量为水泥用量的2%～3%。

经过处理的混凝土基面,不应存留任何悬浮物质。底板与边墙相交的阴角处须做加强处理。将浓缩剂料团(防水剂粉水比5∶1,用抹子调和2 min即可使用)趁潮湿嵌填于阴角处,用手锤或抹子捣固压实。

③重点部位的加强处理。厨房、厕浴间的地漏、管根、阴阳角等处用柔性涂料做附加层处理,方法同柔性涂料施工,参照图2-18所示的细部构造。

④第一遍涂刷水泥净浆。用油漆刷等将水泥净浆涂刷在基层上,用量为1～2 kg/m²。

⑤拌制防水砂浆。人工搅拌时,配合比为水泥∶砂∶水∶防水剂=1∶2.5(3)∶0.5∶2(3),将配好量的硅酸盐水泥与砂预混均匀后再在中间留有盛水坑;将配好量的防水剂与水在容器中搅拌均匀倒入盛水坑中拌匀,再与水泥、砂子的混合物进行混合搅拌制成稠浆状;机械搅拌时,将按比例配好量的砂子、防水剂、水泥、水依次放入搅拌机内搅拌3 min,即可使用。

⑥抹防水砂浆。将制备好的防水砂浆均摊在处理过的结构基层上用抹子用力抹平、压实,不得有空鼓、裂纹现象,如发生此类现象应及时修复;所有的施工方法均按防水砂浆的标准施工方法进行。陶粒、砖等砌筑墙面在做地面砂浆防水层时可进行侧墙的防水砂浆层的施抹,施抹完成后即完成了防水施工作业。

⑦加分格缝。防水砂浆施工面积大于36 m² 时应加分格缝,缝隙用柔性嵌缝膏嵌填。

⑧养护。防水砂浆层养护必须用干净水做喷雾养护,不应出现明水,一般每天需喷雾水3次,连续3～4 d,在热天或干燥天气应多喷几次,并用湿草垫或湿麻袋片覆盖养护,保持湿润状态,防止防水砂浆层过早干燥。蓄水试验需在养护3～7 d后进行,蓄水验收合格后才可进行下道工序施工。

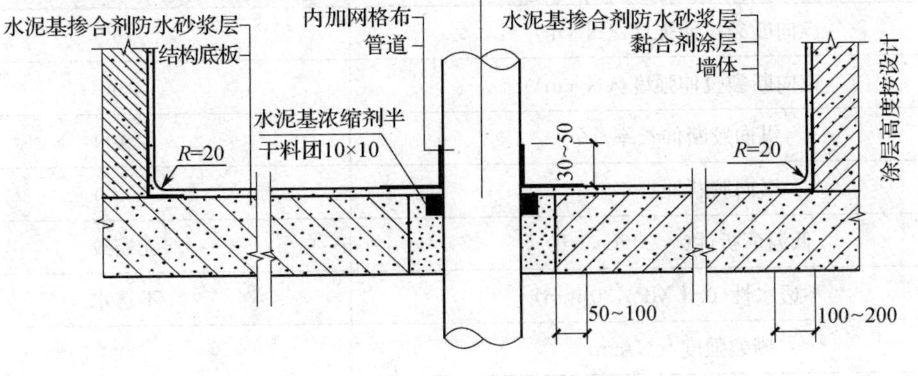

图2-18 水泥基渗透结晶性防水砂浆立管做法

4)成品保护及安全注意事项

(1)严格保护已做好的防水层。在养护期内任何人员不得进入施工现场。

(2)地漏应防止杂物堵塞,确保排水畅通。

(3)拌料时应戴胶皮手套。

(4)水泥基渗透结晶型防水材料必须储藏在干燥环境中,最低温度为7 ℃,储存有效期1年。

2.3.8 聚乙烯丙纶卷材-聚合物水泥防水层施工

聚乙烯丙纶卷材-聚合物水泥防水层施工，指采用聚乙烯丙纶防水卷材为主体以一定厚度的聚合物水泥防水黏结料冷粘卷材，形成整体的复合防水层施工。

1.防水材料

1)聚乙烯丙纶卷材

聚乙烯丙纶卷材的中间芯片为低密度聚乙烯片材，两面为热压一次成型的高强丙纶长丝无纺布，厚度大于等于0.7 mm，再与聚合物水泥黏结料复合使用。该卷材的主要规格应符合表2-14的要求。

表2-14 聚乙烯丙纶卷材的主要规格

名　称	规　格			允许偏差/%
卷材/m	100			+0.02
幅度	1.15			−0.01
厚度/mm	0.6	0.7	0.8	±4

注：厚度指聚乙烯芯片和上下两面丙纶无纺布复合后的厚度。

聚乙烯丙纶的原料必须是原生的正规优质品，严禁使用再生原料及二次复合生产的卷材。卷材应符合国家标准《高分子防水材料 第1部分：片材》(GB 18173.1—2012)的规定，其主要物理性能应符合表2-15要求。

表2-15 聚乙烯丙纶卷材的主要物理性能指标

项　目	性能要求
纵向断裂拉伸强度/(N/cm)	≥60
横向断裂拉伸强度/(N/cm)	≥60
纵向胶断伸长率/%	≥400
横向胶断伸长率/%	≥400
低温弯折性(−20 ℃,1 h)	无裂纹
不透水性(0.3 MPa,30 min)	不透水
撕裂强度/(N/cm)	≥20
加热伸缩量/mm	延伸<2,收缩<4

聚乙烯丙纶卷材的主要环保指标应符合《生活饮用水输配水设备及防护材料的安全性评价标准》(GB/T 17219—1998)的规定，其主要环保指标应符合表2-16的要求。

高锰	

2)聚合物水

聚合物水泥

和防水功能。聚

机防水堵漏材料

表 2-17要求。

	指标
剪切状态下	≥2.0
剪切状态下黏合性(卷材—基底,标准试验条件)/(N/mm)	≥1.8
抗渗压力(7 d)/MPa	≥0.4

聚合物水泥防水黏结料主要环保指标应符合《室内装饰装修材料　胶粘剂中有害物质限量》(GB 18583—2008)的规定,环保指标应符合表 2-18 的要求。

表 2-18　聚合物水泥防水黏结料的主要环保指标

项　　目	技术指标
游离甲醛/(g/kg)	≤1.0
苯/(g/kg)	≤0.20
甲苯+二甲苯/(g/kg)	≤10
总挥发性有机物/(g/L)	≤50

3)水泥

应选择普通硅酸盐水泥。

2. 主要施工机具

主要施工机具有搅拌器、配料容器、刮板、滚刷、毛刷、压辊、剪刀、手提桶、清扫工具等。

不起砂。基层过于干燥时应适当喷

泥砂浆应抹成圆弧或直角。

地漏、排水接口等应在防水层施工前安装完毕后，

作业完毕，严禁在已完成的防水层上打眼凿洞。

层→清理基层→聚合物水泥防水黏结料配制→细部附加层处理→

黏结料→防水层粘贴→嵌缝封边→验收→第一次蓄水试验→验收→保

→第二次蓄水试验→工程质量验收。

要点

清理基层。基层表面必须认真清扫干净，不符合基层条件时应及时进行修补。

(2)聚合物水泥防水黏结料的配制及使用要求如下。

①黏结料配合比。专用胶：水：水泥＝1：(1.1～1.3)：5(重量比)，其中用水量按不同施工部位(如阴阳角或大面积基层)及基层潮湿状态进行调整。

②配制。配制时将专用胶放置于洁净的干燥容器中，边加水边搅拌至专用胶全部溶解，然后加入水泥继续搅拌均匀，直至呈液体状态。

无凝结块体、不沉淀时即可使用。每次配料必须按作业面工程量预计数量配制，聚合物水泥黏结料宜于 4 h 内用完，剩余的黏结料不得随意加水使用。

③使用。聚合物水泥防水黏结料用于卷材与基层或卷材与卷材之间黏结，也可作为卷材搭接缝的密封嵌填。

(3)厨房、厕浴间防水层应先做立墙，后做地面，厕浴间墙体防水做法如图 2-19 所示，管道穿楼面防水做法如图 2-20 所示。

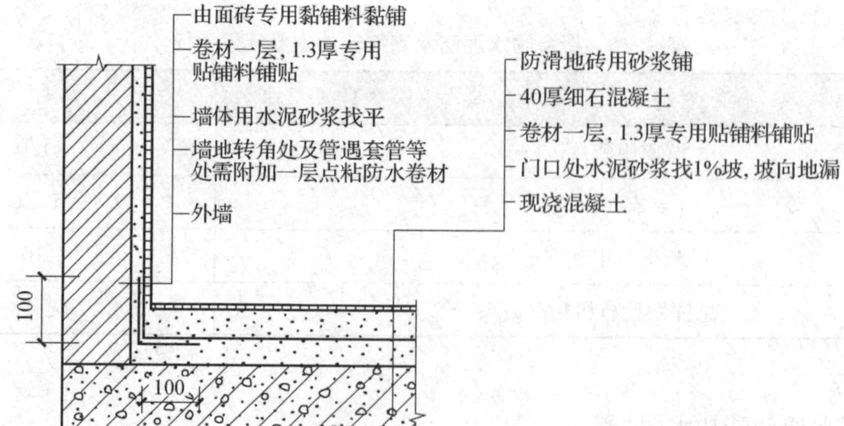

图 2-19 厕浴间墙体防水做法

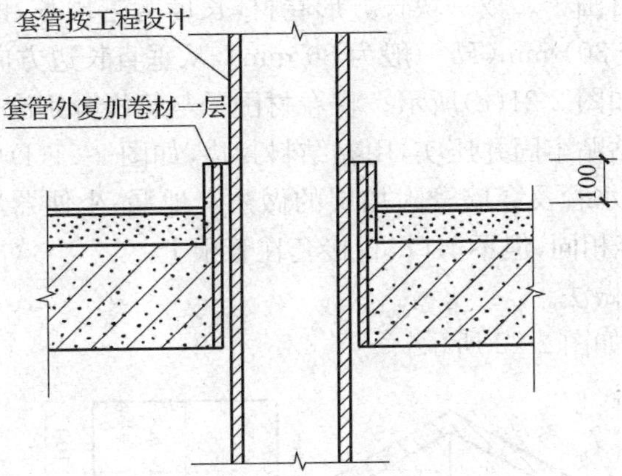

图 2-20　管道穿楼面防水做法

(4)管根附加层处理如图 2-21 所示。

第一层:先测出已安装的(非敞开管口)管道直径 D,然后以(D+200) mm 为边长裁卷材呈正方形,在正方卷材中心以(D−5) mm 为直径画用剪刀沿圆周边剪下,如图 2-21(a)所示;再从正方形一边的中部为起点裁剪至圆形外径,如图 2-21(b)所示。

在已裁好的正方形卷材和管根部位分别涂刷聚合物水泥防水黏结料,将附加层卷材套粘贴在管道根部,紧贴在管壁和地面上,粘贴必须严密压实、不空鼓。

第二层:大面积防水层的卷材作业至管根时,方法与第一层相同,圆口应大于直径(D)剪裁,粘贴时应注意剪裁口应与第一层的剪口错开,如图 2-21(c)所示。

第三层:另剪裁一块正方形卷材,尺寸均同第一层做法,但粘贴侧边的剪口时应与图 2-21(a)所示的相反,见图 2-21(d),然后在管根涂刷聚合物水泥防水黏结料并粘贴牢固。

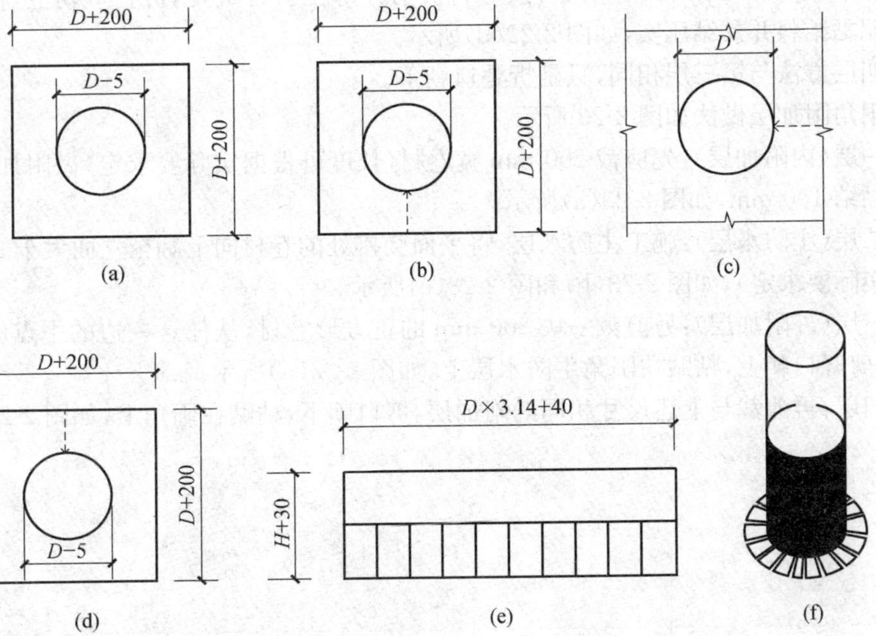

图 2-21　管根附加层做法

第四层:做管根卷材围子。裁一块长方形卷材,长度为管周长,即($D\times3.14+40$) mm,宽度为围子高度即($H+30$) mm(H 一般为 80 mm),从垂直长边方向均匀剪成小口,剪裁尺寸深度等于 1/2 高度,如图 2-21(e)所示。将卷材围子与管根分别涂刷聚合物水泥防水黏结料,绕管根将围子紧紧粘贴牢固并压实,用黏结料封边,如图 2-21(f)所示。

(5)地漏、坐便器出水管及穿墙管附加层的做法。地漏、坐便器出水管及穿墙管的卷材裁剪与图 2-21 所示内容相同,但不剪口,直接套在管根上。

(6)阴、阳角附加层做法。

①阴角附加层做法如图 2-22 所示。

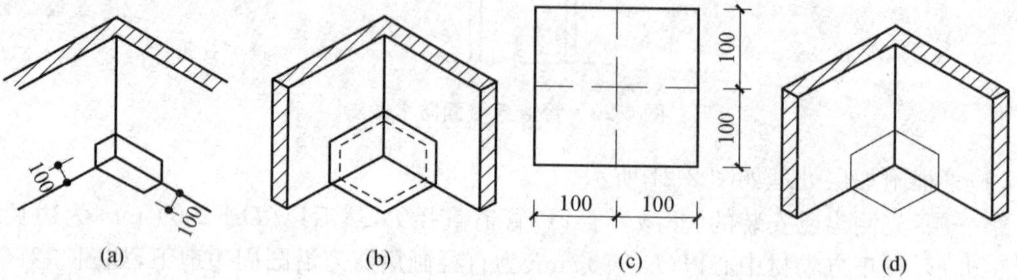

图 2-22 阴角附加层做法

第一层(内附加层):先剪裁 200 mm 宽卷材(长度依实际情况而定)做附加层,立面与平面各黏结 100 mm,如图 2-22(a)所示。

第二层(主防水层):施工主防水层,将平面交接处的卷材向上翻至立面大于 250 mm(也可根据实际要求定),如图 2-22(b)所示。

第三层(外附加层):将卷材用剪刀裁成 200 mm 的正方形片材,从其中任意一边的中点剪至方片中心点,如图 2-22(c)所示;然后将被剪开部位折合重叠,折叠口朝上,在阴角部位涂刷水泥黏结料并黏结压实,如图 2-22(d)所示。

第四层方法与第三层相同,只是折叠口朝下。

②阳角附加层做法如图 2-23 所示。

第一层(内附加层):先剪裁 200 mm 宽卷材(长度可根据实际要求定)做附加层,立面与平面各黏结 100 mm,如图 2-23(a)所示。

第二层(主防水层):施工主防水层,将平面交接处的卷材向上翻至立面大于 250 mm(亦可根据实际要求定),如图 2-23(b)和图 2-23(c)所示。

第三层(外附加层):另剪裁一块 200 mm 的正方形卷材,从任意一边的中点剪口直线至中心点,剪开口朝上,粘贴在阳角主防水层上,如图 2-23(d)所示。

第四层:再剪裁与上述尺寸相同的附加层,剪口朝下,粘贴在阳角上,如图 2-23(e)所示。

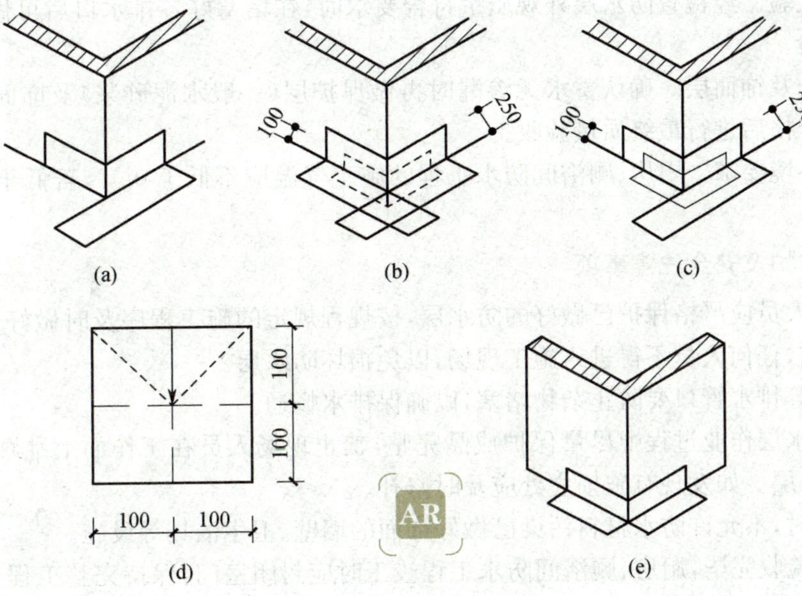

图 2-23　阳角附加层做法

(7)厨房、厕浴间四壁阴阳角(立面阴阳角)不做附加层。需要增加时由设计确定。

(8)排水坡度。坡度要求按规定。地漏标高应根据门口至地漏的坡度确定,必要时设门槛。

(9)主体防水层(大面积防水层)施工。聚乙烯丙纶卷材-聚合物水泥防水层可采用单层厚度为 0.6 mm 的卷材与聚合物水泥防水黏结料复合做法。

水泥砂浆基层验收合格并清理干净达到基层要求后,先做细部构造防水处理,再进行立墙、地面防水层施工。施工程序如下。

①基层涂刷聚合物水泥防水黏结料。用毛刷或刮板均匀涂刮黏结料,特别要掌握涂刮黏结料的厚度,统一标准厚度达到 1.3 mm 以上。在涂刮完的黏结料面上应及时铺贴卷材。

②卷材的铺贴。按粘贴面积将预先剪裁好的卷材铺贴在立墙、地面,铺贴时不应用力拉伸卷材,不得出现皱折。用刮板推擀压实并排除卷材下面的气泡和多余的防水黏结料浆。

③卷材搭接。卷材的搭接缝宽度长边为 100 mm,短边为 120 mm。搭接缝边缘用聚合物水泥防水黏结料勾缝涂刷封闭,密封宽度不应小于 50 mm,如图 2-24 所示。

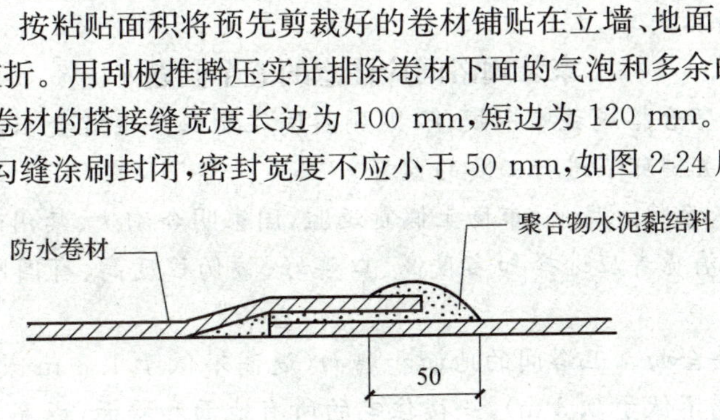

图 2-24　卷材接缝

④相邻两幅卷材的短边接缝。相邻两边卷材铺贴时,两个短边接缝应错开。

⑤叠层卷材铺贴。如双层铺贴时,上、下层的长边接缝应错开 1/3～1/2 幅宽。聚乙烯丙纶卷材-聚合物水泥黏结料全部铺贴完毕后,应清理干净,密封好缝,封好头。

⑥蓄水试验。经检查防水层外观质量符合要求时，在堵塞好各排水口后可做 24 h 的第一次蓄水试验。

⑦做保护及饰面层。确认蓄水无渗漏时再做保护层(一般水泥砂浆)及饰面层，在第二次蓄水试验合格后进行最终质量验收。

⑧施工环境要求。厨房、厕浴间防水工程的施工气温应不低于 0 ℃，若低于 0 ℃，则应采取保温措施。

5. 成品保护及安全注意事项

(1)操作人员应严格保护已做好的防水层，按规程规定的施工程序及时做好保护层。在做保护层之前，任何人员不得进入施工现场，以免损坏防水层。

(2)地漏等排水管口要防止杂物堵塞，以确保排水畅通。

(3)在防水层作业过程中尽量保护成品完整，禁止现场人员在工作面上乱踩，避免尖锐器具扎破防水层。如发现有破损之处应及时修补。

(4)施工时，不允许防水材料污染已做好饰面的墙壁、卫生洁具等设施。

(5)质量验收完毕，厨房、厕浴间防水工程竣工时应封闭室门，保持完整工程交下一土建工序接收，不得随意凿眼打洞破坏防水层。

(6)施工企业应建立安全生产责任制，对作业人员进行安全施工教育。作业人员必须严格遵守施工现场的各项安全规章制度，严格按操作规程施工。施工人员进入现场时必须戴安全帽，作业人员要配备相应的劳保用品。作业面应有足够的照明及良好的通风。

(7)各种防水材料应设专人负责保管。严禁使用不合格的材料及施工机具。

(8)使用电器设备时，应首先检查电源开关，机具设备(电动搅拌器等)使用前应先试运转，确定无误后，方可进行作业。

(9)作业人员在现场施工完毕后，应做到工完、料净、场清，经检查无渗漏和隐患后再撤离现场。

阅读材料

家装厕浴间应注意的五个问题

如果防水材料不合格或施工不规范，则厕浴间在两三年内就会出现渗漏，因此，消费者应对防水施工的关键环节进行必要的监督。

(1)选购时要认名牌。目前，市场上假货泛滥，国家明令淘汰、禁用的有毒材料仍大量涌入百姓家。普通消费者应选择知名度高、口碑好、防伪程度高、有国际质量体系认证的品牌产品。

(2)防水部位要全面。卫浴间的地面和墙面(返高不低于 1.8 m 或满做)，厨房、阳台的地面和墙面(返高不低于 0.3 m)，一楼住宅的所有地面和墙面(返高 0.3 m)，地下室的地面和所有墙面都应进行防水、防潮处理。

(3)防水层厚度要够。防水层的厚度直接影响其防水寿命，若减少防水层的厚度就等于缩短其防水寿命。

(4)施工过程要细致。墙面与地面的接缝处、阴阳角、水管、地漏和卫生洁具的周边及铺设冷热管的槽沟内是重点防水部位，施工必须要细致。

(5)完工后进行闭水试验。防水施工完毕后，封好门口及下水口，室内蓄水 24 h，检查是否有渗漏点。

2.4 工程质量验收

(1)厨房、厕浴间防水工程使用的涂膜，刚性防水材料，聚乙烯丙纶卷材及其黏结材料，配套材料的质量、品种、配合比等均应符合设计要求和国家现行有关标准的规定。施工单位应提供材料检测报告、材料进入现场的复验报告及其他存档资料。

(2)涂膜厚度、卷材厚度、复合防水层厚度均应达到设计要求。

涂膜防水层应均匀一致，不得有开裂、脱落、气泡、孔洞及收头不严密等缺陷。

卷材铺贴表面应平整无皱折、搭接缝宽度一致，卷材与黏结材料的复合防水层厚度等均应符合设计要求。卷材粘贴牢固、嵌缝严密，不得有翘边、开裂及鼓泡等现象。

刚性防水材料与涂料的复合防水层厚度应符合设计要求。刚柔防水各层次之间应黏结牢固。防水层表面涂膜应均匀一致、平整，不得有气泡、脱落、孔洞和收头不严密等缺陷。

(3)水泥基渗透结晶型防水材料施工的基面应为自密性的结构防水混凝土，质量应符合设计要求。其表面应坚实、平整，不得有露筋、蜂窝、孔洞、麻面和渗漏水现象，混凝土裂缝不应大于 0.2 mm，且不得贯通裂缝。

水泥基渗透结晶型防水涂层应均匀，水泥基渗透结晶型防水砂浆应压实。两项均不应有起皮、空鼓、裂纹等缺陷。

水泥基渗透结晶型防水涂层及防水砂浆层均应做 3～7 d 的喷雾养护，养护后再做蓄水试验。

(4)界面渗透型防水液喷涂应均匀一致。检查方法：喷涂防水液后应立即观察表面粉色酚酞反应显示状况，确定漏喷或不均匀现象，并采取措施补喷。

(5)防水细部构造处理应符合设计要求，施工完毕应立即验收，并做隐蔽工程记录。

(6)竣工后的防水层不得有积水和渗漏现象，地面排水必须畅通。

(7)防水工程质量保修期与试行保证期要求。厨房、厕浴间防水工程保修期规定为 5 年，有条件的施工企业采用抗渗堵漏(刚性)防水材料与涂料(柔性)防水材料复合防水层做法，可试行防水质量保证期制度。防水保证期限、质量、效果等规定，由双方协议商定。

【案例 2-1】 卫生间、厨房及非封闭阳台楼面聚氨酯防水施工

某工程卫生间、厨房及非封闭阳台楼面均设计一道 1.5 mm 厚的聚氨酯涂料防水层，20＃楼水箱间设计涂抹 1.2 mm 厚的聚氨酯防水涂料。

1.施工准备

1)材料及主要机具

(1)聚氨酯防水涂料。聚氨酯防水涂料是一种化学反应型涂料，以双组分形式使用，由

甲组分和乙组分按规定比例配合后，发生化学反应，由液态变为固态，形成较厚的防水涂膜。

①主体材料。其中甲组分：异氰酸基含量，以3.5±0.2%为宜；乙组分：羟基含量，以0.7±0.1%为宜。

甲、乙料易燃、有毒，均用铁桶包装，储存时应密封，进场后放在阴凉、干燥、无强光直晒的库房（或异间）存放。施工操作时应按厂家说明的比例进行配合，操作场地要防火、通风，操作人员应戴手套、口罩、眼镜等，以防溶剂中毒。

②主要辅助材料。当凝固过快时，可用磷酸或苯磺酚氯做缓凝剂；若凝固过慢，可用二月桂酸二丁基锡做促凝剂；清洗施工工具用二甲苯；清洗手上凝胶用乙酸乙酯；修补基层用107胶。

(2)聚氨酯防水涂料的技术性能。聚氨酯防水涂料必须经试验合格后方能使用，其技术性能应符合以下要求。

①固体含量：≥93%。

②抗拉强度：0.6 MPa以上。

③延伸率：≥300%。

④柔度：在−20 ℃绕ϕ20 mm圆棒无裂纹。

⑤耐热性：在85 ℃的温度下，加热5 h，涂膜无流淌和集中气泡。

⑥不透水水性：动水压0.2 MPa、恒压1 h不透水。

(3)主要机具。电动搅拌器、拌料桶、油漆桶、塑料刮板、铁皮小刮板、橡胶刮板、弹簧秤、油漆刷（刷底胶用）、滚动刷（刷底胶用）、小抹子、油工铲刀、笤帚、消防器材。

2)作业条件

(1)穿过厕浴间楼板的所有立管、套管均已施工完毕并经验收合格后，将管周围的缝隙用1∶2∶4的细石混凝土填塞密实（楼板底需支模板），并抹成小圆角。

(2)厕浴间地面垫层已做完，向地漏处找2%坡，厚度小于30 mm时用混合灰，大于30 mm时用1∶6水泥焦渣垫层。

(3)厕浴间地面找平层已做完，表面应抹平压光、坚实平整、不起砂、含水率低于90%。检测含水率的简易方法：在基层表面铺一块1 m^2的橡胶板，静置3～4 h，当覆盖橡胶板的部位无明显水印时，即视为含水率达到要求。

(4)找平层不得局部积水，与墙交接处及转角均要抹成小圆角。凡是靠墙的管根处均抹出5%的坡度，避免此处存水。

(5)在基层做防水涂料之前，应将以下部位用建筑密封膏封严：穿过楼板的立管四周、套管与立管交接处、大便器与立管接口处、地漏上口四周等。

(6)厕浴间做防水之前必须设置足够的照明及通风设备。

(7)使用易燃、有毒的防水材料时要备有防火设施和工作服、软底鞋。操作时严禁烟火。

(8)操作温度保持5 ℃以上。

(9)操作人员应经过专业培训，持证上岗。先做样板间，经检查验收合格后，方可全面施工。

2.操作工艺

1)工艺流程

聚氨酯防水涂料施工工艺流程：清扫基层→涂刷底胶→细部附加层→第一层涂膜→第

二层涂膜→第三层涂膜→防水层试水→防水层验收。

2)操作要点

(1)清扫基层。用铲刀将黏在找平层上的灰皮除掉,用扫帚将尘土清扫干净,尤其是管根、地漏和排水口等部位要仔细清理。如有油污,应用钢丝刷和砂纸刷掉。基层表面必须平整,凹陷处要用1∶3水泥砂浆找平。

(2)涂刷底胶。将聚氨酯甲、乙两组分和二甲苯按1∶1.5∶2的比例(重量比)混合搅拌均匀后,用滚动刷或油漆刷蘸底胶均匀地涂刷在基层表面,不得过薄也不得过厚,涂刷量以0.2 kg/m² 左右为宜。涂刷后应干燥4 h以上,不粘手时才能进行下一工序的操作。

(3)细部附加层。将聚氨酯涂膜防水材料按甲组分∶乙组分=1∶1.5的比例混合搅拌均匀后,用油漆刷蘸涂料在地漏、管道根、阴阳角和出水口等容易漏水的薄弱部位均匀涂刷,不得漏刷(地面与墙面交接处,涂膜防水往墙上做150 mm高)。

(4)第一层涂膜。将聚氨酯甲、乙两组分和二甲苯按1∶1.5∶0.2的比例(重量比)混合后,倒入拌料桶中,用电动搅拌器搅拌均匀(约5 min)后,用橡胶刮板或油漆刷刮涂一层涂料,厚度要均匀一致,刮涂量以0.8～1.0 kg/m² 为宜,从内往外退着操作。

(5)第二层涂膜。第一层涂膜后,涂膜固化到不粘手时,按第一遍材料配比方法,进行第二遍涂膜操作,为使涂膜厚度均匀,刮涂方向必须与第一遍刮涂方向垂直,刮涂量与第一遍相同。

(6)第三层涂膜。第二层涂膜固化后,仍按前两遍的材料配比搅拌好涂膜材料,进行第三遍刮涂,刮涂量以0.4～0.5 kg/m² 为宜。

在操作过程中应根据当天操作量配料,不得搅拌过多。如涂料黏度过大不便涂刮时,可加入少量二甲苯进行稀释,加入量不得大于乙料的10%。如甲、乙料混合后固化过快影响施工时,可加入少许磷酸或苯磺酚氯做缓凝剂,加入量不得大于甲料的0.5%;如涂膜固化太慢,可加入少许二月桂酸二丁基锡做促凝剂;但加入量不得大于甲料的0.3%。

涂膜防水做完,经检查验收合格后可进行蓄水试验,24 h无渗漏,可进行面层施工。

3.质量标准

1)主控项目

(1)所用涂膜防水材料的品种、牌号及配合比,应符合设计要求和国家现行有关标准的规定。对防水涂料技术性能的四项指标必须经试验室复验合格后,才可使用。

(2)涂膜防水层与预埋管件、表面坡度等细部做法,应符合设计要求和施工规范的规定,不得有渗漏现象(蓄水24 h观察无渗漏)。

(3)当找平层的含水率低于9%,并经检查合格后,方可进行防水层施工。

2)一般项目

(1)涂膜层涂刷均匀,厚度满足设计要求,不露底。保护层和防水层黏结牢固、结合紧密,不得有损伤。

(2)底胶和涂料附加层的涂刷方法、搭接收头,应符合施工规范要求,要求黏结牢固、紧密,接缝严密,无空鼓。

(3)涂膜防水层上的撒布材料或保护层应铺撒均匀,黏结牢固。

(4)涂膜层不起泡、不流淌,平整无凹凸,颜色亮度一致,与管件、洁具、地脚螺丝、地漏、排水口等接缝严密,收头圆滑。

4. 成品保护

(1)涂膜防水层操作过程中;不得污染已做好饰面的墙壁、卫生洁具、门窗等。

(2)涂膜防水层做完之后,要严格加以保护,在保护层未做之前,任何人员不得进入,也不得在卫生间内堆积杂物,以免损坏防水层。

(3)地漏或排水口内防止杂物塞满,确保排水畅通。蓄水合格后,不要忘记将地漏内清理干净。

(4)进行面层施工操作时,不得碰坏突出地面的管根、地漏、排水口、卫生洁具等与地面交接处的涂膜。

5. 应注意的质量问题

(1)涂膜防水层空鼓、有气泡主要是因为基层清理不干净,底胶涂刷不匀或者是找平层潮湿,含水率高于 9%,涂刷之前未进行含水率试验,严重者会造成大面积起鼓包。因此,在涂刷防水层之前必须将基层清理干净,并做含水率试验。

(2)地面面层做完后进行蓄水试验,发现有渗漏现象。涂膜防水层做完之后,必须进行第一次蓄水试验,如有渗漏现象,可根据渗漏具体部位进行修补,甚至全部返工,直到蓄水 2 cm 高、观察 24 h 不渗漏为止。地面面层做完之后,再进行第二遍蓄水试验,观察 24 h 无渗漏为最终合格,填写蓄水检查记录。

(3)地面存水排水不畅的主要原因是在做地面垫层时,没有按设计要求找坡,做找平层时也没有采取补救措施,造成倒坡或凹凸不平而存水。因此,在做涂膜防水层之前,应先检查基层坡度是否符合要求,若与设计不符,则应进行处理后再做防水。

(4)地面二次蓄水做完之后,已验收合格,但在竣工使用后,蹲坑处仍出现渗漏现象,这主要是因为蹲坑排水口与污水承插接口处未连接严密,连接后未用建筑密封膏封密实,造成使用后渗漏。在卫生瓷活安装后,必须仔细检查各接口处是否符合要求,再进行下道工序。

6. 质量记录

聚氨酯防水涂料施工应具备以下质量记录。

(1)聚氨酯防水涂料必须有生产厂家合格证、施工单位的技术性能复试试验记录。

(2)防水涂层隐检记录、蓄水试验检查记录。

(3)涂膜防水层检验批质量验收记录。

(4)密封材料嵌缝检验批质量验收记录。

(5)地漏及地面清扫口排水记录。

【案例 2-2】 卫生间高分子聚乙烯丙纶防水卷材施工

1. 卫生间防水做法

(1)基层刷 1∶0.4 素水泥浆一道(内掺建筑胶)。

(2)抹 20 mm 厚 1∶3 水泥砂浆找平层。

(3)抹 1.5 mm 厚的水泥基(JS-11)防水涂料。

(4)20 mm 厚 1∶2.5 水泥砂浆保护面层。

2.材料准备

1)材料

本项目采用1.5 mm厚JS-11聚合物水泥防水涂料,涂刷法施工。JS防水涂料是一种由高分子乳液与无机粉料组成的双组分防水涂料。对进入现场的JS防水涂料应按标准取样法抽样复验,合格后才能使用。

2)JS防水涂料的主要特点

(1)具有较高的抗拉强度和延伸率及明显的柔性。

(2)具有较高含量的无机物水泥基材料,涂料有较高的耐久性、耐候性。

(3)施工方便、安全,工期短。

3)主要工具

(1)清理基层工具:锤子、凿子、钢丝刷、扫帚、抹布等。

(2)配料工具:台秤、水桶、称料桶、搅拌器、剪子等。

(3)涂膜涂料工具:滚子、刮板、刷子等。

4)作业条件

(1)人工准备。为确保防水层质量,卫生间必须由防水专业队伍进行施工,凡从事防水工程的施工人员必须经统一培训考核,并取得上岗证书才能操作。

(2)施工环境。施工环境温度应为5 ℃~35 ℃,五级以上大风天气不宜施工。

3.基层处理要求

(1)基层应压实平整、光滑、均匀一致,不得有松动、起皮、起砂现象,强度一般不应小于5 MPa,如发现存在突起或者孔洞,建议对于基层突起物(疙瘩等)应铲除,并将尘土杂物等清理干净;对于基层孔洞,如砂眼凹面应用水泥801胶搅和成腻子状,采用刮板或铁抹子刮补填平。

(2)基层裂缝小于0.5 mm时,可用密封材料刮封,其厚度为2 mm,宽度为30 mm,上铺一条隔离条,当裂缝超过0.5 mm时,应沿裂缝将找平层凿开,形成上口宽度为20 mm、深度为15~20 mm的V形缝,清扫干净,缝中填嵌密封材料,再做100 mm宽的涂料层。

(3)基层应干燥,一般以含水率小于9%为宜。其简单测试方法是将1 m×1 m的SBS防水卷材覆盖在基层表面,覆盖3~4 h,如果卷材覆盖处无明显水印,紧贴基层一侧的卷材也无水印,即说明基层含水率已小于9%。

(4)基层与突出结构的连接处以及基层的转角处均应做成圆弧,其半径不应小于20 mm。

4.施工难点及细部工程做法

1)地漏处

(1)地漏处,根据楼板形式和设计要求定出地漏标高,向上找泛水。

(2)立管定位后,楼板周围缝用1∶3水泥砂浆堵严,缝大于20 mm时,用1∶2∶4细石混凝土堵严,振捣密实。

(3)厕浴间垫层向地漏处找2%坡,小于30 mm厚用混合灰,大于30 mm厚用1∶6水泥焦渣垫层。

(4)地漏上口四周用10 mm×15 mm建筑密封膏封严,上做防水层。面层采用20 mm厚1∶2.5水泥砂浆找平压光,面材可根据设计要求选用。

(5)地漏管件安装在面层,四周地面向地漏找 2%坡,50 mm 范围内找 3%～5%坡,以便排水,如图 2-25 所示。

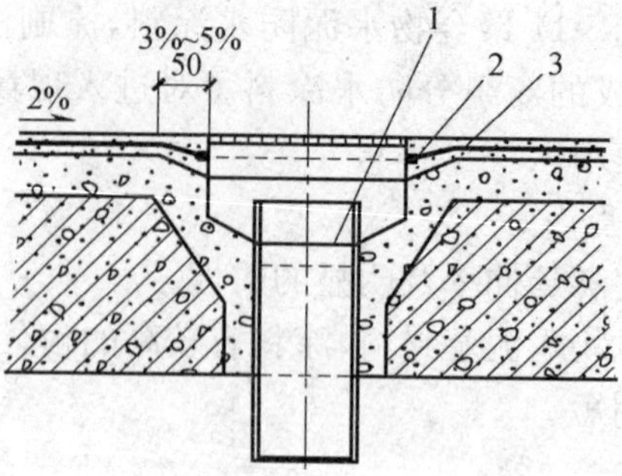

图 2-25　地漏处防水

1—立管接缝处用建筑密封膏堵严;2—10 mm×15 mm 建筑密封膏;3—涂膜防水层

2)下水管处

(1)管根防水层下面四周用 10 mm×15 mm 建筑密封膏封严。

(2)管根四周 50 mm 处,最少高出地面 50 mm,如图 2-26 所示。

(3)立管位置靠墙或转角处,向外坡度为 5%,如图 2-27 所示。

(4)防水层应卷起高度不小于 20 mm,同时与管根周围的密封材料胶圈。

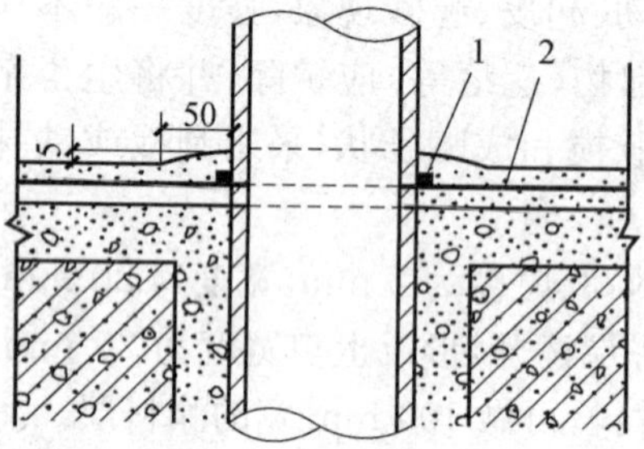

图 2-26　下水管防水

1—10 mm×15 mm 建筑密封膏;2—防水层

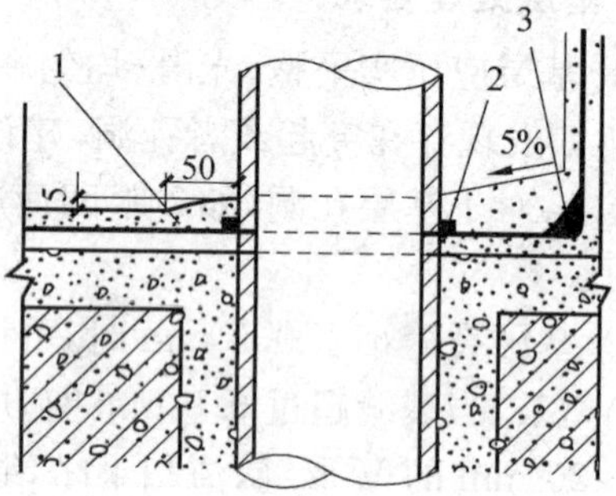

图 2-27　下水管转角墙防水

1—防水层;2—10 mm×15 mm 建筑密封膏;3—附加层

3)套管处

(1)管根套管防水层下面管四周用 10 mm×15 mm 建筑密封膏封严。

(2)管根根据实际加套管,管缝留 3～5 mm,上缝用建筑密封膏封严。

(3)套管高出地面不小于 20 mm。

(4)套管根部 30 mm 范围内高出地面不小于 5 mm。

(5)其他做法同地漏相同,如图 2-28 所示。

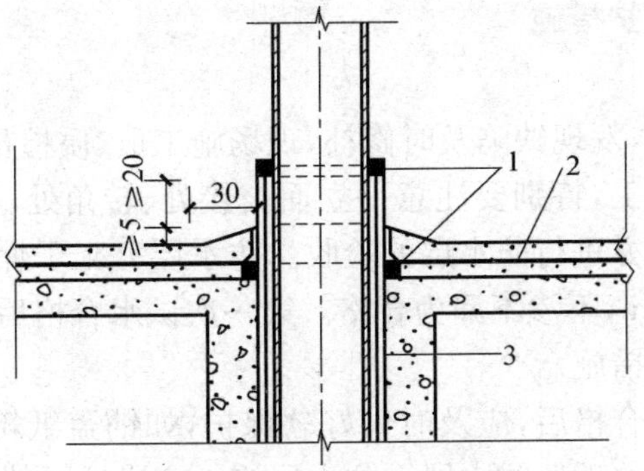

图 2-28 套管防水

1—建筑密封膏；2—防水层；3—套管

4)蹲式大便器处

(1)立管接口防水层下面四周用 10 mm×15 mm 建筑密封膏封严，上面防水层做到顶部，与四周密封交圈。

(2)大便器与立管接口用建筑密封膏或者油灰封严。

(3)大便器尾部进水处与管接口，外做卷材防水保护。

(4)其他做法同地漏相同。

5.施工操作要点和技术要求

1)工艺流程

基层处理→涂刷 JS 防水涂料底层→细部附加层增强处理→涂刷 JS 防水涂料→涂刷中层防水涂料→涂刷面层防水涂料→保护层施工。

2)操作要点

(1)基层清理。选用合适的工具将基层清扫干净，不得有浮沉、杂物和水。

(2)滚刷底涂。底涂是为了提高涂膜与基层的黏结力，而当基层潮湿或在不吸水的干净的基层上使用时，可不做底涂(具体应视现场情况而定)，底涂用量一般为 0.3 kg/m^2。

(3)细部附加层增强处理。在地漏、管根、阴阳角等易发生漏水的部位应增加一层加筋布加强处理。首先用橡胶刮或油漆刷厚度均匀地刷一遍 JS 涂料，宽度以 300 mm 为宜，并立即粘贴加筋布进行加筋增强处理。粘贴加筋布时，应用油漆刷摊平压平整，并与下层涂料贴合紧密，搭接宽度为 100 mm，表面再涂刷 1～2 层涂料，使其达到设计要求厚度。

(4)涂刷一道涂层。待细部节点处理完毕且涂膜干燥后，进行第二道大面涂层的施工。涂刷时要均匀，不能有局部沉积，并要多次涂刮使涂料与基层之间不留气泡。

(5)涂刷第二道涂层。在第一道涂层干燥后进行第二道涂层的施工，涂刷的方向应与第一道垂直，干燥后再涂刷下一道涂层，直到达到设计厚度。

(6)面层涂膜施工。最后一道涂层采用加水稀释的面涂料滚涂一遍，以提高涂膜表面的平整、光洁效果。涂膜收头时应采用防水涂料多遍涂刷，以保证其完好的防水效果。

6. 防水层的验收和保护措施

1)防水层的验收

施工时应边涂边检查,发现缺陷及时修补,现场施工员、质检员必须跟班检查,检查合格后方可进入下一道涂层施工,特别要注意平立面交接处、转角处、阴阳角部位的做法是否正确。自检合格后报请监理方进行防水层的验收。防水层完工干燥 48 h 后应做 24 h 蓄水试验,蓄水高度为 20～30 mm,不渗不漏为合格。第一次试水合格后即可做保护饰面层。

2)防水层的临时保护措施

室内涂膜第一次验收合格后,应及时做好软保护,如铺盖纸箱或辐射膜等,以便在安装管道或后序施工过程中不致破坏防水层。防水层施工完毕后严禁打眼凿洞,如确需要,则应及时与涂膜施工方联系,以便及时修补,避免渗漏隐患的存在。

思考与练习

1. 厨房、厕浴间对防水施工材料的要求有哪些?

2. 厨房、厕浴间地面排水坡度(含找坡层)的要求有哪些?

3. 厨房、厕浴间防水构造的要求有哪些?

4. 厨房、厕浴间防水基层(找平层)的要求有哪些?

5. 厨房、厕浴间防水施工的要求有哪些?

6. 单组分聚氨酯防水涂料的材料要求有哪些?主要施工机具有哪些?简述防水层施工工艺流程和操作要点。成品保护及安全注意事项有哪些?

7. 聚合物水泥防水涂料的材料要求有哪些?主要施工机具有哪些?简述防水层施工工艺流程和操作要点。成品保护及安全注意事项有哪些?

8. 刚性防水材料与柔性防水涂料复合的材料要求有哪些?主要施工机具有哪些?简述防水层施工工艺流程和操作要点。成品保护及安全注意事项有哪些?

9. 聚合物乳液(丙烯酸)防水涂料的材料要求有哪些?主要施工机具有哪些?简述防水层施工工艺流程和操作要点。成品保护及安全注意事项有哪些?

10. 改性聚脲防水涂料的材料要求有哪些?主要施工机具有哪些?简述防水层施工工艺流程和操作要点。成品保护及安全注意事项有哪些?

11. 界面渗透型防水液与柔性防水涂料复合材料的要求有哪些?主要施工机具有哪些?简述防水层施工工艺流程和操作要点。成品保护及安全注意事项有哪些?

12. 水泥基渗透结晶型防水材料的要求有哪些?主要施工机具有哪些?简述防水层施工工艺流程和操作要点。成品保护及安全注意事项有哪些?

13. 聚乙烯丙纶卷材-聚合物水泥防水层的材料要求有哪些?主要施工机具有哪些?简述防水层施工工艺流程和操作要点。成品保护及安全注意事项有哪些?

14. 厕浴间工程质量的验收要求有哪些?如何验收?

3 单元 外墙防水施工

学习目标

知识要点	能力目标	权重
建筑外墙防水防护工程材料	了解建筑外墙防水材料、密封材料、配套材料的类型和特点	20%
建筑外墙墙面整体防水构造	掌握建筑外墙墙面整体防水构造	20%
建筑外墙防水防护工程施工	掌握无外保温外墙防水防护施工、外保温外墙防水防护施工的主要施工机具、工艺流程、操作要点	40%
外墙防水工程质量检查与验收	掌握外墙防水工程质量验收的要求和方法	20%

引　例

某工程为1号、2号、3号和5号四栋商住楼，总建筑面积约为3×10^4 m^2。其内外墙均为加气混凝土砌块，目前主体已经施工完毕，外墙装饰正在施工中。外墙防水采用8 mm厚的乳液类聚合物水泥防水砂浆（砂浆中满铺埋入一层耐碱玻纤网布）。应该如何进行施工？

3.1 建筑外墙防水防护工程材料

3.1.1 建筑外墙防水材料

普通防水砂浆的性能应符合表3-1的规定，检验方法应按《预拌砂浆》(GB/T 25181—2010)的有关规定执行。

表 3-1 普通防水砂浆的性能指标

试验项目		技术指标
稠度/mm		50,70,90
终凝时间/h		≥8,≥12,≥24
抗渗压力/MPa	28 d	≥0.6
拉伸黏结强度/MPa	14 d	≥0.20
收缩率/%	28 d	≤0.15

聚合物水泥防水砂浆的性能应符合表 3-2 的规定，检验方法应按现行行业标准《聚合物水泥防水砂浆》(JC/T 984—2011)的相关规定执行。

表 3-2 聚合物水泥防水砂浆的性能指标

试验项目		技术指标	
		干粉类	乳液
凝结时间	初凝/min	≥45	≥45
	终凝/h	≤12	≤24
抗渗压力/MPa	7 d	≥1.0	
黏结强度/MPa	7 d	≥1.0	
抗压强度/MPa	28 d	≥24.0	
抗折强度/MPa	28 d	≥8.0	
收缩率/%	28 d	≤0.15	
压折比		≤3	

聚合物水泥防水涂料的性能应符合表 3-3 的规定，检验方法应按现行行业标准《聚合物水泥防水涂料》(GB/T 23445—2009)的有关规定执行。

表 3-3 聚合物水泥防水涂料的性能指标

试验项目	技术指标(Ⅰ型)
固体含量/%	≥70
拉伸强度(无处理)/MPa	≥1.2
断裂伸长率(无处理)/%	≥200
低温柔性(ϕ10 mm 棒)	−10 ℃,无裂纹
黏结强度(无处理)/MPa	≥0.5
不透水性(0.3 MPa,30 min)	不透水

聚合物乳液防水涂料的性能应符合表 3-4 的规定，检验方法应按现行标准《聚合物乳液建筑防水涂料》(JC/T 864—2008)的相关规定执行。

表 3-4 聚合物乳液防水涂料的性能指标

试验项目		技术指标	
		Ⅰ类	Ⅱ类
拉伸强度/MPa		≥1.0	≥1.5
断裂伸长率/%		≥300	
低温柔性(绕 ϕ10 mm 棒,棒弯 180°)		−10 ℃,无裂纹	−20 ℃,无裂纹
不透水性(0.3 MPa,30 min)		不透水	
固体含量/%		≥65	
干燥时间/h	表干时间	≤4	
	实干时间	≤8	

聚氨酯防水涂料的性能应符合表 3-5 的规定,检验方法应按现行国家标准《聚氨酯防水涂料》(GB/T 19250—2013)的有关规定执行。

表 3-5 聚氨酯防水涂料的性能指标

项 目	指 标			
	单组分		多组分	
	Ⅰ类	Ⅱ类	Ⅰ类	Ⅱ类
拉伸强度/MPa	≥1.90	≥2.45	≥1.90	≥2.45
断裂伸长率/%	≥550	≥450	≥450	≥450
低温弯折性/℃	≤−40		≤−35	
不透水性(0.3 MPa,30 min)	不透水		不透水	
固体含量/%	≥80		≥92	—
表干时间/h	≤12		≤8	—
实干时间/h	≤24		≤24	—

防水透气膜性能应符合表 3-6 的规定,检验方法应按现行国家标准《建筑防水卷材试验方法》(GB/T 328—2007)、《塑料薄膜与薄片水蒸气透过性能测定 杯式增重与减重法》(GB/T 1037—2021)的有关规定执行。

表 3-6 防水透气膜的性能

项 目	指 标		检验方法
	Ⅰ类	Ⅱ类	
水蒸气透过量[g/(m² · 24 h),23 ℃]	≥1 000		应按《塑料薄膜与薄片水蒸气透过性能测定 杯式增重与减重法》(GB/T 1037—2021)中的规定执行

续表

<table>
<tr><th colspan="2" rowspan="2">项　目</th><th colspan="2">指　标</th><th rowspan="2">检验方法</th></tr>
<tr><th>Ⅰ类</th><th>Ⅱ类</th></tr>
<tr><td colspan="2">不透水性(mm,2 h)</td><td colspan="2">≥1 000</td><td>应按《建筑防水卷材试验方法 第 4 部分:沥青和高分子防水卷材　不透水性》(GB/T 328.10—2007)中 A 法的规定执行</td></tr>
<tr><td colspan="2">最大拉力/(N/50 mm)</td><td>≥100</td><td>≥250</td><td rowspan="2">应按《建筑防水卷材试验方法 第 9 部分:高分子防水卷材　拉伸性能》(GB/T 328.9—2007)中 A 法的规定执行</td></tr>
<tr><td colspan="2">断裂伸长率/%</td><td>≥35</td><td>≥10</td></tr>
<tr><td colspan="2">撕裂性能(N,钉杆法)</td><td colspan="2">≥40</td><td>应按《建筑防水卷材试验方法 第 18 部分:沥青防水卷材撕裂性能　钉杆法》(GB/T 328.18—2007)的规定执行</td></tr>
<tr><td rowspan="3">热老化
(80 ℃,168 h)</td><td>拉力保持率/%</td><td colspan="2" rowspan="3">≥80</td><td rowspan="2">应按《建筑防水卷材试验方法 第 9 部分:高分子防水卷材　拉伸性能》(GB/T 328.9—2007)中 A 法的规定执行</td></tr>
<tr><td>断裂伸长保持率/%</td></tr>
<tr><td>水蒸气透过量保持率/%</td><td>应按《塑料薄膜与薄片水蒸气透过性能测定　杯式增重与减重法》(GB/T 1037—2021)中的规定执行</td></tr>
</table>

3.1.2 建筑外墙密封材料

硅酮建筑密封胶的性能应符合表 3-7 的规定,试验检验应按《硅酮和改性硅酮建筑密封胶》(GB/T 14683—2017)的相关规定执行。

表 3-7　硅酮建筑密封胶(SR)的理化性能

<table>
<tr><th rowspan="2">序号</th><th colspan="2" rowspan="2">项　目</th><th colspan="8">技术指标</th></tr>
<tr><th>50LM</th><th>50HM</th><th>35LM</th><th>35HM</th><th>25LM</th><th>25HM</th><th>20LM</th><th>20HM</th></tr>
<tr><td>1</td><td colspan="2">密度/(g/cm³)</td><td colspan="8">规定值±0.1</td></tr>
<tr><td>2</td><td colspan="2">下垂度/mm</td><td colspan="8">≤3</td></tr>
<tr><td>3</td><td colspan="2">表干时间[a]/h</td><td colspan="8">≤3</td></tr>
<tr><td>4</td><td colspan="2">挤出性/(mL/min)</td><td colspan="8">≥150</td></tr>
<tr><td>5</td><td colspan="2">适用期[b]</td><td colspan="8">供需双方商定</td></tr>
<tr><td>6</td><td colspan="2">弹性恢复率/%</td><td colspan="8">≥80</td></tr>
<tr><td rowspan="2">7</td><td rowspan="2">拉伸模量
/MPa</td><td>23℃</td><td rowspan="2">0.4
和
≤0.6</td><td rowspan="2">>0.4
或
>0.6</td><td rowspan="2">≤0.4
和
≤0.6</td><td rowspan="2">>0.4
或
>0.6</td><td rowspan="2">≤0.4
和
≤0.6</td><td rowspan="2">>0.4
或
>0.6</td><td rowspan="2">≤0.4
和
≤0.6</td><td rowspan="2">>0.4
或
>0.6</td></tr>
<tr><td>−20℃</td></tr>
<tr><td>8</td><td colspan="2">定伸粘结性</td><td colspan="8">无破坏</td></tr>
<tr><td>9</td><td colspan="2">浸水后定伸粘结性</td><td colspan="8">无破坏</td></tr>
<tr><td>10</td><td colspan="2">冷拉-热压后粘结性</td><td colspan="8">无破坏</td></tr>
</table>

续表

序号	项目	技术指标							
		50LM	50HM	35LM	35HM	25LM	25HM	20LM	20HM
11	紫外线辐照后粘结性[c]	无破坏							
12	浸水光照后粘结性[d]	无破坏							
13	质量损失率/%	≤8							
14	烷烃增塑剂[e]	不得检出							

注：a 允许采用供需双方商定的其他指标值；b 仅适用于多组分产品；c 仅适用于 Gn 类产品；d 仅适用于 Gw 类产品；e 仅适用于 Gw 类产品。

聚氨酯建筑密封胶的性能应符合表 3-8 的规定，试验检验应按《聚氨酯建筑密封胶》(JC/T 482—2022)的相关规定执行。

表 3-8　聚氨酯建筑密封胶的主要性能指标

试验项目		技术指标		
		20HM	25LM	20LM
流动性	下垂度(N 型)/(mm)	≤3		
	流平性(L 型)	光滑平整		
表干时间/h		≤24		
挤出性(单组分产品)/(mL/min)		≥150		
适用期(多组分产品)/h		≥0.5		
弹性恢复率/%		≥70		
拉伸模量/MPa	23 ℃	>0.4 或>0.6	≤0.4 和≤0.6	
	−20 ℃			
定伸黏结性		无破坏		

聚硫建筑密封胶的性能应符合表 3-9 的规定，试验检验应按《聚硫建筑密封胶》(JC/T 483—2022)的相关规定执行。

表 3-9　聚硫建筑密封胶的性能指标

项目		技术指标		
		20HM	25HM	20LM
流动性	下垂度(N 型)/mm	≤3		
	流平性(L 型)	光滑平整		
表干时间/h		≤24		
拉伸模量/MPa	23 ℃	>0.4 或 >0.6		≤0.4 和≤0.6
	−20 ℃			
适用期/h		≥2		
弹性恢复率/%		≥80		
定伸黏结性		无破坏		

注：适用期允许采用供需双方商定的其他指标值。

丙烯酸酯建筑密封胶的性能应符合表 3-10 的规定，试验检验应按《丙烯酸酯建筑密封胶》(JC/T 484—2006)的相关规定执行。

表 3-10 丙烯酸酯建筑密封胶的性能指标

项目	技术指标		
	12.5E	12.5P	7.5P
下垂度/mm	≤3		
表干时间/h	≤1		
挤出性/(mL/min)	≥100		
弹性恢复率/%	≥40	报告实测值	
定伸黏结性	无破坏	—	
低温柔性/℃	−20	−5	

3.1.3 建筑外墙配套材料

耐碱网格布的性能应符合表 3-11 的规定，试验检验应按相关规定执行。

表 3-11 耐碱网格布性能指标

项目	指标
单位面积质量/(g/m²)	≥130
耐碱断裂强力(经、纬向)/(N/50 mm)	≥750
耐碱断裂强力保留率(经、纬向)/%	≥50
断裂应变(经、纬向)/%	≤5.0

界面处理剂的性能应符合表 3-12 的规定，试验检验应按《混凝土界面处理剂》(JC/T 907—2018)的相关规定执行。

表 3-12 物理力学性能要求

<table>
<tr><th colspan="3" rowspan="2">项目</th><th colspan="2">指标</th></tr>
<tr><th>Ⅰ型</th><th>Ⅱ型</th></tr>
<tr><td rowspan="6">拉伸粘结强度/MPa</td><td colspan="2">未处理</td><td>≥0.6</td><td>≥0.5</td></tr>
<tr><td rowspan="4">处理后</td><td>浸水</td><td rowspan="4">≥0.5</td><td rowspan="4">≥0.4</td></tr>
<tr><td>耐热</td></tr>
<tr><td>冻融循环</td></tr>
<tr><td>耐碱</td></tr>
<tr><td colspan="2">晾置时间，20min</td><td>—</td><td>≥0.5</td></tr>
<tr><td colspan="3">横向变形[a]/mm</td><td colspan="2">≥2.5</td></tr>
</table>

注：a 横向变形为可选项目，根据工程需要由供需双方确定。

热镀锌电焊网的性能应符合表 3-13 的要求，试验检验应按《胶粉聚苯颗粒外墙外保温系统材料》(JG/T 158—2013)的相关规定进行。

表 3-13 热镀锌电焊网的主要性能指标

项目	指标
丝径/mm	0.90±0.04
网孔尺寸/mm	12.7×12.7
焊点抗拉力/N	>65
网面镀锌层质量/(g/m²)	>122

3.2 建筑外墙墙面整体防水构造

建筑外墙的防水防护层应设置在迎水面。不同结构材料的交接处应采用每边不少于 150 mm 的耐碱玻璃纤维网格布或经防腐处理的金属网片做抗裂增强处理。外墙各构造层次之间应黏结牢固，并宜进行界面处理。界面处理材料的种类和做法应根据构造层次材料确定。选用建筑外墙防水防护材料时应根据工程所在地区的环境以及施工时的气候、气象条件。建筑外墙外保温的相应做法要求按《外墙外保温工程技术标准》(JGJ 144—2019)规定执行。

防水防护层的最小厚度应符合表 3-14 的规定。

表 3-14 防水防护层的最小厚度　　单位：mm

墙体基层种类	饰面层种类	聚合物水泥防水砂浆		普通防水砂浆	防水涂料	防水饰面涂料
		干粉类	乳液类			
现浇混凝土	涂料	3	5	8	1.0	1.2
	面砖				—	—
	幕墙				1.0	—
砌体	涂料	5	8	10	1.2	1.5
	面砖				—	—
	干挂幕墙				1.2	—

3.2.1 无外保温外墙的防水防护层构造

无外保温外墙的防水防护层构造应符合下列规定。

(1)外墙采用涂料饰面时，防水层应设在找平层和涂料面层之间，如图 3-1 所示。防水层可采用普通防水砂浆。

(2)外墙采用块材饰面时，防水层应设在找平层和块材黏结层之间，如图 3-2 所示。防水层宜采用普通防水砂浆。

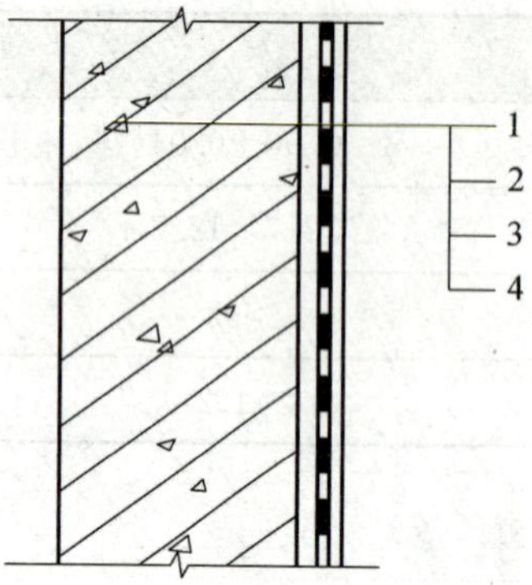

图 3-1　涂料饰面外墙防水防护构造

1—结构墙体；2—找平层；3—防水层；4—涂料面层

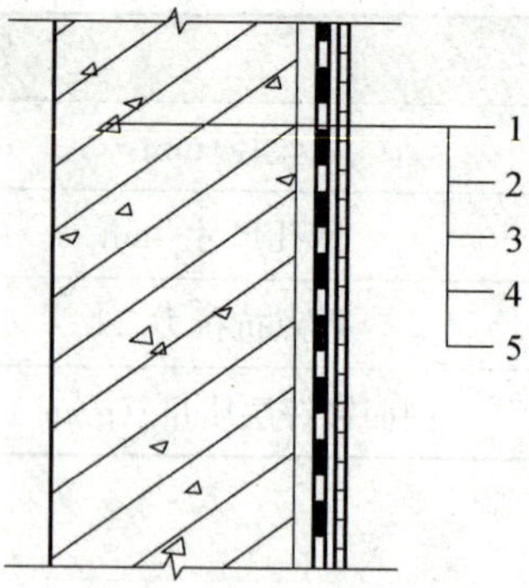

图 3-2　块材饰面外墙防水防护构造

1—结构墙体；2—找平层；3—防水层；4—黏结层；5—块材面层

(3)外墙采用幕墙饰面时，防水层应设在找平层和幕墙饰面之间，如图 3-3 所示。防水层宜采用普通防水砂浆、聚合物防水砂浆、聚合物水泥防水涂料、聚合物乳液防水涂料、聚氨酯防水涂料或防水透气膜。

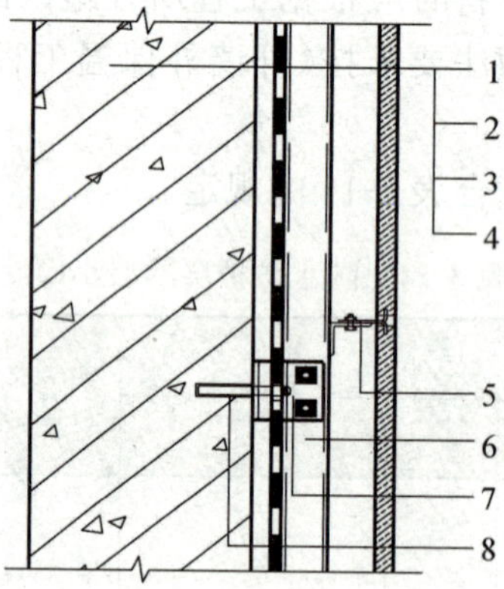

图 3-3　幕墙饰面外墙防水防护构造

1—结构墙体；2—找平层；3—防水层；4—面板；5—挂件；6—竖向龙骨；7—连接件；8—锚栓

3.2.2　外保温外墙的防水防护层构造

外保温外墙的防水防护层设计应符合下列规定。

(1)采用涂料饰面时，防水层可采用聚合物水泥防水砂浆或普通防水砂浆。保温层的抗裂砂浆层如达到聚合物水泥防水砂浆性能指标的要求，则可兼作防水防护层。它设在保温层和涂料饰面之间，如图 3-4 所示。乳液聚合物防水砂浆的厚度不应小于 5 mm，干粉聚合物防水砂浆的厚度不应小于 3 mm。

(2)采用块材饰面时，防水层宜采用聚合物水泥防水砂浆，厚度应符合规定，如图 3-5 所示。保温层的抗裂砂浆层如达到聚合物水泥防水砂浆性能指标的要求，则可兼作防水防护层。

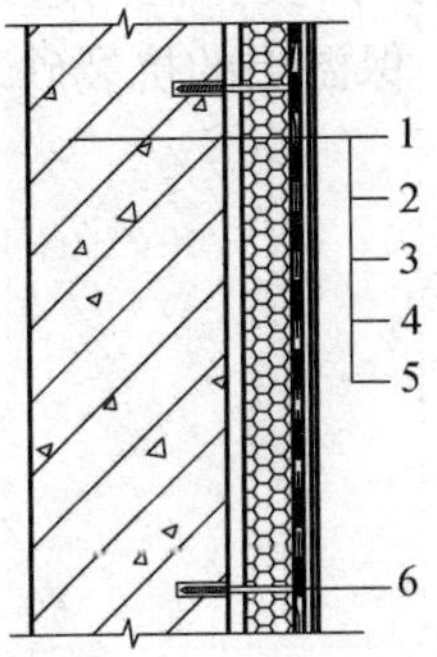

图 3-4 涂料饰面外保温外墙防水防护构造

1—结构墙体；2—找平层；3—保温层；4—防水层；5—涂料层；6—锚栓

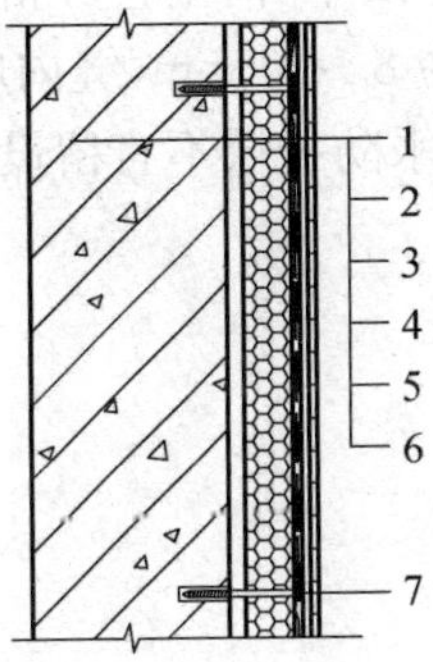

图 3-5 砖饰面外保温外墙防水防护构造

1—结构墙体；2—找平层；3—保温层；4—防水层；5—黏结层；6—饰面块材层；7—锚栓

(3)聚合物水泥防水砂浆防水层中应增设耐碱玻纤网格布或热镀锌钢丝网增强，并用锚栓固定于结构墙体中。

(4)采用幕墙饰面时，防水层应设在找平层和幕墙饰面之间，如图 3-6 所示。防水层宜采用聚合物水泥防水砂浆、聚合物水泥防水涂料、聚合物乳液防水涂料、聚氨酯防水涂料或防水透气膜。防水砂浆的厚度应符合规定，防水涂料的厚度不应小于 1.0 mm。当外墙保温层选用矿物棉保温材料时，防水层宜采用防水透气膜。

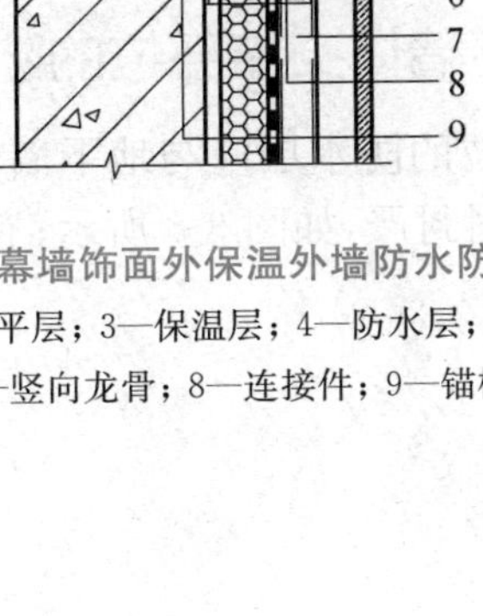

图 3-6 幕墙饰面外保温外墙防水防护构造

1—结构墙体；2—找平层；3—保温层；4—防水层；5—面板；6—挂件；7—竖向龙骨；8—连接件；9—锚栓

3.2.3 砂浆防水层分格缝

砂浆防水层宜留分格缝，分格缝宜设置在墙体结构不同材料交接处。水平分格缝宜与窗口上沿或下沿平齐；垂直分格缝的间距不宜大于 6 m，且宜与门、窗框两边线对齐。分格缝的宽度宜为 8～10 mm，缝内应采用密封材料做密封处理。保温层的抗裂砂浆层兼作防水防护层时，防水防护层不宜留设分格缝，如图 3-7 所示。

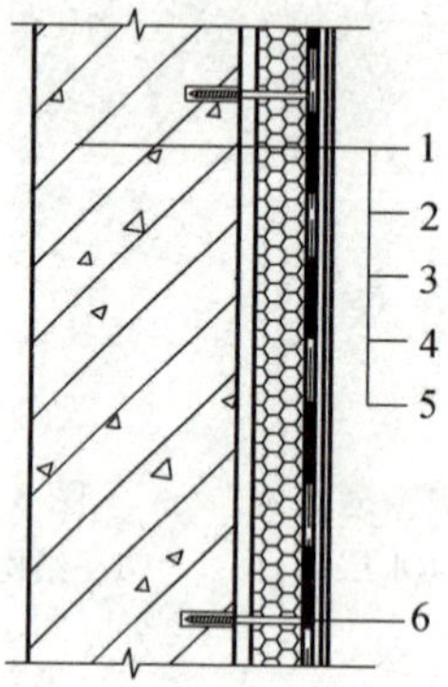

图 3-7　抗裂砂浆层兼作防水层的外墙防水防护构造

1—结构墙体；2—找平层；3—保温层；4—防水抗裂层；
5—装饰面层；6—锚栓

3.2.4 外墙饰面层的防水构造

外墙饰面层设计应符合下列规定。

(1)防水砂浆饰面层应留置分格缝；分格缝间距宜根据建筑层高确定，但不应大于 6 m；缝宽宜为 8～10 mm。

(2)面砖饰面层宜留设宽度为 5～8 mm 的块材接缝，用聚合物水泥防水砂浆勾缝。

(3)防水饰面涂料应涂刷均匀，涂层厚度应根据具体的工程与材料确定，但不得小于 1.5 mm。

3.2.5 上部结构与地下墙体交接部位的防水层构造

上部结构与地下墙体交接部位的防水层应与地下墙体防水层搭接，搭接长度不应小于 150 mm，防水层收头应用密封材料封严，如图 3-8 所示；有保温的地下室外墙防水防护层应延伸至保温层的深度。

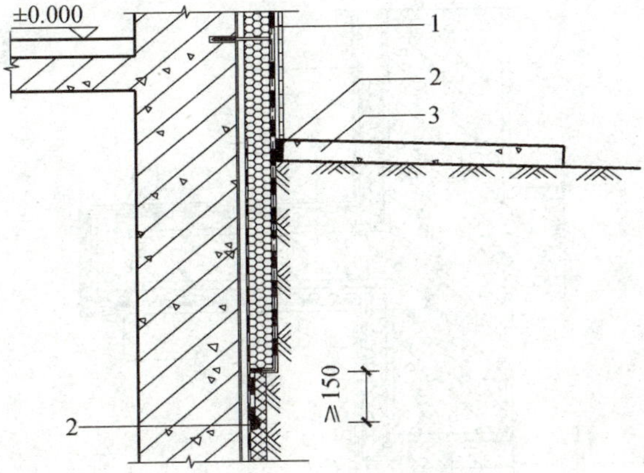

图 3-8　上部结构与地下墙体交接部位防水防护构造

1—外墙防水层；2—密封材料；3—室外地坪(散水)

3.2.6　外墙节点的防水构造

(1)门窗框与墙体间的缝隙宜采用聚合物水泥防水砂浆或发泡聚氨酯填充(图中相应改动)。外墙防水层应延伸至门窗框，防水层与门窗框间应预留凹槽，嵌填密封材料；门窗上楣的外口应做滴水处理；外窗台应设置不小于 5%的外排水坡度(节点防水层和保温层不应压窗框)，如图 3-9 和图 3-10 所示。

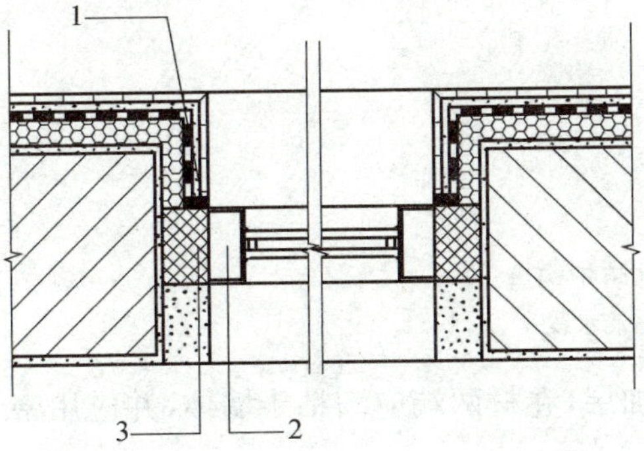

图 3-9　门窗框防水防护平剖面构造

1—密封材料；2—窗框；3—发泡聚氨酯填充

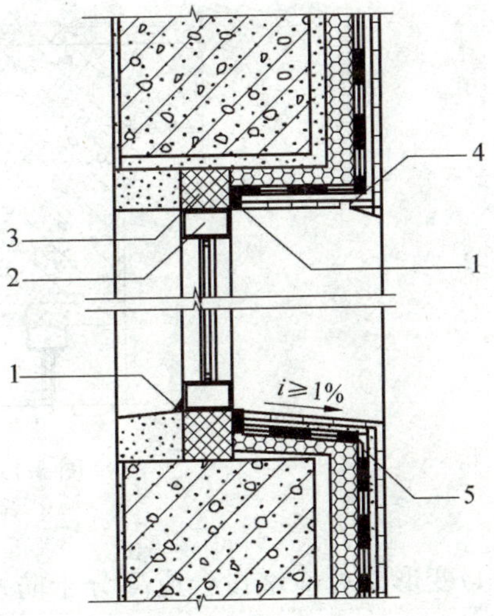

图 3-10　门窗框防水防护立剖面构造

1—密封材料；2—窗框；3—发泡聚氨酯填充；
4—滴水线；5—外墙防水层

(2)雨篷应设置不小于 1%的外排水坡度，外口下沿应做滴水线处理；雨篷与外墙交接处的防水层应连续；雨篷防水层应沿外口下翻至滴水部位，如图 3-11 所示。

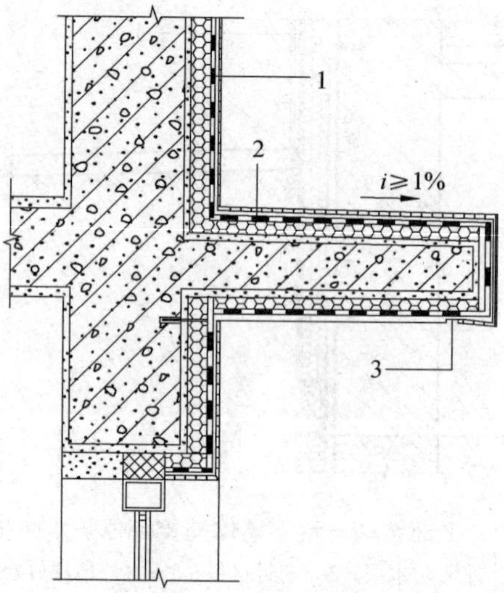

图 3-11　雨篷防水防护构造

1—外墙防水层；2—雨篷防水层；3—滴水线

(3)阳台应向水落口设置不小于1%的排水坡度，水落口周边应留槽嵌填密封材料。阳台外口下沿应做滴水线设计，如图3-12所示。

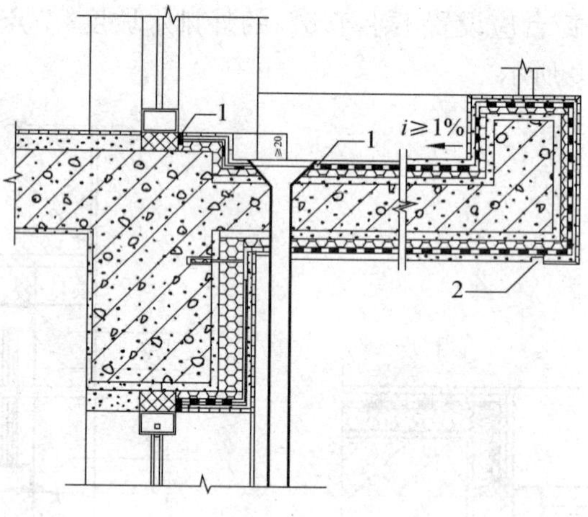

图 3-12　阳台防水防护构造

1—密封材料；2—滴水线

(4)变形缝处应增设合成高分子防水卷材附加层，卷材两端应满粘于墙体，并应用密封材料密封，满粘的宽度应不小于150 mm，如图3-13所示。

(5)穿过外墙的管道宜采用套管，套管应内高外低，坡度不应小于5%，套管周边应做防水密封处理，如图3-14所示。

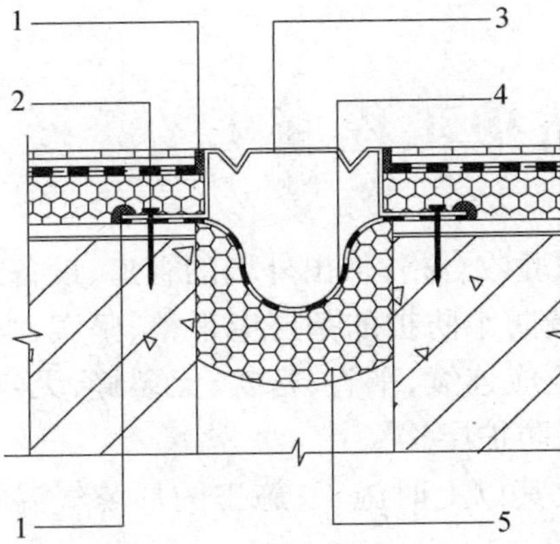

图 3-13 变形缝防水防护构造

1—密封材料；2—锚栓；3—不锈钢板；
4—合成高分子防水卷材(两端黏结)；
5—保温衬垫材料

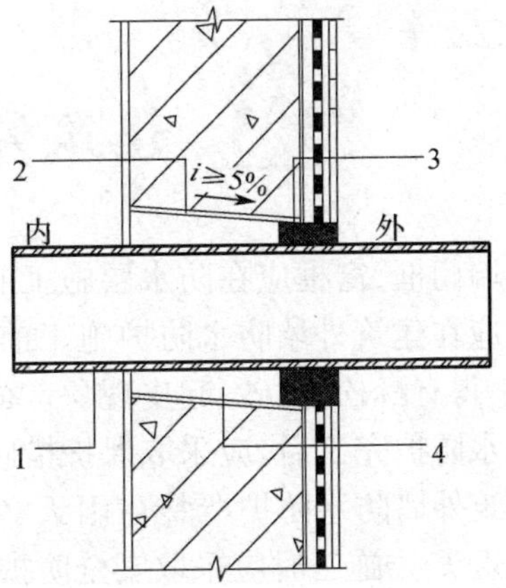

图 3-14 穿墙管道防水防护构造

1—穿墙管道；2—套管；3—密封材料；4—聚合物砂浆

(6)女儿墙压顶宜采用现浇钢筋混凝土或金属压顶，压顶应向内找坡，坡度不应小于2%。当采用混凝土压顶时，外墙防水层应上翻至压顶，内侧的滴水部位宜用防水砂浆做防水层，如图 3-15 所示；当采用金属压顶时，防水层应做到压顶的顶部，金属压顶应采用专用金属配件固定，如图 3-16 所示。

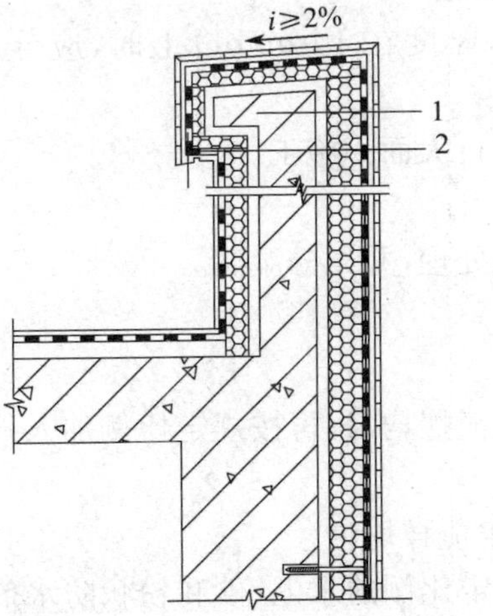

图 3-15 混凝土压顶女儿墙防水构造

1—混凝土压顶；2—防水砂浆

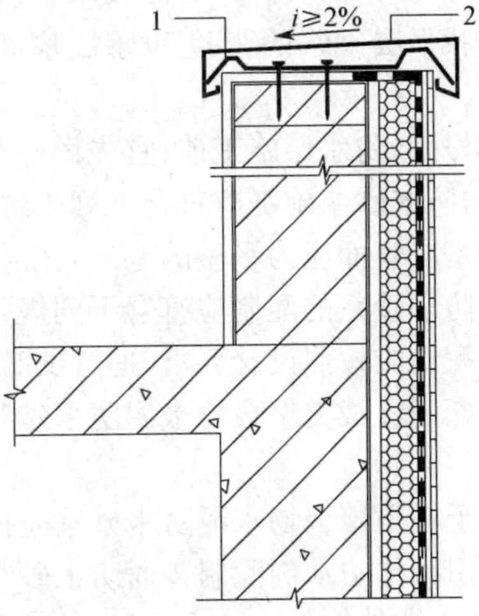

图 3-16 金属压顶女儿墙防水构造

1—金属配件；2—金属压顶

(7)外墙预埋件四周应用密封材料封闭严密，密封材料与防水层应连续。

3.3 建筑外墙防水防护工程施工

外墙门框、窗框应在防水层施工前安装完毕，并应验收合格；伸出外墙的管道、设备或预埋件也应在建筑外墙防水防护施工前安装完毕。外墙防水防护的基层应平整、坚实、牢固、干净，不得有酥松、起砂、起皮现象。面砖、块材的勾缝应连续、平直、密实、无裂缝、无空鼓。外墙防水防护完工后，应采取保护措施，不得损坏防水防护层。

建筑外墙防水防护严禁在雨天、雪天和五级风及其以上时施工；施工的环境气温宜为5 ℃～35 ℃。施工时应采取安全防护措施。

3.3.1 无外保温外墙防水防护施工

(1)外墙结构表面的油污、浮浆应清除，孔洞、缝隙应堵塞抹平，不同结构材料交接处的增强处理材料应固定牢固。

(2)外墙结构表面宜进行找平处理，找平层施工应符合下列规定。

①外墙结构表面清理干净后，方可进行界面处理。

②界面处理材料的品种和配比应符合设计要求，拌和应均匀一致，无粉团、沉淀等缺陷。涂层应均匀，不露底。待表面收水后，方可进行找平层施工。

③找平层砂浆的强度和厚度应符合设计要求，厚度在 10 mm 以上时，应分层压实、抹平。

(3)外墙防水层施工前，宜先做好节点处理，再进行大面积施工。

(4)防水砂浆施工应符合下列规定。

①基层表面应为平整的毛面，光滑表面应做界面处理，并充分湿润。

②防水砂浆的配制应符合下列规定。

·配比应按照设计要求，通过试验确定。

·配制乳液类聚合物水泥防水砂浆前，乳液应先搅拌均匀，再按规定比例加入拌和料中搅拌均匀。

·干粉类聚合物水泥防水砂浆应按规定比例加水搅拌均匀。

·用粉状防水剂配制普通防水砂浆时，应先将规定比例的水泥、砂和粉状防水剂干拌均匀，再加水搅拌均匀。

·用液态防水剂配制普通防水砂浆时，应先将规定比例的水泥和砂干拌均匀，再加入用水稀释的液态防水剂搅拌均匀。

③配制好的防水砂浆宜在 1 h 内用完；施工中不得任意加水。

④界面处理材料的涂刷厚度应均匀、覆盖完全。收水后应及时进行防水砂浆的施工。

⑤防水砂浆涂抹施工应符合下列规定。

·厚度大于 10 mm 时应分层施工，第二层应待前一层指触不黏时进行，各层应黏结牢固。

·每层宜连续施工。当需留槎时，应采用阶梯坡形槎，接槎部位离阴阳角不得小于

200 mm;上下层接槎应错开 300 mm 以上。接槎应依层次顺序操作、层层搭接紧密。

· 喷涂施工时,喷枪的喷嘴应垂直于基面,合理调整压力、喷嘴与基面距离。

· 涂抹时应压实、抹平;遇气泡时应挑破,保证铺抹密实。

· 抹平、压实应在初凝前完成。

⑥窗台、窗楣和凸出墙面的腰线等部位上表面的流水坡应找坡准确,外口下沿的滴水线应连续、顺直。

⑦砂浆防水层分格缝的留设位置和尺寸应符合设计要求。分格缝的密封处理应在防水砂浆达设计强度的 80%后进行,密封前应将分格缝清理干净,密封材料应嵌填密实。

⑧砂浆防水层转角宜抹成圆弧形,圆弧半径应不小于 5 mm,转角抹压应顺直。

⑨门框、窗框、管道、预埋件等与防水层相接处应留 8～10 mm 宽的凹槽,密封处理应符合本条第⑦款的要求。

⑩砂浆防水层未达到硬化状态时,不得浇水养护或直接受雨水冲刷。聚合物水泥防水砂浆硬化后应采用干湿交替的养护方法;普通防水砂浆防水层应在终凝后进行保湿养护。养护时间不宜少于 14 d。养护期间不得受冻。

(5)防水涂料施工应符合下列规定。

①施工前应先对细部构造进行密封或增强处理。

②涂料的配制和搅拌应符合下列规定。

· 双组分涂料配制前,应将液体组分搅拌均匀。配料应按照规定要求进行,不得任意改变配合比。

· 应采用机械搅拌,配制好的涂料应色泽均匀、无粉团、无沉淀。

③涂膜防水层的基层宜干燥;在涂布防水涂料前,应先涂刷基层处理剂。

④涂膜宜多遍完成,后遍涂布应在前遍涂层干燥成膜后进行。挥发性涂料的每遍用量为每平方米不宜大于 0.6 kg。

⑤每遍涂布应交替改变涂层的涂布方向,同一涂层涂布时,先后接槎宽度宜为 30～50 mm。

⑥涂膜防水层的甩槎应避免污损,接涂前应将甩槎表面清理干净,接槎宽度不应小于 100 mm。

⑦胎体增强材料应铺贴平整、排除气泡,不得有褶皱和胎体外露,胎体层充分浸透防水涂料;胎体的搭接宽度不应小于 50 mm。胎体的底层和面层涂膜厚度均不应小于 0.5 mm。

⑧涂膜防水层完工并经验收合格后,应及时做好饰面层。饰面层施工时应有成品保护措施。

3.3.2 外保温外墙防水防护施工

(1)保温层应固定牢固,表面平整、干净。

(2)外墙保温层的抗裂砂浆层施工应符合下列规定。

①抗裂砂浆层的厚度、配比应符合设计要求。当内掺纤维等抗裂材料时,比例应符合设计要求,并应搅拌均匀。

②当外墙保温层采用有机保温材料时,抗裂砂浆施工时应先涂刮界面处理材料,然后分

层抹压抗裂砂浆。

③抗裂砂浆层的中间宜设置耐碱玻纤网格布或金属网片。金属网片应与墙体结构固定牢固。玻纤网格布铺贴应平整无皱折,两幅间的搭接宽度不应小于 50 mm。

④抗裂砂浆应抹平压实,表面无接槎印痕,网格布或金属网片不得外露。防水层为防水砂浆时,抗裂砂浆表面应搓毛。

⑤抗裂砂浆终凝后应进行保湿养护。防水砂浆养护时间不宜少于 14 d;养护期间不得受冻。

(3)外墙保温层上的防水层施工应符合相关规定。

(4)防水透气膜施工应符合下列规定。

①基层表面应平整、干净、牢固,无尖锐凸起物。

②铺设宜从外墙底部一侧开始,将防水透气膜沿外墙横向展开,铺于基面上,沿建筑立面自下而上横向铺设,按顺水方向上下搭接。当无法满足自下而上的铺设顺序时,应确保沿顺水方向上下搭接。

③防水透气膜的横向搭接宽度不得小于 100 mm,纵向搭接宽度不得小于 150 mm。搭接缝应采用配套胶黏带黏结。相邻两幅膜的纵向搭接缝应相互错开,间距不小于 500 mm。

④防水透气膜的搭接缝应采用配套胶黏带覆盖密封。

⑤防水透气膜应随铺随固定,固定部位应预先粘贴小块丁基胶带,用带塑料垫片的塑料锚栓将防水透气膜固定在基层墙体上,固定点每平方米不得少于 3 处。

⑥铺设在窗洞或其他洞口处的防水透气膜,以 I 字形裁开,用配套胶黏带固定在洞口内侧。与门、窗框连接处应使用配套胶黏带满粘密封,四角用密封材料封严。

⑦幕墙体系中穿透防水透气膜的连接件周围应用配套胶黏带封严。

3.4 外墙防水工程的质量检查与验收

3.4.1 质量检查与验收的一般规定

(1)建筑外墙防水防护工程的质量应符合下列规定。

①防水层不得有渗漏现象。

②使用的材料应符合设计要求。

③找平层应平整、坚固,不得有空鼓、疏松、起砂、起皮现象。

④门窗洞口、穿墙管、预埋件及收头等部位的防水构造,应符合设计要求。

⑤砂浆防水层应坚固、平整,不得有空鼓、开裂、疏松、起砂、起皮现象。

⑥涂膜防水层应无裂纹、皱折、流淌、鼓泡和露胎体现象。

⑦防水透气膜应铺设平整、固定牢固,不得有皱折、翘边等现象。搭接宽度符合要求,搭接缝和细部构造密封严密。

⑧外墙防护层应平整、固定牢固,构造符合设计要求。

(2)外墙防水层渗漏检查应在持续淋水 2 h 后或雨后进行。

(3)外墙防水防护使用的材料应有产品合格证和出厂检验报告，材料的品种、规格、性能等应符合国家现行有关标准和设计的要求。对进场的防水防护材料应抽样复检，并提出抽样试验报告，不合格的材料不得在工程中使用。

(4)外墙防水防护工程应按装饰装修分部工程的子分部工程进行验收，外墙防水防护子分部工程各分项工程的划分应符合表3-15的要求。

表3-15 外墙防水防护子分部工程各分项工程的划分

子分部工程	分项工程
建筑外墙防水防护工程	砂浆防水层
	涂膜防水层
	防水透气膜防水层

(5)建筑外墙防水防护工程各分项工程施工质量的检验数量，应按外墙面面积，每500 m^2抽查一处，每处10 m^2，且不得少于3处；不足500 m^2时应按500 m^2计算。节点构造应全部进行检查。

3.4.2 砂浆防水层检查

1. 主控项目

(1)砂浆防水层的原材料、配合比及性能指标，必须符合设计要求。

检验方法：检查出厂合格证、质量检验报告、计量措施和抽样试验报告。

(2)砂浆防水层不得有渗漏现象。

检验方法：持续淋水30 min后观察检查。

(3)砂浆防水层与基层之间及防水层各层之间应结合牢固，无空鼓。

检验方法：观察和用小锤轻击检查。

(4)砂浆防水层在门窗洞口、穿墙管、预埋件、分格缝及收头等部位的节点做法，应符合设计要求。

检验方法：观察检查和检查隐蔽工程验收记录。

2. 一般项目

(1)砂浆防水层表面应密实、平整，不得有裂纹、起砂、麻面等缺陷。

检验方法：观察检查。

(2)砂浆防水层施工缝留槎位置应正确，接槎应按层次顺序操作，层层搭接紧密。

检验方法：观察检查。

(3)砂浆防水层的平均厚度应符合设计要求，最小厚度不得小于设计值的80%。

检验方法：观察和尺量检查。

3.4.3 涂膜防水层检查

1. 主控项目

(1)防水层所用防水涂料及配套材料应符合设计要求。

检验方法:检查出厂合格证、质量检验报告和抽样试验报告。

(2)涂膜防水层不得有渗漏现象。

检验方法:持续淋水 30 min 后观察检查。

(3)涂膜防水层在门窗洞口、穿墙管、预埋件及收头等部位的节点做法,应符合设计要求。

检验方法:观察检查和检查隐蔽工程验收记录。

2. 一般项目

(1)涂膜防水层的平均厚度应符合设计要求,最小厚度不应小于设计厚度的 80%。

检验方法:针测法或割取 20 mm×20 mm 实样用卡尺测量。

(2)涂膜防水层应与基层黏结牢固,表面平整,涂刷均匀,无流淌、皱折、鼓泡、露胎体和翘边等缺陷。

检验方法:观察检查。

3.4.4 防水透气膜防水层检查

1. 主控项目

(1)防水透气膜及其配套材料应符合设计要求。

检验方法:检查出厂合格证、质量检验报告和现场抽样试验报告。

(2)防水透气膜防水层不得有渗漏现象。

检验方法:持续淋水 30 min 后观察检查。

(3)防水透气膜在勒角、阴阳角、洞口、女儿墙、变形缝等部位的节点做法,应符合设计要求。

检验方法:观察检查和检查隐蔽工程验收记录。

2. 一般项目

(1)防水透气膜的铺贴应顺直,与基层应固定牢固,膜表面无皱折、伤痕、破裂等缺陷。

检验方法:观察检查。

(2)防水透气膜的铺贴方向应正确,纵向搭接缝应错开,搭接宽度的负偏差不应大于 10 mm。

检验方法:观察和尺量检查。

(3)防水透气膜的搭接缝应黏结牢固,密封严密。防水透气膜的收头应与基层黏结并固定牢固,缝口封严,不得有翘边现象。

检验方法:观察检查。

3.4.5 外墙防水工程验收

(1)外墙防水防护工程质量验收的程序和组织应符合现行《建筑工程施工质量验收统一标准》的规定。

(2)外墙防水防护工程验收的文件和记录应按表3-16的要求执行。

表3-16 外墙防水防护工程验收的文件和记录

序号	项目	文件和记录
1	防水设计	设计图纸及会审记录，设计变更通知单
2	施工方案	施工方法、技术措施、质量保证措施
3	技术交底记录	施工操作要求及注意事项
4	材料质量证明文件	出厂合格证、质量检验报告和抽样试验报告
5	中间检查记录	检验批、分项工程质量验收记录、隐蔽工程验收记录、施工检验记录、雨后或淋水检验记录
6	施工日志	逐日施工情况
7	工程检验记录	抽样质量检验、现场检查
8	施工单位资质证明及施工人员上岗证件	资质证书及上岗证复印件
9	其他技术资料	事故处理报告、技术总结等

(3)建筑外墙防水防护工程隐蔽验收记录应包括的内容有防水层的基层，密封防水处理部位，门窗洞口、穿墙管、预埋件及收头等细部做法。

(4)外墙防水防护工程验收后，应填写分项工程质量验收记录，交建设单位和施工单位存档。

(5)外墙防水防护材料现场抽样数量和复验项目应按表3-17的要求执行。

表3-17 防水材料现场抽样数量和复验项目

序号	材料名称	现场抽样数量	外观质量检验	主要性能
1	现场配制防水砂浆	每10 m^3 为一批，不足10 m^3 按一批抽样	均匀，无凝结团状	满足表3-1的要求
2	预拌防水砂浆、无机防水材料	每10 t为一批，不足10 t按一批抽样	包装完好无损，标明产品名称、规格、生产日期、生产厂家、产品有效期	满足表3-2的要求
3	防水涂料	每5 t为一批，不足5 t按一批抽样	包装完好无损，标明产品名称、规格、生产日期、生产厂家、产品有效期	满足表3-3的要求

续表

序号	材料名称	现场抽样数量	外观质量检验	主要性能
4	耐碱玻璃纤维网格布	每 3 000 m^2 为一批，不足 3 000 m^2 按一批抽样	均匀，无团状，平整，无折皱	耐碱断裂强力保留率、耐碱断裂强力保留值
5	防水透气膜	每 3 000 m^2 为一批，不足 3 000 m^2 按一批抽样	包装完好无损，标明产品名称、规格、生产日期、生产厂家、产品有效期	满足表 3-6 的要求
6	合成高分子密封材料	每 1 t 为一批，不足 1 t 按一批抽样	均匀膏状物，无结皮、凝胶或不易分散的固体团状	满足表 3-7、表 3-8、表 3-9、表 3-10 的要求

【案例】 某工程外墙防水施工方案(节选)

1. 外墙面渗漏的主要原因和部位

外墙防渗漏部位主要集中于混凝土墙体与砖墙交接部位、窗框与墙体交接处、爬架预留孔、檐口、阳台，以及外墙配电箱薄弱部位。因此，预防渗漏是一个系统工程，从主体施工阶段就必须采取措施，形成多点设防。

2. 外墙砖砌体控制措施

(1)外墙加气混凝土砌块分两次以上完成，至梁或顶板时，砌体充分沉降后用砂浆塞缝。

(2)砌体要求双面勾缝，水平及竖向缝控制在 15 mm，不形成盲缝，隔断渗水通道。

(3)构造柱做法及施工措施：各层构造柱位置的砖砌体留马牙槎，保证砖砌体与混凝土的咬合力。在结构墙柱浇筑混凝土时，采用多道丁字螺栓加固，混凝土必须振捣密实。

3. 墙面做法

(1)贴面砖墙面(混凝土墙)的装修做法。

①找平层。刷界面剂一道，12 mm 厚 1∶3 水泥砂浆打底扫毛，6 mm 厚 1∶2.5 水泥砂浆找平。

②防水层。8 mm 厚乳液类聚合物水泥防水砂浆(砂浆中满铺埋入一层耐碱玻纤网格布)。

③黏结层。4 mm 厚聚合物水泥砂浆黏结层。

④饰块材面层。粘贴 6～8 mm 厚面砖，用抗渗黏结勾缝剂勾缝。

(2)贴面砖墙面(加气混凝土等轻型墙)的装修做法。

①找平层。刷界面剂一道，8 mm 厚 1∶1∶6 水泥石灰膏砂浆打底扫毛，5 mm 厚 1∶0.5∶2.5水泥石灰膏砂浆刮平扫毛，5 mm 厚 1∶2.5 水泥砂浆找平。

②防水层。8 mm 厚乳液类聚合物水泥防水砂浆(砂浆中满铺埋入一层耐碱玻纤网格布)。

③黏结层。4 mm 厚聚合物水泥砂浆黏结层。

④块材面层。粘贴 6～8 mm 厚面砖，用抗渗黏结勾缝剂勾缝。

4. 外墙防水的施工要求

(1)混凝土墙面清理干净后，用 1∶1∶1 水泥基聚合物砂浆(水泥、107 胶、细砂)机械喷浆作为结合层。

(2)在混凝土墙面与砖墙交界处内外两侧加钉 300 mm 宽、网眼大小为 10～12 mm 的热镀锌电焊网一道，沿缝居中，用射钉钉紧。

(3)在墙面抹灰前，将墙面清扫干净，防止空鼓。墙面抹灰是墙面防漏的关键工序，要通过对第一层砂浆的抹平、压实来实现切断抹灰层的毛细管，并通过砂浆中掺加适量的 XQY 砂浆防水剂，使外墙具有拒水、防渗、防漏性能。检查中如有空鼓、干缩裂缝、明显砂眼、抹灰面与墙面脱离等部位必须立即凿除，冲淋干净后用同强度等级砂浆补抹。抹灰后及时养护。

(4)防水层及找平层应做到接合平整，无明显接合缝隙。并在底层砂浆有六七成干时，抹一道 8 mm 厚的乳液类聚合物水泥防水砂浆(砂浆中满铺埋入一层耐碱玻纤网布)，砂浆留置分隔缝，缝宽为 10 mm，其中垂直分隔缝留至每两开间门窗洞口一侧(且间距不得大于 6 m)，水平分隔缝留至每两层门窗洞口上沿处，缝内用弹性密封胶嵌缝，并将表面压实、收光、平整干净，刷层均匀。

(5)外墙内侧的配电箱、线盒安装时必须检查到位，凡墙体伤裂形成盲缝的，必须将伤裂的砖体拆除清洗干净，另外砌筑密实。对已安装的线盒、箱体、单向管路的空隙孔洞，必须用 1∶2 水泥砂浆填塞捣实。严禁用碎砖、余渣填塞。对大于 200 mm×200 mm 的孔洞要求用细石混凝土填堵，若检查时使用小棒敲击发出哑声，则应撬开返工，另补密实。

(6)外墙面的临时用脚手架穿墙孔洞，在挂网、抹灰之前，用大于孔洞 1～2 mm 的冲击钻对准孔洞钻拉，清除孔洞内的塑料管及杂物，再于孔洞外侧凿出大于孔洞直径 1 倍以上、深度为 20 mm 的喇叭口，用水冲洗干净后以 1∶2 防水砂浆加入膨胀剂填塞全孔洞至浆溢出抹平，迎水面做成凸圆形，涂抹防水涂膜。

(7)对于露出墙面的铁件预埋件，割平后靠外墙面位置用 1∶1 水泥砂浆掺入防水剂抹平。

(8)外墙所用饰面砖须符合《外墙饰面砖工程施工及验收规程》(JGJ 126—2015)的规定。面砖厚度不得大于 6 mm，且单块面积须小于 10 000 mm^2。面砖必须采用水泥基干粉黏结剂，其应符合相关标准规定的技术要求，并按《建筑工程饰面砖黏结强度检验标准》(JGJ/T 110—2017)进行样品检验，黏结强度不得小于 0.6 MPa，外墙面砖接缝宽为 5 mm，其勾缝材料必须采用抗渗黏结勾缝剂，其性能应符合《砂浆、混凝土防水剂》(JC/T 474—2008)的技术要求，严禁使用普通水泥砂浆勾缝。

(9)外墙施工完成后，采用高压喷淋方式进行试验，如发现渗水，应查明原因及时处理。

5.施工工艺

施工工艺流程为：基层处理(刷界面剂)→找平层处理→聚合物水泥防水层→黏结层处理→外墙饰面层→闭水试验。

1)防水层施工

(1)基面要求。水泥砂浆基层面的清理方法是：水泥砂浆找平层表面的沙、灰尘、杂物应清理干净，若有起砂、脱层现象，应进行修补处理，局部有裂缝渗漏现象的应先进行堵漏处理，有蜂窝麻面的部位用 1∶2.5 水泥砂浆补平加强。

(2)施工方法。按照聚合物水泥防水砂浆的施工配合比(防水剂∶水泥∶砂＝1∶3∶7.5)(重量比)准确计量，加入适量的水，将防水剂与水泥、砂、水混合均匀搅拌。施工过程中注意压实抹光，终凝加强养护，以防龟裂。

2)最不利位置处的防水处理

(1)穿墙、板螺栓的防水做法。外围的墙、栏板上的穿墙螺杆在抹灰前堵塞可采取以下做法。

①在内外面将螺杆洞凿成内凹喇叭口，喇叭口外宽约为 3 cm，深约为 2 cm，并将喇叭口处外露的 PVC 管剪切掉。

②用干硬性水泥砂浆（内掺适量膨胀剂和防水剂）堵塞 PVC 套管洞。

③在两端往 PVC 套管内打塞相应直径的圆钢（外包止水胶带），长度约为 5 cm。

④在 PVC 套管剪切面用防水材料封口，再用水泥砂浆（内掺适量膨胀剂和防水剂）将喇叭口补平。

用掺适量微膨胀剂的防水混凝土或防水砂浆堵实外墙上预留的设备孔洞、外架的孔洞等所有孔洞。对于砖墙上专为分体式空调预埋的 PVC 管，也是外墙渗水的薄弱环节，因此，需采取以下措施：先在 PVC 管外壁上套上直径略小的止水圈，然后在管外壁满涂一遍 PVC 专用胶水，再滚上一层中砂，待砖墙砌至管下口 5 cm 处时先铺上 5 cm 厚的防水砂浆，然后再把 PVC 管安装上去，要保证 PVC 管四周均有 5 cm 厚的防水砂浆包裹。外墙打底用砂浆的强度要够，并应掺加适量防水剂，对于抹灰超厚的地方，还应加挂钢丝网分层抹灰。

（2）外墙窗框周边防渗漏的做法。外墙窗框边的渗漏现象较为普遍，是外墙防渗漏的重点和难点，对此须采取以下做法和措施。

①考虑到窗下框很难塞缝密实，因此，在安装窗框前必须先用掺有膨胀剂的防水砂浆填塞下框凹槽，但不能填满，应预留 10 mm 左右的空隙，待砂浆有一定强度后方可安装窗框。门窗框与墙空隙要保证在 2.0～2.5 cm，待框洞口四周冲洗干净后方可用掺有适量膨胀剂的干硬性防水砂浆分两层挤实、压光，不得用落地灰堵缝；然后在外侧涂刷防水胶两道。门窗框与墙的严格填堵密实，这是防治渗水的关键。

②窗台抹灰内高外低，外窗台保证有 5%的坡度。对外墙窗楣、雨篷、阳台、压顶和突出腰线等，均在上面做流水坡度，下面做滴水槽或鹰嘴，滴水槽的宽度和深度均不小于 10 mm。

③加强对铝合金门窗自身质量的检查，所有接缝、螺丝腿均要涂玻璃胶，认真封闭，消除一切可能导致渗水的缝隙。

（3）本工程窗台板、空调板等飘出部分均应做 1 cm 高 30°鹰嘴，防止反坡进水。

思考与练习

1. 建筑外墙防水材料的类型有哪些？有哪些特点？
2. 建筑外墙密封材料的类型有哪些？有哪些特点？
3. 建筑外墙配套材料的类型有哪些？有哪些特点？
4. 简述无外保温外墙的防水防护层构造。
5. 简述外保温外墙的防水防护层构造。
6. 简述砂浆防水层分格缝的构造。
7. 简述外墙饰面层的防水构造。
8. 简述上部结构与地下墙体交接部位的防水层构造。
9. 简述无外保温外墙防水防护施工工艺流程、操作要点。
10. 简述外保温外墙防水防护施工工艺流程、操作要点。
11. 建筑外墙防水工程质量验收的要求有哪些？如何验收？

4 单元 屋面工程施工

学习目标

知识要点	能力目标	权重
屋面工程的基本规定	掌握屋面工程的基本要求、屋面的基本构造层次、屋面的防水等级和设防要求，了解屋面的节能要求，掌握屋面防水要求，了解屋面的防雷要求	10%
屋面工程类型	掌握普通屋面、倒置式屋面、坡屋面、架空屋面、种植屋面等屋面的构造要求	10%
屋面工程构造	熟悉屋面工程构造要求，了解排水设计，掌握找坡层和找平层、保温层和隔热层、卷材及涂膜防水层、保护层和隔离层、瓦屋面、金属板屋面、玻璃采光顶等的设计要求，了解细部构造设计	20%
屋面工程施工	掌握屋面工程的施工要求，熟悉屋面工程施工机具，掌握找坡层和找平层、保温层和隔热层、卷材防水层、涂膜防水层、接缝密封防水、保护层和隔离层、瓦屋面、金属板屋面、玻璃采光顶等的施工程序、施工方法	40%
冬期施工和雨期施工措施	掌握防水工程冬期及雨期施工措施	5%
屋面工程施工质量验收	熟悉屋面工程施工质量验收的基本规定，掌握基层与保护工程、保温与隔热工程、防水与密封工程、瓦面与板面工程、细部构造工程等的质量控制要求、方法，熟悉屋面工程的验收程序、要求、方法	15%

引　例

某工程屋面做法见表 4-1，应该如何进行施工？

表 4-1　某工程屋面做法

楼　层	部　位	做　法	施工界面
屋面	屋 1(不上人屋面)	(1)40 mm 厚 C20 防水混凝土，内配 ϕ6@150 单层双向钢筋网 (2)无纺布隔离层 (3)挤塑板保温层 (4)4 mm 厚 SBS 改性沥青卷材防水层，沿女儿墙上返至高于屋面完成面 250 mm (5)20 mm 厚 RS15 水泥砂浆找平层 (6)最薄处 30 mm 厚 1∶8 水泥陶粒混凝土，找 2%坡 (7)1.5 mm 厚 JS 防水层(3 道)沿侧墙上卷 600 mm 高 (8)现浇钢筋混凝土屋面板	楼梯间、电梯间屋面
	屋 2(上人屋面)	(1)5 mm 厚 RS20 水泥砂浆粘贴地缸砖(10 mm 厚) (2)40 mm 厚 C20 防水混凝土内配 ϕ6@150 单层双向钢筋网 (3)无纺布隔离层 (4)挤塑板保温层 (5)4 mm 厚 SBS 改性沥青卷材防水层，沿女儿墙上返至高于屋面完成面 250 mm (6)20 mm 厚 RS15 水泥砂浆找平层 (7)最薄处 30 mm 厚 1∶8 水泥陶粒混凝土，找 2%坡 (8)1.5 mm 厚 JS 防水层(3 道)沿侧墙上卷 600 mm 高 (9)现浇钢筋混凝土屋面板	塔楼及裙房屋面
	屋 4(上人屋面、用于结构找坡)	(1)5 mm 厚 RS20 水泥砂浆粘贴地缸砖(10 mm 厚) (2)40 mm 厚 C20 防水混凝土内配 ϕ6@150 单层双向钢筋网 (3)无纺布隔离层 (4)挤塑板保温层 (5)4 mm 厚 SBS 改性沥青卷材防水层，沿女儿墙上返至高于屋面完成面 250 mm (6)20 mm 厚 RS15 水泥砂浆找平层 (7)最薄处 30 mm 厚 1∶8 水泥陶粒混凝土，找 2%坡 (8)1.5 mm 厚 JS 防水层(3 道)沿侧墙上卷 600 mm 高 (9)现浇钢筋混凝土屋面板，找 3%坡	裙房屋面(有结构找坡的)

4.1 屋面工程的基本规定

4.1.1 屋面工程的基本要求

屋面工程应符合下列基本要求。

(1)具有良好的排水功能和阻止水侵入建筑物内的作用。

(2)冬季保温以减少建筑物的热损失和防止结露。

(3)夏季隔热以降低建筑物对太阳辐射热的吸收。

(4)适应主体结构的受力变形和温差变形。

(5)承受风、雪荷载的作用,不产生破坏。

(6)具有阻止火势蔓延的性能。

(7)满足建筑外形美观和使用的要求。

(8)屋面工程设计应遵照"保证功能、构造合理、防排结合、优选用材、美观耐用"的原则。

(9)屋面工程施工应遵照"按图施工、材料检验、工序检查、过程控制、质量验收"的原则。

4.1.2 屋面的基本构造层次

屋面的基本构造层次宜符合表4-2的要求。设计人员可根据建筑物的性质、使用功能、气候条件等因素进行组合。

表4-2 屋面的基本构造层次

屋面类型	基本构造层次(自上而下)
卷材、涂膜屋面	保护层、隔离层、防水层、找平层、保温层、找平层、找坡层、结构层
	保护层、保温层、防水层、找平层、找坡层、结构层
	种植隔热层、保护层、耐根穿刺防水层、防水层、找平层、保温层、找平层、结构层
	架空隔热层、防水层、找平层、保温层、找平层、找坡层、结构层
	蓄水隔热层、隔离层、防水层、找平层、保温层、找平层、找坡层、结构层
瓦屋面	块瓦、挂瓦条、顺水条、持钉层、防水层或防水垫层、保温层、结构层
	沥青瓦、持钉层、防水层或防水垫层、保温层、结构层

续表

屋面类型	基本构造层次(自上而下)
金属板屋面	压型金属板、防水垫层、保温层、承托网、支承结构
	上层压型金属板、防水垫层、保温层、底层压型金属板、支承结构
	金属面绝热夹芯板、支承结构
玻璃采光顶	玻璃面板、金属框架、支承结构
	玻璃面板、点支承装置、支承结构

注1:表中结构层包括混凝土基层和木基层;防水层包括卷材和涂膜防水层;保护层包括块体材料、水泥砂浆、细石混凝土保护层。

注2:有隔汽要求的屋面,应在保温层与结构层之间设隔汽层。

4.1.3 屋面的相关要求

屋面防水工程应根据建筑物的类别、重要程度、使用功能要求确定防水等级,并应按相应等级进行防水设防;对防水有特殊要求的建筑屋面,应进行专项防水设计。屋面防水等级和设防要求应符合表4-3的规定。

表4-3 屋面防水等级和设防要求

防水等级	建筑类别	设防要求
Ⅰ级	重要建筑和高层建筑	两道防水设防
Ⅱ级	一般建筑	一道防水设防

建筑屋面的传热系数和热惰性指标,均应符合《民用建筑热工设计规范》(GB 50176—2016)、《公共建筑节能设计标准》(GB 50189—2015)、《严寒和寒冷地区居住建筑节能设计标准》(JGJ 26—2018)、《夏热冬暖地区居住建筑节能设计标准》(JGJ 75—2012)和《夏热冬冷地区居住建筑节能设计标准》(JGJ 134—2010)的有关规定。

屋面工程所用材料的燃烧性能和耐火极限,应符合现行国家标准《建筑设计防火规范(2018年版)》(GB 50016—2014)的有关规定。

屋面工程的防雷设计应符合现行国家标准《建筑物防雷设计规范》(GB 50057—2010)的有关规定。金属板屋面和玻璃采光顶的防雷设计尚应符合下列规定。

(1)金属板屋面和玻璃采光顶的防雷体系应与主体结构的防雷体系有可靠的连接。

(2)金属板屋面应按现行国家标准《建筑物防雷设计规范》的有关规定采取防直击雷、防雷电感应和防雷电波侵入措施。

(3)金属板屋面和玻璃采光顶按滚球法计算,且不在建筑物接闪器保护范围之内时,金属板屋面和玻璃采光顶应按现行国家标准《建筑物防雷设计规范》的有关规定装设接闪器,并应与建筑物防雷引下线可靠连接。

4.2 屋面工程类型

1. 普通屋面

普通屋面的构造如图 4-1 所示。

普通屋面保温材料可选用挤塑聚苯板、模塑聚苯板、硬泡聚氨酯和加气混凝土砌块等。当屋面同时使用两种保温材料复合时，应注意保温材料的排列，如选用加气混凝土砌块及聚苯板保温材料时，加气混凝土砌块宜铺设在聚苯板保温材料上面；基层隔汽性能差时，宜在保温层下增加隔汽层；保温层上应做找平层。

2. 倒置式屋面

倒置式屋面的构造如图 4-2 所示。

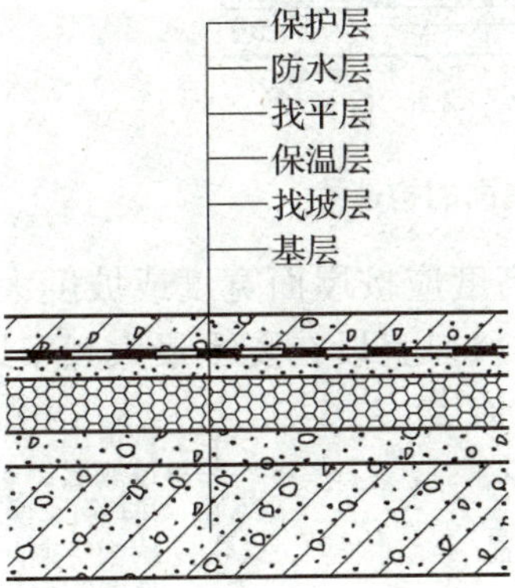

图 4-1　普通屋面的构造

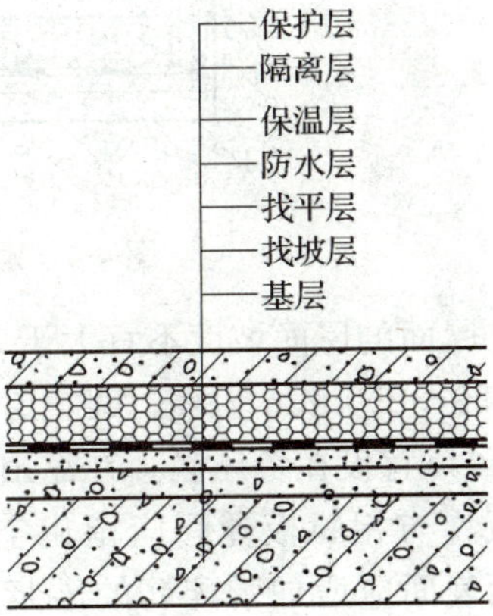

图 4-2　倒置式屋面的构造

倒置式屋面一般应用于坡度不大于 3%的屋面，除采用挤塑聚苯板外，还可选用喷涂硬泡聚氨酯、硬泡聚氨酯板等。保温材料应吸水率低，并有一定的压缩强度，同时采用级配卵石、块体材料或抹带增强网的水泥砂浆做保护层兼压置层，保护层和保温层间应铺隔离层。

3. 坡屋面

坡屋面的构造如图 4-3 所示。

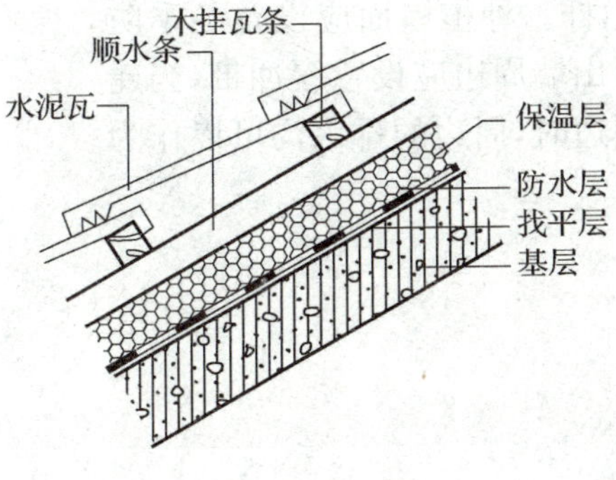

图 4-3　坡屋面的构造

坡屋面的保温材料宜选用挤塑聚苯板，硬泡聚氨酯板还可选用整体喷涂硬泡聚氨酯等。若用Ⅱ型喷涂硬泡聚氨酯则应加设与之配套的防水涂层。保温层可设置在防水层上，应用DEA砂浆粘贴，保温层上宜设防护层。采用有自防水功能的瓦材时，保温层可设置在防水层下，保温板材应用DEA砂浆粘贴牢固。坡度大于45%的屋面，保温板材除应粘贴牢固外，檐口端部宜设挡台构造。

4. 架空屋面

架空屋面的构造如图4-4所示。架空屋面是由隔热构件、通风空气间层、支承构件和基层(结构层、保温层、防水层)组成。

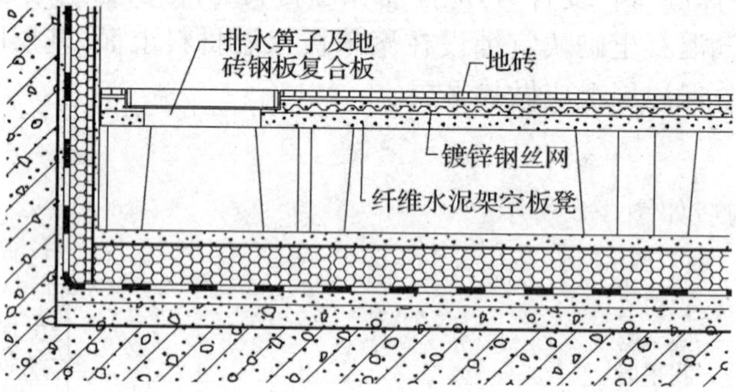

图4-4　预制纤维水泥板凳架空屋面的构造

架空屋面的屋面坡度不宜大于5%，预制隔热层的高度应按屋面宽度或坡度大小确定，一般以150～250 mm为宜。架空层不应代替保温层，进风口宜设在夏季最大频率风向的正压区，出风口宜设在负压区。在靠山墙或女儿墙的纤维水泥预制板凳与相邻板凳间应留出空间加盖通风钢箅子。上人屋面表面应增加带配筋的砂浆层。支座底面的保温或防水层应采取保护加强措施。

5. 种植屋面

种植屋面的构造如图4-5所示。

种植屋面宜为平屋面。有采暖要求时，种植屋面应设保温层，保温层应采用吸水率低、导热系数小，并具有一定强度的保温材料，如挤塑聚苯板、硬质泡沫聚氨酯板、喷涂硬泡聚氨酯等。种植屋面四周应设置足够高的实体防护墙和一定高度的内挑防护栏杆。种植屋面应设置冬季防冻胀保护措施。在女儿墙及山墙周边应设置缓冲带，当建筑物的排水系统设在屋面周边时，周边的排水沟可以作为防冻胀缓冲带。

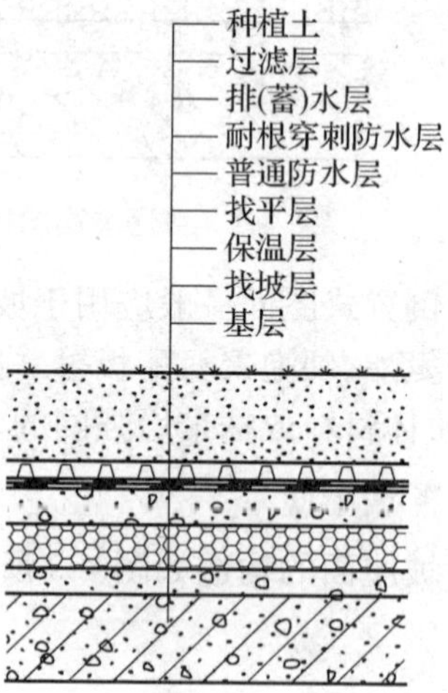

图4-5　种植屋面的构造

4.3 屋面工程构造

4.3.1 屋面工程的设计要求

(1)屋面工程应根据建筑物的建筑造型、使用功能、环境条件,对下列内容进行设计。

①屋面防水等级和设防要求。

②屋面构造设计。

③屋面排水设计。

④找坡方式和选用的找坡材料。

⑤防水层选用的材料、厚度、规格及其主要性能。

⑥保温层选用的材料、厚度、燃烧性能及其主要性能。

⑦接缝密封防水选用的材料及其主要性能。

(2)屋面防水层设计应采取下列技术措施。

①卷材防水层易拉裂部位,宜选用空铺、点粘、条粘或机械固定等施工方法。

②结构易发生较大变形、易渗漏和损坏的部位,应设置卷材或涂膜附加层。

③在坡度较大和垂直面上粘贴防水卷材时,宜采用机械固定和对固定点进行密封的方法。

④卷材或涂膜防水层上应设置保护层。

⑤在刚性保护层与卷材、涂膜防水层之间应设置隔离层。

(3)屋面工程所使用的防水材料在下列情况时应具有相容性:卷材或涂料与基层处理剂、卷材与胶黏剂或胶黏带。卷材与卷材复合使用、卷材与涂料复合使用、密封材料与接缝基材。

(4)防水材料的选择应符合下列规定。

①外露使用的防水层,应选用具有耐紫外线、耐老化、耐候性好的防水材料。

②上人屋面,应选用耐霉变、拉伸强度高的防水材料。

③长期处于潮湿环境的屋面,应选用耐腐蚀、耐霉变、耐穿刺、耐长期水浸等性能的防水材料。

④薄壳、装配式结构、钢结构及大跨度建筑屋面,应选用耐候性好、适应变形能力强的防水材料。

⑤倒置式屋面应选用适应变形能力强、接缝密封保证率高的防水材料。

⑥坡屋面应选用与基层黏结力强、感温性小的防水材料。

⑦屋面接缝密封防水,应选用与基材黏结力强和耐候性好、适应位移能力强的密封材料。

⑧基层处理剂、胶黏剂和涂料,应符合现行行业标准《建筑防水涂料中有害物质限量》(JC 1066—2008)的有关规定。

(5)屋面工程用防水及保温材料应符合规范要求;屋面工程用防水及保温材料的主要性能指标应符合《屋面工程技术规范》(GB 50345—2012)的规定。

4.3.2 排水设计

屋面排水方式应根据建筑物屋顶形式、气候条件、使用功能等因素选择确定。屋面排水可分为有组织排水和无组织排水。有组织排水时，宜采用雨水收集系统。

高层建筑屋面宜采用内排水；多层建筑屋面宜采用有组织外排水；低层建筑及檐高小于10 m的屋面，可采用无组织排水。多跨及汇水面积较大的屋面宜采用天沟排水，天沟找坡较长时，宜采用中间内排水和两端外排水。

屋面排水系统设计采用的雨水流量、暴雨强度、降雨历时、屋面汇水面积等参数，应符合《建筑给水排水设计标准》(GB 50015—2019)的有关规定。

屋面应适当划分排水区域，排水路线应简捷，排水应通畅。采用重力式排水时，在屋面的每个汇水面积内，雨水排水立管不宜少于2根；水落口和水落管的位置，应根据建筑物的造型要求和屋面汇水情况等因素确定。

高跨屋面为无组织排水时，其低跨屋面受水冲刷的部位应加铺一层卷材，并应设40～50 mm厚、300～500 mm宽的C20细石混凝土保护层；高跨屋面为有组织排水时，水落管下应加设水簸箕。

暴雨强度较大地区的大型屋面，宜采用虹吸式屋面雨水排水系统。

知识链接

虹吸排水的原理是利用建筑屋面的高度和雨水所具有的势能，产生虹吸现象，通过雨水管道变径，在该管道处形成负压，屋面雨水在管道内负压的抽吸作用下，以较高的流速迅速排出屋面雨水。

相对于普通重力流排水，虹吸式雨水排水系统的排水管道均按满流有压状态设计，悬吊横管可以无坡度铺设。由于产生虹吸作用时，管道内水流的流速很高，相对于同管径的重力流排水量大，故可减少排水立管的数量，同时可减小屋面的雨水负荷，最大限度地满足建筑物使用功能的要求。

严寒地区应采用内排水，寒冷地区宜采用内排水。

知识链接

冬季时严寒和寒冷地区的外排水系统容易被冰冻，使水落口堵塞或冻裂，而在化冻时水落口的冰尚未完全解冻，造成屋面的融水无法排出。故规范规定严寒地区应采用内排水，寒冷地区宜采用内排水，以避免水落管受冻。有条件时，外排水系统应对水落管和水落口采取防冻措施，以便屋面上化冻后的冰雪融水能顺利排出。

湿陷性黄土地区宜采用有组织排水，并应将雨雪水直接排至排水管网。

知识链接

湿陷性黄土是一种具有特殊性质的土，大量分布在我国的山西、陕西、甘肃等地区。湿陷性黄土在上覆土的自重压力或上覆土的自重压力与附加压力的共同作用下，受水浸湿后，土体结构逐渐被破坏，土颗粒向大孔中移动，从而导致地基湿陷，引起上部建筑的不均匀下沉，使墙体出现裂缝。所以，规范规定在湿陷性黄土地区的建筑屋面宜采用有组织排水系统，将屋面雨水直接排至排水管网或排至不影响建筑物地基的区域，避免屋面雨水直接排到室外地面上，沿地面渗入地下而造成地基不均匀下沉，导致建筑物破坏。

檐沟、天沟的过水断面，应根据屋面汇水面积的雨水流量经计算确定。钢筋混凝土檐沟、天沟的净宽不应小于 300 mm，分水线处的最小深度不应小于 100 mm；沟内纵向坡度不应小于 1%，沟底水落差不得超过 200 mm；檐沟、天沟排水不得流经变形缝和防火墙。金属檐沟、天沟的纵向坡度宜为 0.5%。

坡屋面檐口宜采用有组织排水，檐沟和水落斗可采用金属或塑料成品。

4.3.3 找坡层和找平层设计

混凝土结构层宜采用结构找坡，坡度不应小于 3%；当采用材料找坡时，宜采用质量轻、吸水率低和有一定强度的材料，坡度宜为 2%。

卷材、涂膜的基层宜设找平层。找平层的厚度和技术要求应符合表 4-4 的规定。

表 4-4 找平层的厚度和技术要求

找平层分类	适用的基层	厚度/mm	技术要求
水泥砂浆	整体现浇混凝土板	15～20	1∶2.5 水泥砂浆
	整体材料保温层	20～25	
细石混凝土	装配式混凝土板	30～35	C20 混凝土，宜加钢筋网片
	板状材料保温层		C20 混凝土

保温层上的找平层应留设分格缝，缝宽宜为 5～20 mm，纵横缝的间距不宜大于 6 m。

知识链接

找平层是为防水层设置符合防水材料工艺要求且坚实而平整的基层，找平层应具有一定的厚度和强度。如果整体现浇混凝土板做到随浇随用原浆找平和压光，表面平整度符合要求时，可以不再做找平层。采用水泥砂浆还是细石混凝土做找平层，主要看基层的刚度。根据调研结果，在装配式混凝土板或板状材料保温层上设水泥砂浆找平层时，找平层易发生开裂现象，规定装配式混凝土板上应采用细石混凝土找平层。基层刚度较差时，宜在混凝土内加钢筋网片。同时，还规定板状材料保温层上应采用细石混凝土找平层。

4.3.4 保温层和隔热层设计

1.保温层

保温层应根据屋面所需传热系数或热阻选择轻质、高效的保温材料。保温层及其保温材料应符合表 4-5 的规定。

表 4-5 保温层及其保温材料

保温层	保温材料
板状材料保温层	聚苯乙烯泡沫塑料,硬质聚氨酯泡沫塑料,膨胀珍珠岩制品,泡沫玻璃制品,加气混凝土砌块,泡沫混凝土砌块
纤维材料保温层	玻璃棉制品,岩棉、矿渣棉制品
整体材料保温层	喷涂泡沫聚氨酯,现浇泡沫混凝土

保温层设计应符合下列规定。

(1)保温层宜选用吸水率低、密度和导热系数小,并有一定强度的保温材料。

(2)保温层的厚度应根据所在地区现行建筑节能设计标准,经计算确定。

(3)保温层的含水率,应相当于该材料在当地自然风干状态下的平衡含水率。

(4)屋面为停车场等高荷载情况时,应根据计算确定保温材料的强度。

(5)纤维材料做保温层时,应采取防止压缩的措施。

(6)屋面坡度较大时,保温层应采取防滑措施。

(7)封闭式保温层或保温层干燥有困难的卷材屋面,宜采取排汽构造措施。

屋面热桥部位,当内表面温度低于室内空气的露点温度时,均应做保温处理。

知识链接

泡沫混凝土是用机械方法将发泡剂水溶液制备成泡沫,再将泡沫加入水泥、集料、掺合料、外加剂和水等组成的料浆中,经混合搅拌、浇筑成型、蒸汽养护或自然养护而成的轻质多孔保温材料。当泡沫混凝土制品的密度为 300～500 kg/m^3 时,抗压强度为0.3～0.5 MPa,导热系数为 0.095～0.010 W/(m·K)。因为泡沫混凝土的原料广泛、生产方便、价格便宜,常用砌块或现场浇筑的方法,所以在建筑工程中得到广泛应用。

2.隔汽层

当严寒及寒冷地区屋面结构冷凝界面内侧实际具有的蒸汽渗透阻小于所需值,或其他地区室内湿气有可能透过屋面结构层进入保温层时,应设置隔汽层。隔汽层虽然是一道很弱的防水层,但却具有较好的蒸汽渗透阻,大多采用气密性、水密性好的防水卷材或涂料。隔汽层是隔绝室内湿气通过结构层进入保温层的构造层,在常年湿度很大的房间,如温水游泳池、公共浴室、厨房操作间、开水房等的屋面应设置隔汽层。

隔汽层设计应符合下列规定。

(1)隔汽层应设置在结构层上、保温层下。

(2)隔汽层应选用气密性、水密性好的材料。

(3)隔汽层应沿周边墙面向上连续铺设,高出保温层上表面不得小于 150 mm。

屋面排汽构造设计应符合下列规定。

(1)找平层设置的分格缝可兼作排气道,排气道的宽度宜为 40 mm。

(2)排气道应纵横贯通,并应与大气连通的排气道相通,排气孔可设在檐口下或纵横排气道的交叉处。

(3)排气道纵横间距宜为 6 m,屋面面积每 36 m^2 宜设置一个排气孔,排气孔应做防水处理。

(4)在保温层下也可铺设带支点的塑料板。

3. 倒置式屋面保温层

倒置式屋面保温层设计应符合下列规定。

(1)倒置式屋面的坡度宜为 3%。

(2)保温层应采用吸水率低,且长期浸水不变质的保温材料。

(3)板状保温材料的下部纵向边缘应设排水凹缝。

(4)保温层与防水层所用材料应相容匹配。

(5)保温层上面宜采用块体材料或细石混凝土做保护层。

(6)檐沟、水落口部位应采用现浇混凝土堵头或砖砌堵头,并应做好保温层排水处理。

4. 隔热层

屋面隔热是指在炎热地区防止夏季室外热量通过屋面传入室内的措施。在我国南方的一些地方,夏季时间较长、气温较高,随着人们生活的不断改善,对住房的隔热要求也逐渐提高,采取了种植、架空、蓄水等屋面隔热措施。屋面隔热层设计应根据地域、气候、屋面形式、建筑环境、使用功能等条件,经技术、经济比较确定。

(1)种植隔热层的设计应符合下列规定。

①种植隔热层的构造层次应包括植被层、种植土层、过滤层和排水层等。

②种植隔热层所用材料及植物等应与当地气候条件相适应,并应符合环境保护要求。

③种植隔热层宜根据植物种类及环境布局的需要进行分区布置,分区布置应设挡墙或挡板。

④排水层材料应根据屋面功能及环境、经济条件等进行选择;过滤层宜采用 200～400 g/m^2的土工布,过滤层应沿种植土周边向上铺设至种植土高度。

⑤种植土四周应设挡墙,挡墙下部应设泄水孔,并应与排水出口连通。

⑥种植土应根据种植植物的要求选择综合性能良好的材料;种植土厚度应根据不同种植土和植物种类等确定。

⑦当种植隔热层的屋面坡度大于 20%时,其排水层、种植土应采取防滑措施。

知识链接

在降雨量很少的地区，夏季植物生长依赖人工浇灌，冬季植物枯死，故停止浇水灌溉。由于这种地区降雨量少，人工浇灌的水也不太多，种植土中的多余水甚少，不会造成植物烂根，因此不必另设排水层。

南方温暖，夏季多雨，冬季不结冰，种植土中含有的水量四季不减。特别在大雨过后，积水很多必须排出，以防烂根，所以在种植土下应设排水层。

冬季寒冷但夏季多雨的地区，下雨时有积聚如泽的现象，排除明水不如用排水层作暗排好，所以在种植土下应设排水层。冬季严寒，虽无雨但存雪，种植土中的含水量仍然很大，冻结之后会降低保温能力，所以在防水层下应加设保温层。

(2)架空隔热层的设计应符合下列规定。

①架空隔热层宜在屋顶有良好通风的建筑物上采用，不宜在寒冷地区采用。

②当采用混凝土板架空隔热层时，屋面坡度不宜大于5%。

③架空隔热制品及其支座的质量应符合国家现行有关材料标准的规定。

④架空隔热层的高度宜为180～300 mm，架空板与女儿墙的距离不应小于250 mm。

⑤当屋面宽度大于10 m时，应在架空隔热层的中部设置通风屋脊。

⑥架空隔热层的进风口，宜设置在当地炎热季节最大频率风向的正压区，出风口宜设置在负压区。

知识链接

我国广东、广西、湖南、湖北、四川等省属夏热冬暖地区，为解决炎热季节室内温度过高的问题，多采用架空隔热层措施；架空隔热层是利用架空层内空气的流动，减少太阳辐射热向室内传递，故宜在屋顶通风良好的建筑物上采用。由于城市建筑密度不断加大，不少城市高层建筑林立，造成风力减弱、空气对流较差，严重影响架空隔热层的隔热效果。

(3)蓄水隔热层的设计应符合下列规定。

①蓄水隔热层不宜在寒冷地区、地震设防地区和振动较大的建筑物上采用。

②蓄水隔热层的蓄水池应采用强度等级不低于C25、抗渗等级不低于P6的现浇混凝土，蓄水池内宜采用20 mm厚防水砂浆抹面。

③蓄水隔热层的排水坡度不宜大于0.5%。

④蓄水隔热层应划分为若干蓄水区，每区的边长不宜大于10 m，在变形缝的两侧应分成两个互不连通的蓄水区。长度超过40 m的蓄水隔热层应分仓设置，分仓隔墙可采用现浇混凝土或砌体。

⑤蓄水池应设溢水口、排水管和给水管，排水管应与排水出口连通。

⑥蓄水池的蓄水深度宜为150～200 mm。

⑦蓄水池溢水口距分仓墙顶面的高度不得小于100 mm。

⑧蓄水池应设置人行通道。

知识链接

蓄水隔热层划分蓄水区和设分仓缝，主要是防止蓄水面积过大引起屋面开裂及损坏防水层。根据使用情况，蓄水深度宜为150～200 mm，低于此深度隔热效果不理想，高于此深度加重荷载，隔热效果提高并不大，且当水较深时夏季白天水温升高，晚间水温降低放热，反而导致室温增加。蓄水隔热层设置人行通道，对于使用过程中的管理是非常重要的。

4.3.5 卷材及涂膜防水层设计

卷材、涂膜屋面防水等级和防水做法应符合表4-6的规定。

表4-6 卷材、涂膜屋面防水等级和防水做法

防水等级	防水做法
Ⅰ级	卷材防水层和卷材防水层、卷材防水层和涂膜防水层、复合防水层
Ⅱ级	卷材防水层、涂膜防水层、复合防水层

注：在Ⅰ级屋面防水做法中，防水层仅做单层卷材时，应符合有关单层防水卷材屋面技术的规定。

防水卷材的选择应符合下列规定。

(1)防水卷材可按合成高分子防水卷材和高聚物改性沥青防水卷材选用，其外观质量和品种、规格应符合国家现行有关材料标准的规定。

(2)应根据当地历年最高气温、最低气温、屋面坡度和使用条件等因素，选择与耐热度、低温柔性相适应的卷材。

(3)应根据地基变形程度、结构形式、当地年温差、日温差和振动等因素，选择与拉伸性能相适应的卷材。

(4)应根据屋面卷材的暴露程度，选择耐紫外线、耐老化、耐霉烂相适应的卷材。

(5)种植隔热屋面的防水层应选择耐根穿刺防水卷材。

防水涂料的选择应符合下列规定。

(1)防水涂料可按合成高分子防水涂料、聚合物水泥防水涂料和高聚物改性沥青防水涂料选用，其外观质量和品种、型号应符合国家现行有关材料标准的规定。

(2)应根据当地历年最高气温、最低气温、屋面坡度和使用条件等因素，选择耐热性、低温柔性相适应的涂料。

(3)应根据地基变形程度、结构形式、当地年温差、日温差和振动等因素，选择与拉伸性能相适应的涂料。

(4)应根据屋面涂膜的暴露程度，选择耐紫外线、耐老化相适应的涂料。

(5)屋面坡度大于25%时，应选择成膜时间较短的涂料。

知识链接

我国地域广阔，历年最高气温、最低气温、年温差、日温差等气候变化幅度大，各类建筑的使用条件、结构形式和变形差异很大，涂膜防水层用于暴露还是埋置的形式也不同。高温地区应选择耐热性高的防水涂料，以防流淌；严寒地区应选择低温柔性好的防水涂料，以免冷脆；对结构变形较大的建筑屋面，应选择延伸率大的防水涂料，以适应变形；对暴露式的涂膜防水层，应选用耐紫外线的防水涂料，以提高使用年限。

复合防水层设计应符合下列规定。

(1)选用的防水卷材与防水涂料应相容。

(2)防水涂膜宜设置在防水卷材的下面。

(3)挥发固化型防水涂料不得作为防水卷材黏结材料使用。

(4)在水乳型或合成高分子类防水涂膜上面不得采用热熔型防水卷材。

(5)水乳型或水泥基类防水涂料，应待涂膜实干后再采用冷粘铺贴卷材。

每道卷材防水层的最小厚度应符合表4-7的规定。

表4-7 每道卷材防水层的最小厚度

单位：mm

防水等级	合成高分子防水卷材	高聚物改性沥青防水卷材		
		聚酯胎、玻纤胎、聚乙烯胎	自粘聚酯胎	自粘无胎
Ⅰ级	1.2	3.0	2.0	1.5
Ⅱ级	1.5	4.0	3.0	2.0

每道涂膜防水层的最小厚度应符合表4-8的规定。

表4-8 每道涂膜防水层的最小厚度

单位：mm

防水等级	合成高分子防水涂膜	聚合物水泥防水涂膜	高聚物改性沥青防水涂膜
Ⅰ级	1.5	1.5	2.0
Ⅱ级	2.0	2.0	3.0

复合防水层的最小厚度应符合表4-9的规定。

表4-9 复合防水层的最小厚度

单位：mm

防水等级	合成高分子防水卷材+合成高子防水涂膜	自粘聚合物改性沥青防水卷材(无胎)+合成高分子防水涂膜	高聚物改性沥青防水卷材+高聚物改性沥青防水涂膜	聚乙烯丙纶卷材+聚合物水泥防水胶结材料
Ⅰ级	1.2+1.5	1.5+1.5	3.0+2.0	(0.7+1.3)×2
Ⅱ级	1.0+1.0	1.2+1.0	3.0+1.2	0.7+1.3

下列情况不得作为屋面的一道防水设防：混凝土结构层、Ⅰ型喷涂硬泡聚氨酯保温层、装饰瓦及不搭接瓦、隔汽层、细石混凝土层、卷材或涂膜厚度不符合规范规定的防水层。

附加层设计应符合下列规定。

(1)檐沟、天沟与屋面交接处，屋面平面与立面交接处，以及水落口、伸出屋面管道根部等部位，均应设置卷材或涂膜附加层。

(2)屋面找平层分格缝等部位宜设置卷材空铺附加层，其空铺宽度不宜小于 100 mm。

(3)附加层的最小厚度应符合表 4-10 的规定。

表 4-10　附加层的最小厚度

单位：mm

附加层材料	最小厚度
合成高分子防水卷材	1.2
高聚物改性沥青防水卷材(聚酯胎)	3.0
合成高分子防水涂料、聚合物水泥防水涂料	1.5
高聚物改性沥青防水涂料	2.0

注：涂膜附加层应夹铺胎体增强材料。

防水卷材接缝应采用搭接缝，卷材搭接宽度应符合表 4-11 的规定。

表 4-11　卷材搭接宽度

单位：mm

卷材类别	搭接宽度	
合成高分子防水卷材	胶黏剂	80
	胶黏带	50
	单缝焊	60，有效焊接宽度不小于 25
	双缝焊	80，有效焊接宽度 10×2+空腔宽
高聚物改性沥青防水卷材	胶黏剂	100
	自粘	80

胎体增强材料设计应符合下列规定。

(1)胎体增强材料宜采用聚酯无纺布或化纤无纺布。

(2)胎体增强材料长边搭接宽度不应小于 50 mm，短边搭接宽度不应小于 70 mm。

(3)上下层胎体增强材料的长边搭接缝应错开，且不得小于幅宽的 1/3。

(4)上下层胎体增强材料不得相互垂直铺设。

知识链接

附加层一般是设置在屋面易渗漏、防水层易破坏的部位，如平面与立面的结合部位、水落口、伸出屋面管道根部、预埋件等关键部位，防水层基层后期产生裂缝或可预见变形的部位。前者设置涂膜附加层，后者设置卷材空铺附加层。附加层设置得当，能起到事半功倍的作用。

对于屋面防水层基层可预见变形的部位，如分格缝、构件与构件、构件与配件接缝部位，宜设置卷材空铺附加层，以保证基层变形时防水层有足够的变形区间，避免防水层被拉裂或疲劳破坏。附加层的卷材与防水层的卷材相同，附加层的空铺宽度应根据基层接缝部位的变形量和卷材抗变形能力而定。空铺附加层的做法有在附加层的两边条粘、单边粘贴、铺贴隔离纸，涂刷隔离剂等。

4.3.6 接缝密封防水设计

屋面接缝密封防水使防水层形成一个连续的整体，能在温差变化及振动、冲击、错动等条件下起到防水作用，这就要求密封材料必须经受得起长期的压缩拉伸、振动疲劳作用，还必须具备一定的弹塑性、黏结性、耐候性和位移能力。

屋面接缝按密封材料的使用方式，分为位移接缝和非位移接缝。屋面接缝密封防水的技术要求应符合表4-12的规定。

表4-12 屋面接缝密封防水的技术要求

接缝种类	密封部位	密封材料
位移接缝	混凝土面层分格接缝	改性石油沥青密封材料、合成高分子密封材料
	块体面层分格缝	改性石油沥青密封材料、合成高分子密封材料
	采光顶玻璃接缝	硅酮耐候密封胶
	采光顶周边接缝	合成高分子密封材料
	采光顶隐框玻璃与金属框接缝	硅酮结构密封胶
	采光顶明框单元板块间接缝	硅嗣耐候密封胶
非位移接缝	高聚物改性沥青卷材收头	改性石油沥青密封材料
	合成高分子卷材收头及接缝封边	合成高分子密封材料
	混凝土基层固定件周边接缝	改性石油沥青密封材料、合成高分子密封材料
	混凝土构件间接缝	改性石油沥青密封材料、合成高分子密封材料

接缝密封防水设计应保证密封部位不渗水，并应做到接缝密封防水与主体防水层相匹配。

密封材料的选择应符合下列规定。

(1)应根据当地历年最高气温、最低气温、屋面构造特点和使用条件等因素，选择与耐热度、低温柔性相适应的密封材料。

(2)应根据屋面接缝变形的大小以及接缝的宽度，选择与位移能力相适应的密封材料。

(3)应根据屋面接缝黏结性的要求，选择与基层材料相容的密封材料。

(4)应根据屋面接缝的暴露程度，选择耐高低温、耐紫外线、耐老化和耐潮湿等的密封材料。

位移接缝密封防水设计应符合下列规定。

(1)接缝宽度应按屋面接缝位移量计算确定。

(2)接缝的相对位移量不应大于可供选择密封材料的位移能力。

(3)密封材料的嵌填深度宜为接缝宽度的50%～70%。

(4)接缝处的密封材料底部应设置背衬材料，背衬材料应大于接缝宽度的20%，嵌入深度应为密封材料的设计厚度。

(5)背衬材料应选择与密封材料不黏结或黏结力弱的材料，并应能适应基层的伸缩变形，同时应具有施工时不变形、复原率高和耐久性好等性能。

4.3.7 保护层和隔离层设计

上人屋面保护层可采用块体材料、细石混凝土等材料，不上人屋面保护层可采用浅色涂料、铝箔、矿物粒料、水泥砂浆等材料。保护层材料的适用范围和技术要求应符合表4-13的规定。

表4-13 保护层材料的适用范围和技术要求

保护层材料	适用范围	技术要求
浅色涂料	不上人屋面	丙烯酸系反射涂料
铝箔	不上人屋面	0.05 mm厚铝箔反射膜
矿物粒料	不上人屋面	不透明的矿物粒料
水泥砂浆	不上人屋面	20 mm厚1∶2.5或M15水泥砂浆
块体材料	上人屋面	地砖或30 mm厚C20细石混凝土预制块
细石混凝土	上人屋面	40 mm厚C20细石混凝土或50 mm厚C20细石混凝土内配ϕ4@100双向钢筋网片

知识链接

浅色涂料是指丙烯酸系反射涂料，它主要由丙烯酸醋树脂加工而成，具有良好的黏结性和不透水性；产品化学性质稳定，能长期经受日光照射和气候条件变化的影响，具有优良的耐紫外线、耐老化性和耐久性，可在各类防水材料基面上做耐候、耐紫外线罩面防护。

(1)采用淡色涂料做保护层时，应与防水层黏结牢固，厚薄应均匀，不得漏涂。

(2)采用块体材料做保护层时，宜设分格缝，其纵横间距不宜大于10 m，分格缝宽度宜为20 mm，并应用密封材料嵌填。

(3)采用水泥砂浆做保护层时，表面应抹平压光，并应设表面分格缝，分格面积宜为1 m^2。

(4)采用细石混凝土做保护层时，表面应抹平压光，并应设分格缝，其纵横间距不应大于6 m，分格缝的宽度宜为10～20 mm，并应用密封材料嵌填。

块体材料、水泥砂浆、细石混凝土保护层与女儿墙或山墙之间，应预留宽度为30 mm的缝隙，缝内宜填塞聚苯乙烯泡沫塑料，并应用密封材料嵌填；需经常维护的设施周围和屋面出入口至设施之间的人行道，应铺设块体材料或细石混凝土保护层；块体材料、水泥砂浆、细石混凝土保护层与卷材、涂膜防水层之间，应设置隔离层。隔离层材料的适用范围和技术要求宜符合表4-14的规定。

表 4-14　隔离层材料的适用范围和技术要求

隔离层材料	适用范围	技术要求
塑料膜	块体材料、水泥砂浆保护层	0.4 mm 厚聚乙烯膜或 3 mm 厚发泡聚乙烯膜
土工布	块体材料、水泥砂浆保护层	200 g/m^2 聚酯无纺布
卷材	块体材料、水泥砂浆保护层	石油沥青卷材一层
低强度等级砂浆	细石混凝土保护层	10 mm 厚黏土砂浆，石灰膏：砂：黏土＝1：2.4：3.6
		10 mm 厚石灰砂浆，石灰膏：砂＝1：4
		5 mm 厚掺有纤维的石灰砂浆

知识链接

屋面上常设有水箱、冷却塔、太阳能热水器等设施，需定期进行维护或修理，为避免在搬运材料、工具及维护作业中，对防水层造成损伤和破坏，规范规定在经常维护设施周围与出入口之间的人行道应设置块体材料或细石混凝土保护层。

4.3.8　瓦屋面设计

瓦屋面的防水等级和防水做法应符合表 4-15 的规定。

表 4-15　瓦屋面的防水等级和防水做法

防水等级	防水做法
Ⅰ级	瓦＋防水层
Ⅱ级	瓦＋防水垫层

瓦屋面应根据瓦的类型和基层种类采取相应的构造做法。瓦屋面与山墙及突出屋面结构的交接处，均应做不小于 250 mm 高的泛水处理。在大风及地震设防地区或屋面坡度大于 100%时，应对瓦片采取固定加强措施。严寒及寒冷地区瓦屋面的檐口部位应采取防止冰雪融化下坠和冰坝形成等措施。

防水垫层在瓦屋面中起着重要作用，因为“瓦”本身还不能算作是一种防水材料，只有瓦和防水垫层组合后才能形成一道防水设防。防水垫层质量的好坏，直接关系到瓦屋面质量的好坏。防水垫层宜采用自粘聚合物沥青防水垫层、聚合物改性沥青防水垫层，其最小厚度和搭接宽度应符合表 4-16 的规定。

表 4-16　防水垫层的最小厚度和搭接宽度

单位：mm

防水垫层品种	最小厚度	搭接宽度
自粘聚合物沥青防水垫层	1.0	80
聚合物改性沥青防水垫层	2.0	100

在满足屋面荷载的前提下，瓦屋面持钉层厚度应符合下列规定。

(1)持钉层为木板时，其厚度不应小于 20 mm。

(2)持钉层为人造板时,其厚度不应小于16 mm。

(3)持钉层为细石混凝土时,其厚度不应小于35 mm。

瓦屋面檐沟、天沟的防水层,既可采用防水卷材或防水涂膜,也可采用金属板材。

1. 烧结瓦、混凝土瓦屋面

烧结瓦、混凝土瓦屋面的坡度不应小于30%,应采用干法挂瓦,瓦与屋面基层应固定牢靠,对采用的木质基层、顺水条、挂瓦条均应做防腐、防火和防蛀处理;对采用的金属顺水条、挂瓦条均应做防锈蚀处理。

烧结瓦和混凝土瓦铺装的有关尺寸应符合下列规定。

(1)瓦屋面檐口挑出墙面的长度不宜小于300 mm。

(2)脊瓦在两坡面瓦上的搭盖宽度,每边不应小于40 mm。

(3)脊瓦下端距坡面瓦的高度不宜大于80 mm。

(4)瓦头伸入檐沟、天沟内的长度宜为50～70 mm。

(5)金属檐沟、天沟伸入瓦内的宽度不应小于150 mm。

(6)瓦头挑出檐口的长度宜为50～70 mm。

(7)突出屋面结构的侧面瓦伸入泛水的宽度不应小于50 mm。

2. 沥青瓦屋面

沥青瓦屋面的坡度不应小于20%,应具有自粘胶带或相互搭接的连锁构造。矿物粒料或片料覆面沥青瓦的厚度不应小于2.6 mm,金属箔面沥青瓦的厚度不应小于2 mm。

沥青瓦的固定方式应以钉为主、黏结为辅。每张瓦片上不得少于4个固定钉;在大风地区或屋面坡度大于100%时,每张瓦片不得少于6个固定钉。

天沟部位铺设的沥青瓦可采用搭接式、编织式、敞开式。采用搭接式、编织式铺设时,沥青瓦下应增设不小于1 000 mm宽的附加层;采用敞开式铺设时,在防水层或防水垫层上应铺设厚度不小于0.45 mm的防锈金属板材,沥青瓦与金属板材应用沥青基胶结材料黏结,其搭接宽度不应小于100 mm。

沥青瓦铺装的有关尺寸应符合下列规定。

(1)脊瓦在两坡面瓦上的搭盖宽度,每边不应小于150 mm。

(2)脊瓦与脊瓦的压盖面不应小于脊瓦面积的1/2。

(3)沥青瓦挑出檐口的长度宜为10～20 mm。

(4)金属泛水板与沥青瓦的搭盖宽度不应小于100 mm。

(5)金属泛水板与突出屋面墙体的搭接高度不应小于250 mm。

(6)金属滴水板伸入沥青瓦下的宽度不应小于80 mm。

知识链接

沥青瓦屋面由于具有重量轻、颜色多样、施工方便、可在木基层或混凝土基层上使用等优点,近年来在坡屋面工程中应用广泛。沥青瓦屋面必须具有一定的坡度,如果屋面坡度过小,则不利于屋面雨水排出,而且在沥青瓦片之间还可能发生浸水现象,所以规定沥青瓦屋面的坡度不应小于20%。当沥青瓦屋面坡度过大或在大风地区,瓦片易出现下滑或被大风掀起现象,所以应采取加固措施,以确保沥青瓦屋面的工程质量。

4.3.9 金属板屋面设计

金属板屋面是由金属面板与支承结构组成，金属板屋面的防水等级和防水做法应符合表4-17的规定。

表4-17 金属板屋面的防水等级和防水做法

防水等级	防水做法
Ⅰ级	压型金属板＋防水垫层
Ⅱ级	压型金属板、金属面绝热夹芯板

注1：当防水等级为Ⅰ级时，压型铝合金板基板厚度不应小于0.9 mm；压型钢板基板厚度不应小于0.6 mm。

注2：当防水等级为Ⅰ级时，压型金属板应采用360°破口锁边连接方式。

注3：在Ⅰ级屋面防水做法中，仅作压型金属板时，应符合相关规定。

金属板屋面可按建筑设计要求，选用彩色涂层钢板、镀层钢板、不锈钢板、铝合金板、铁合金板和铜合金板等金属板材。金属板材及其配套的紧固件、密封材料的品种、规格和性能等应符合现行国家有关材料标准的规定。

金属板屋面应按围护结构进行设计，并应具有相应的承载力、刚度、稳定性和变形能力。金属板屋面设计应根据当地风荷载、结构体形、热工性能、屋面坡度等情况，采用相应的压型金属板板型及构造系统。

对于金属板屋面，宜在保温层的下面设置隔汽层，在保温层的上面设置防水透气膜。

建筑室内表面发生结露会给室内环境带来负面影响，如果长时间的结露则会滋生霉潮，对人体健康造成有害影响。室内表面出现结露最直接的原因是内表面温度低于室内空气的露点温度。一般来说，在金属板屋面结构内表面大面积结露的可能性不大，结露往往都出现在热桥位置附近。金属板屋面的防结露设计，应符合《民用建筑热工设计规范》(GB 50176—2016)的有关规定。

(1)压型金属板采用咬口锁边连接时，屋面的排水坡度不宜小于5%；压型金属板采用紧固件连接时，屋面的排水坡度不宜小于10%。

(2)金属檐沟、天沟的伸缩缝间距不宜大于30 m；内檐沟及内天沟应设置溢流口或溢流系统，沟内宜按0.5%找坡。

(3)金属板的伸缩变形除应满足咬口锁边连接或紧固件连接的要求外，还应满足檩条、檐口及天沟等的使用要求，且金属板的最大伸缩变形量不应超过100 mm。

(4)金属板在主体结构的变形缝处宜断开，变形缝上部应加扣带伸缩的金属盖板。

(5)金属板屋面应进行细部构造设计的部位有：屋面系统的变形缝，高低跨处泛水，屋面板缝、单元体构造缝，檐沟、天沟、水落口，屋面金属板材收头，洞口、局部凸出体收头，其他复杂的构造部位。

压型金属板采用咬口锁边连接的构造应符合下列规定。

(1)在檀条上应设置与压型金属板波形相配套的专用固定支座，并应用自攻螺钉与模条连接。

(2)压型金属板应搁置在固定支座上，两片金属板的侧边应确保在风吸力等因素作用下扣合或咬合，可靠连接。

(3)在大风地区或高度大于 30 m 的屋面，压型金属板应采用 360°咬口锁边连接。

(4)大面积屋面和弧状或组合弧状屋面，压型金属板的立边咬合宜采用暗扣直立锁边屋面系统。

(5)单坡尺寸过长或环境温差过大的屋面，压型金属板宜采用滑动式支座的 360°咬口锁边连接。

压型金属板采用紧固件连接的构造应符合下列规定。

(1)铺设高波压型金属板时，在檩条上应设置固定支架，固定支架应采用自攻螺钉与檩条连接，连接件宜每波设置一个。

(2)铺设低波压型金属板时，可不设固定支架，宜在波峰处采用带有防水密封胶垫的自攻螺钉与檩条连接，连接件可每波或隔波设置一个，但每块板不得少于 3 个。

(3)压型金属板的纵向搭接应位于檩条处，搭接端应与檩条有可靠的连接，搭接部位应设置防水密封胶带。压型金属板的纵向最小搭接长度应符合表 4-18 的规定。

表 4-18 压型金属板的纵向最小搭接长度

单位：mm

压型金属板		纵向最小搭接长度
高波压型金属板		350
低波压型金属板	屋面坡度≤10%	250
	屋面坡度>10%	200

(4)压型金属板的横向搭接方向宜与主导风向一致，搭接不应小于一个波，搭接部位应设置防水密封胶带。搭接处用连接件紧固时，连接件应采用带防水密封胶垫的自攻螺钉设置在波峰上。

金属面绝热夹芯板采用紧固件连接的构造，应符合下列规定。

(1)应采用屋面板压盖和带防水密封胶垫的自攻螺钉，将夹芯板固定在檩条上。

(2)夹芯板的纵向搭接应位于檩条处，每块板的支座宽度不应小于 50 mm，支承处宜采用双檩或檩条一侧加焊通长角钢。

(3)夹芯板的纵向搭接应顺流水方向，纵向搭接长度不应小于 200 mm，搭接部位均应设置防水密封胶带，并应用拉铆钉连接。

(4)夹芯板的横向搭接方向宜与主导风向一致，搭接尺寸应按具体板型确定，连接部位均应设置防水密封胶带，并应用拉铆钉连接。

金属板屋面铺装的有关尺寸应符合下列规定。

(1)金属板檐口挑出墙面的长度不应小于 200 mm。

(2)金属板伸入檐沟、天沟内的长度不应小于 100 mm。

(3)金属泛水板与突出屋面墙体的搭接高度不应小于 250 mm。

(4)金属泛水板、变形缝盖板与金属板的搭盖宽度不应小于 200 mm。

(5)金属屋脊盖板在两坡面金属板上的搭盖宽度不应小于 250 mm。

压型金属板和金属面绝热夹芯板的外露自攻螺钉、拉铆钉，均应采用硅酮耐候密封胶密封。固定支座应选用与支承构件相同材质的金属材料，当选用不同材质金属材料并易产生电化学腐蚀时，固定支座与支承构件之间应采用绝缘垫片或采取其他防腐蚀措施。采光带设置宜高出金属板屋面 250 mm，四周与金属板屋面的交接处均应做泛水处理。

金属板屋面应按设计要求提供抗风揭试验验证报告。

知识链接

金属面绝热夹芯板是将彩色涂层钢板面板及底板与硬质聚氨酯、聚苯乙烯、岩棉、矿渣棉、玻璃棉芯材通过黏结剂或发泡复合而成的保温复合板材。

4.3.10 玻璃采光顶设计

玻璃采光顶是指由直接承受屋面荷载和作用的玻璃透光面板与支承体系所组成的围护结构与水平面的夹角小于75°的围护结构和装饰性结构，其设计应根据建筑物的屋面形式、使用功能和美观要求选择结构类型、材料和细部构造。玻璃采光顶的物理性能等级应根据建筑物的类别、高度、外形、功能以及建筑物所在的地理位置、气候和环境条件进行设计。其物理性能分级指标应符合《建筑玻璃采光顶技术要求》(JG/T 231—2018)的有关规定。

知识链接

玻璃采光顶的支承结构主要有钢结构、钢索杆结构、铝合金结构等，采光顶的支承形式包括桁架、网架、拱壳、圆穹等；玻璃采光顶应按围护结构设计，主要承受自重以及直接作用于其上的风雪荷载、地震作用、温度作用等，不分担主体结构承受的荷载或地震作用。玻璃采光顶应具有足够的承载能力、刚度和稳定性，能够适应主体结构的变形及承受可能出现的温度作用。同时，玻璃采光顶的构造设计除应满足安全、实用、美观的要求外，尚应便于制作、安装、维修保养和局部更换。

玻璃采光顶所用支承构件，透光面板及其配套的紧固件，连接件，密封材料的品种、规格和性能等应符合国家现行有关材料标准的规定。

玻璃采光顶应采用支承结构找坡，排水坡度不宜小于3%。对高低跨处泛水，采光板板缝、单元体构造缝、天沟、檐沟、水落口、采光顶周边交接部位、洞口、局部凸出体收头以及其他复杂的构造部位应进行细部构造设计。

玻璃采光顶的防结露设计应符合《民用建筑热工设计规范》(GB 50176—2016)的有关规定；对玻璃采光顶内侧的冷凝水，应采取控制、收集和排除的措施；对支承结构选用的金属材料应做防腐处理，铝合金型材应做表面处理；不同金属构件接触面之间应采取隔离措施。

玻璃采光顶的玻璃应符合下列规定。

(1)玻璃采光顶应采用安全玻璃，宜采用夹层玻璃或夹层中空玻璃。

(2)玻璃原片应根据设计要求选用，且单片玻璃厚度不宜小于6 mm。

(3)夹层玻璃的玻璃原片厚度不宜小于5 mm。

(4)上人的玻璃采光顶应采用夹层玻璃。

(5)点支承玻璃采光顶应采用钢化夹层玻璃。

(6)所有采光顶的玻璃应进行磨边倒角处理。

玻璃采光顶所采用的夹层玻璃除应符合《建筑用安全玻璃 第3部分：夹层玻璃》

(GB 15763.3—2009)的有关规定外,尚应符合下列规定。

(1)夹层玻璃宜为干法加工合成,夹层玻璃的两片玻璃厚度相差不宜大于 2 mm。

(2)夹层玻璃的胶片宜采用聚乙烯醇缩丁醛胶片,聚乙烯醇缩丁醛胶片的厚度不应小于 0.76 mm。

(3)暴露在空气中的夹层玻璃边缘应进行密封处理。

玻璃采光顶所采用的夹层中空玻璃除应符合上述规定和《中空玻璃》(GB/T 11944—2012)的有关规定外,尚应符合下列规定。

(1)中空玻璃气体层的厚度不应小于 12 mm。

(2)中空玻璃宜采用双道密封结构。隐框或半隐框中空玻璃的二道密封应采用硅酮结构密封胶。

(3)中空玻璃的夹层面应在中空玻璃的下表面。

采光顶玻璃组装采用镶嵌方式时,应采取防止玻璃整体脱落的措施。玻璃与构件槽口的配合尺寸应符合《建筑玻璃采光顶技术要求》(JG/T 231—2018)的有关规定;玻璃四周应采用密封胶条镶嵌,其性能应符合《硫化橡胶和热塑性橡胶　建筑用预成型密封垫的分类、要求和试验方法》(GB/T 23654—2009)和《工业用橡胶板》(GB/T 5574—2008)的有关规定。

采光顶玻璃组装采用胶黏方式时,隐框和半隐框构件的玻璃与金属框之间应采用与接触材料相容的硅酮结构密封胶黏结,其黏结宽度及厚度应符合强度要求。硅酮结构密封胶应符合《建筑用硅酮结构密封胶》(GB 16776—2005)的有关规定。

采光顶玻璃采用点支组装方式时,连接件的钢制驳接爪与玻璃之间应设置衬垫材料,衬垫材料的厚度不宜小于 1 mm,面积不应小于支承装置与玻璃的结合面。

玻璃间的接缝宽度应能满足玻璃和密封胶的变形要求,且不应小于 10 mm;密封胶的嵌填深度宜为接缝宽度的 50%～70%,较深的密封槽口底部应采用聚乙烯发泡材料填塞。玻璃接缝密封宜选用位移能力级别为 25 级的硅酮耐候密封胶,密封胶应符合有关规定。

知识链接

夹层玻璃是一种性能良好的安全玻璃,是用聚乙烯醇缩丁醛(PVB)胶片将两块玻璃黏结在一起,当受到外力冲击时,玻璃碎片粘在 PVB 胶片上,可以避免飞溅伤人。

钢化玻璃是将普通玻璃加热后急速冷却形成的,当其被打破时,玻璃碎片细小而无锐角,不会造成割伤。

4.3.11　细部构造设计

屋面细部构造应包括檐口、檐沟和天沟、女儿墙和山墙、水落口、变形缝、伸出屋面管道、屋面出入口、反梁过水孔、设施基座、屋脊、屋顶窗等部位。

细部构造设计应做到多道设防、复合用材、连续密封、局部增强,并应满足使用功能、温差变形、施工环境条件和可操作性等要求,其所用的密封材料应符合规范规定。对细部构造中容易形成热桥的部位均应进行保温处理,在檐口、檐沟外侧下端及女儿墙压顶内侧下端等部位均应做滴水处理，滴水槽的宽度和深度均不宜小于 10 mm。

1. 檐口

卷材防水屋面檐口 800 mm 范围内的卷材应满粘，卷材收头应采用金属压条钉压，并应用密封材料封严。檐口下端应做鹰嘴和滴水槽，如图 4-6 所示。

涂膜防水屋面檐口的涂膜收头应用防水涂料多遍涂刷。檐口下端应做鹰嘴和滴水槽，如图 4-7 所示。

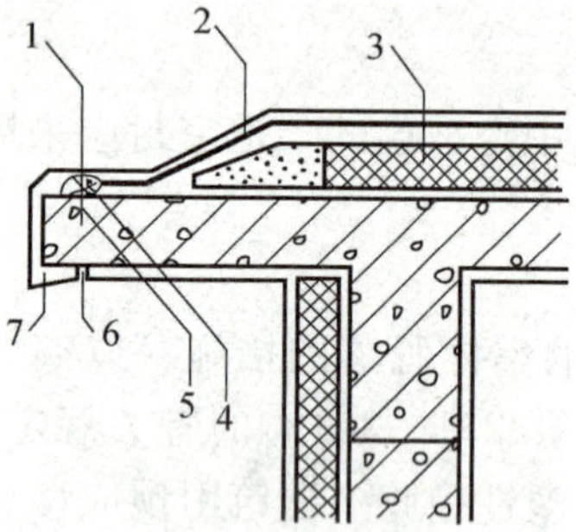

图 4-6　卷材防水屋面檐口

1—密封材料；2—卷材防水层；3—保温层；4—金属压条；5—水泥钉；6—滴水槽；7—鹰嘴

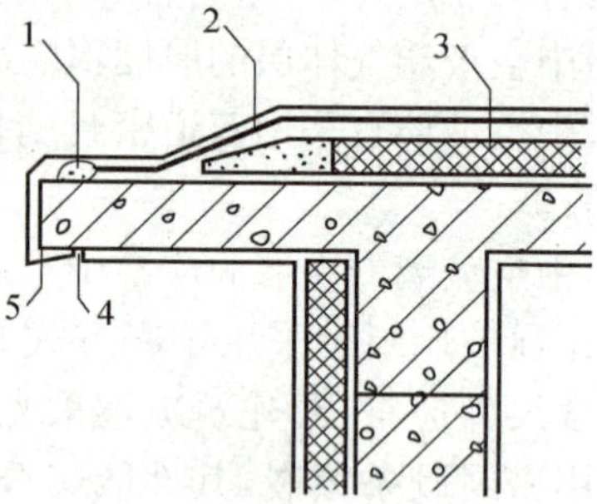

图 4-7　涂膜防水屋面檐口

1—涂料；2—涂膜防水层；3—保温层；4—滴水槽；5—鹰嘴

烧结瓦、混凝土瓦屋面的瓦头挑出檐口的长度宜为 50～70 mm，如图 4-8 和图 4-9 所示。

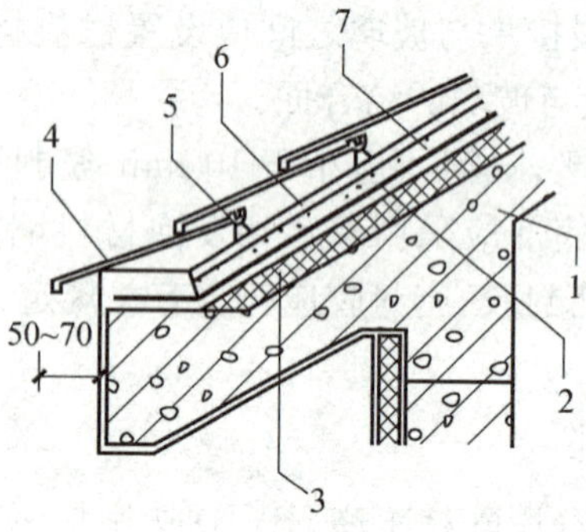

图 4-8　烧结瓦、混凝土瓦屋面檐口(一)

1—结构层；2—防水层或防水垫层；3—保温层；4—烧结瓦或混凝土瓦；5—挂瓦条；6—顺水条；7—持钉层

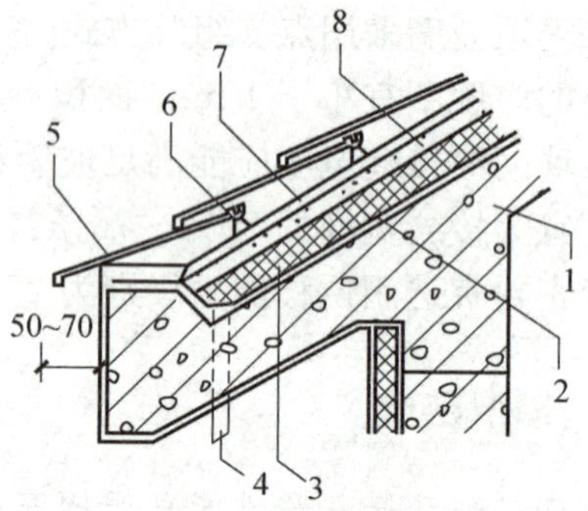

图 4-9　烧结瓦、混凝土瓦屋面檐口(二)

1—结构层；2—防水层或防水垫层；3—保温层；4—泄水管；5—烧结瓦或混凝土瓦；6—挂瓦条；7—顺水条；8—持钉层

沥青瓦屋面的瓦头挑出檐口的长度宜为 10～20 mm；金属滴水板应固定在基层上，伸入沥青瓦下的宽度不应小于 80 mm，向下延伸的长度不应小于 60 mm，如图 4-10 所示。

金属板屋面檐口挑出墙面的长度不应小于 200 mm，屋面板与墙板交接处应设置金属封檐板和压条，如图 4-11 所示。

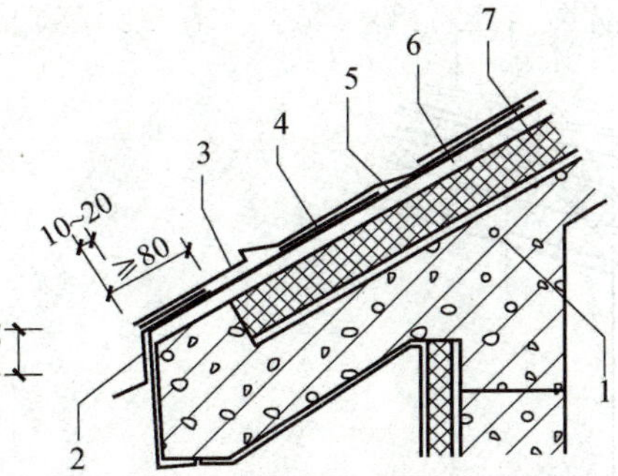

图 4-10 沥青瓦屋面檐口

1—结构层；2—金属滴水板；3—起始层沥青瓦；4—沥青瓦；
5—防水层或防水垫层；6—持钉层；7—保温层

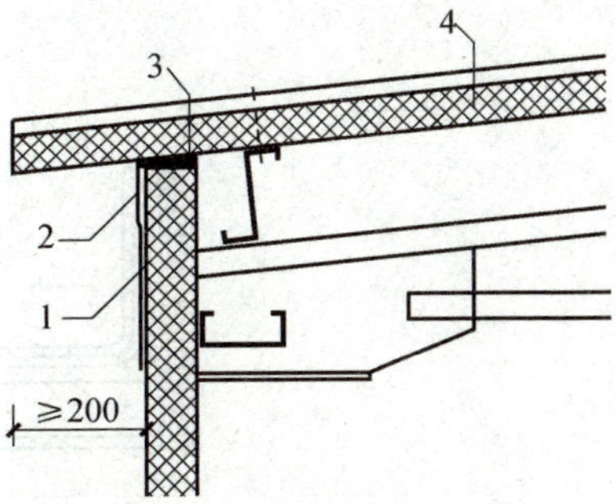

图 4-11 金属板屋面檐口

1—金属封檐板；2—金属压条；
3—通长密封条；4—金属板

2. 檐沟和天沟

卷材或涂膜防水屋面檐沟(如图 4-12 所示)和天沟的防水构造应符合下列规定。

(1)檐沟和天沟的防水层下应增设附加层，附加层伸入屋面的宽度不应小于 250 mm。

(2)檐沟防水层和附加层应由沟底翻上至外侧顶部，卷材收头应用金属压条钉压，并应用密封材料封严，涂膜收头应用防水涂料多遍涂刷。

(3)檐沟外侧下端应做鹰嘴或滴水槽。

(4)当檐沟外侧高于屋面结构板时，应设置溢水口。

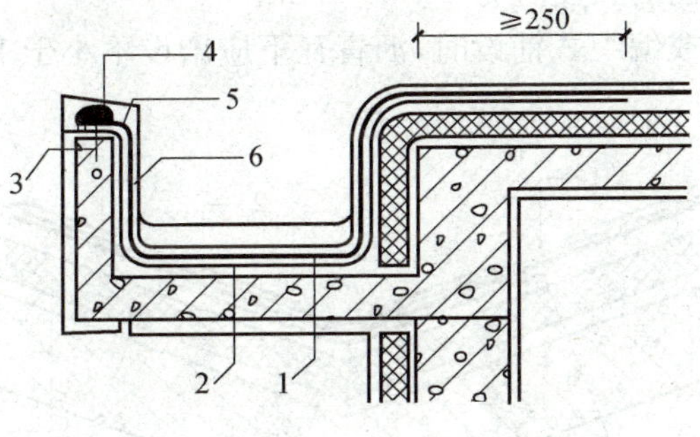

图 4-12 卷材、涂膜防水屋面檐沟

1—防水层；2—附加层；3—水泥钉；4—密封材料；5—金属压条；6—保护层

烧结瓦、混凝土瓦屋面檐沟(如图 4-13 所示)和天沟的防水构造应符合下列规定。

(1)檐沟和天沟防水层下应增设附加层，附加层伸入屋面的宽度不应小于 500 mm。

(2)檐沟和天沟防水层伸入瓦内的宽度不应小于 150 mm，并应与屋面防水层或防水垫层顺流水方向搭接。

(3)檐沟防水层和附加层应由沟底翻上至外侧顶部，卷材收头应用金属压条钉压，并应用密封材料封严；涂膜收头应用防水涂料多遍涂刷。

(4)烧结瓦、混凝土瓦伸入檐沟、天沟内的长度宜为 50～70 mm。

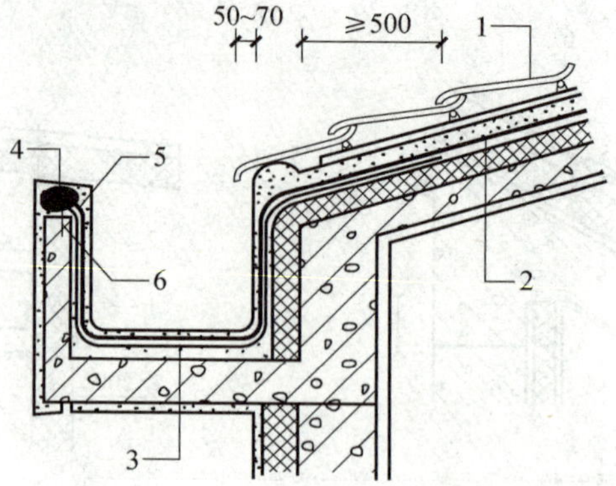

图 4-13　烧结瓦、混凝土瓦屋面檐沟

1—烧结瓦或混凝土瓦；2—防水层或防水垫层；3—附加层；
4—密封材料；5—金属压条；6—水泥钉

沥青瓦屋面檐沟和天沟的防水构造应符合下列规定。

(1)檐沟防水层下应增设附加层,附加层伸入屋面的宽度不应小于 500 mm。

(2)檐沟防水层伸入瓦内的宽度不应小于 150 mm,并应与屋面防水层或防水垫层顺流水方向搭接。

(3)檐沟防水层和附加层应由沟底翻上至外侧顶部,卷材收头应用金属压条钉压,并应用密封材料封严;涂膜收头应用防水涂料多遍涂刷。

(4)沥青瓦伸入檐沟内的长度宜为 10～20 mm。

(5)天沟采用搭接式或编织式铺设时,沥青瓦下应增设不小于 1 000 mm 宽的附加层,如图 4-14 所示。

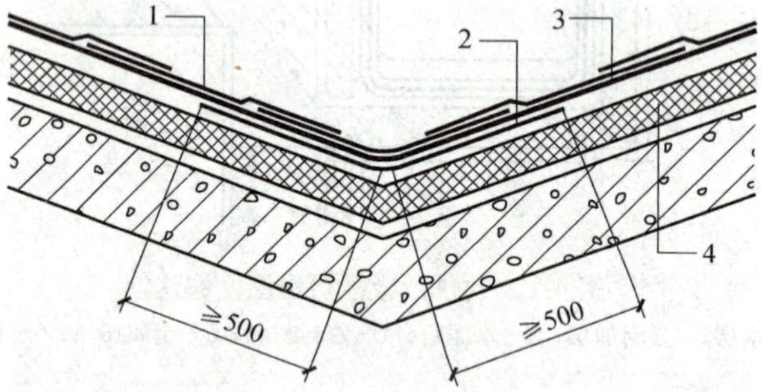

图 4-14　沥青瓦屋面天沟

1—沥青瓦；2—附加层；3—防水层或防水垫层；4—保温层

(6)天沟采用敞开式铺设时,在防水层或防水垫层上应铺设厚度不小于 0.45 mm 的防锈金属板材,沥青瓦与金属板材应顺流水方向搭接,搭接缝应用沥青基胶结材料黏结,搭接宽度不应小于 100 mm。

3. 女儿墙和山墙

女儿墙的防水构造应符合下列规定。

(1)女儿墙压顶可采用混凝土或金属制品。压顶向内排水坡度不应小于 5%,压顶内侧下端应做滴水处理。

(2)女儿墙泛水处的防水层下应增设附加层，附加层在平面和立面的宽度均不应小于250 mm。

(3)低女儿墙泛水处的防水层可直接铺贴或涂刷至压顶下，卷材收头应用金属压条钉压固定，并应用密封材料封严；涂膜收头应用防水涂料多遍涂刷，如图 4-15 所示。

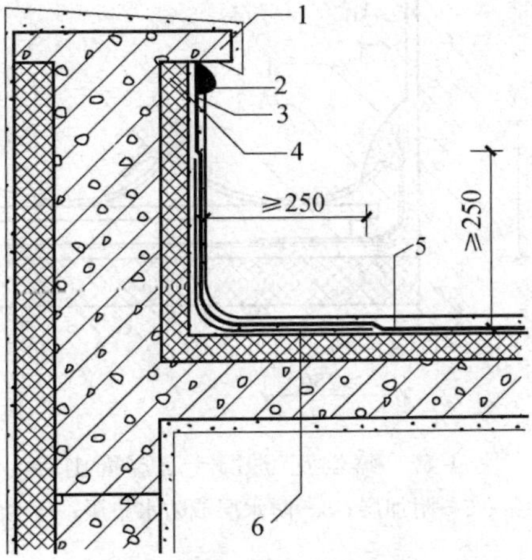

图 4-15 低女儿墙

1—压顶；2—密封材料；3—金属压条；4—水泥钉；
5—防水层；6—附加层

(4)高女儿墙泛水处的防水层泛水高度不应小于 250 mm，防水层收头应符合相关规范规定，泛水上部的墙体应做防水处理，如图 4-16 所示。

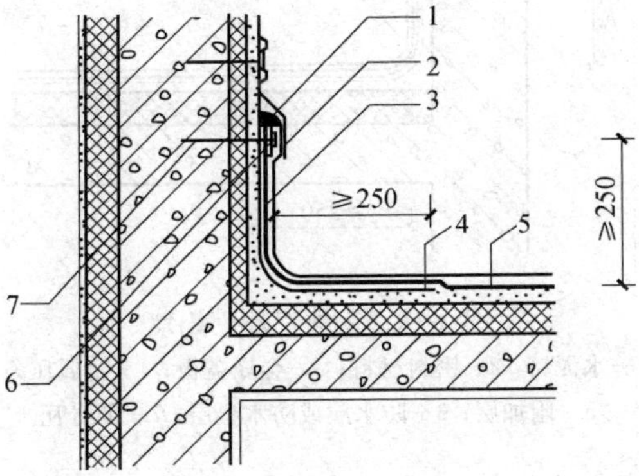

图 4-16 高女儿墙

1—密封材料；2—金属盖板；3—保护层；4—附加层；
5—防水层；6—金属压条；7—水泥钉

(5)女儿墙泛水处的防水层表面宜采用涂刷浅色涂料或浇筑细石混凝土保护。

山墙的防水构造应符合下列规定。

(1)山墙压顶可采用混凝土或金属制品。压顶应向内排水，坡度不应小于 5%，压顶内侧下端应做滴水处理。

(2)山墙泛水处的防水层下应增设附加层,附加层在平面和立面的宽度均不应小于250 mm。

(3)烧结瓦、混凝土瓦屋面山墙泛水应采用聚合物水泥砂浆抹成,侧面瓦伸入泛水的宽度不应小于50 mm,如图4-17所示。

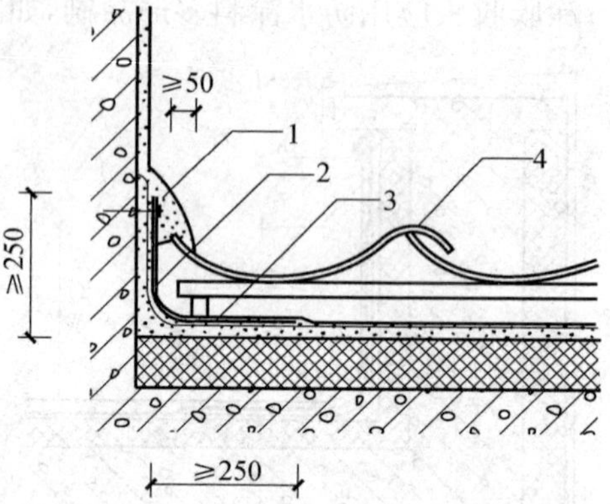

图4-17 烧结瓦、混凝土瓦屋面山墙

1—聚合物水泥砂浆;2—附加层;3—防水层或防水垫层;4—烧结瓦或混凝土瓦

(4)沥青瓦屋面山墙泛水应采用沥青基胶结材料满粘一层沥青瓦片,防水层和沥青瓦收头应用金属压条钉压固定,并应用密封材料封严,如图4-18所示。

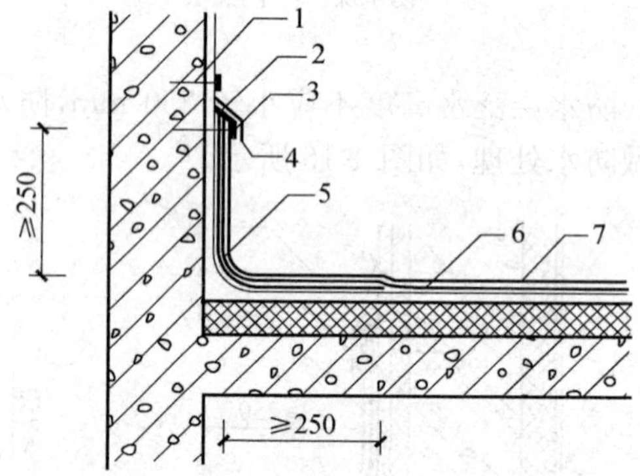

图4-18 沥青瓦屋面山墙

1—水泥钉;2—密封材料;3—金属盖板;4—金属压条;
5—附加层;6—防水层或防水垫层;7—沥青瓦

(5)金属板屋面山墙泛水应铺钉厚度不小于0.45 mm的金属泛水板,并应顺流水方向搭接;金属泛水板与墙体的搭接高度不应小于250 mm,与压型金属板的搭盖宽度宜为1～2波,并应在波峰处采用拉铆钉连接,如图4-19所示。

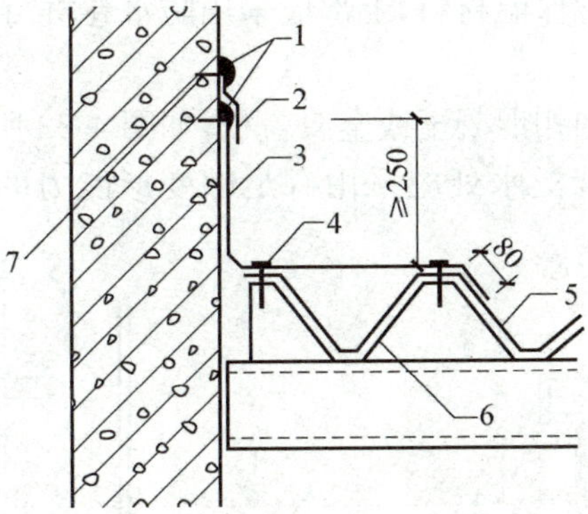

图 4-19　压型金属板屋面山墙

1—密封材料；2—金属盖板；3—金属泛水板；4—拉铆钉；
5—压型金属板；6—固定支架；7—水泥钉

4.水落口

重力式排水的水落口(如图 4-20 和图 4-21 所示)防水构造应符合下列规定。

(1)水落口可采用塑料或金属制品,对水落口的金属配件均应做防锈处理。

(2)水落口杯应牢固地固定在承重结构上,其埋设标高应根据附加层的厚度及排水坡度加大的尺寸确定。

(3)水落口周围直径 500 mm 范围内的坡度不应小于 5%,防水层下应增设涂膜附加层。

(4)防水层和附加层伸入水落口杯内不应小于 50 mm,并应黏结牢固。

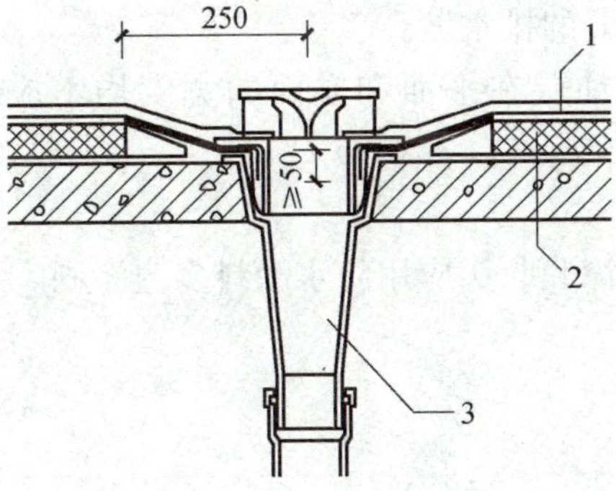

图 4-20　直式水落口

1—防水层；2—附加层；3—水落斗

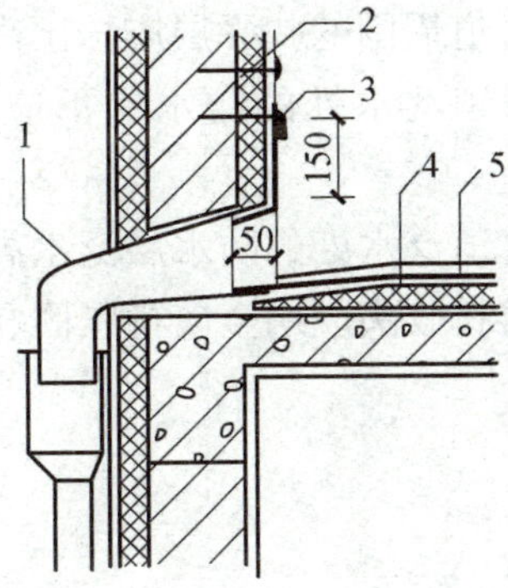

图 4-21　横式水落口

1—水落斗；2—水泥钉；3—密封材料；
4—附加层；5—防水层

虹吸式排水的水落口防水构造应进行专项设计。

5.变形缝

变形缝的防水构造应符合下列规定。

(1)变形缝泛水处的防水层下应增设附加层,附加层在平面和立面的宽度均不应小于 250 mm。防水层应铺贴或涂刷至泛水墙的顶部。

(2)变形缝内应预填不燃保温材料，上部应采用防水卷材封盖，并放置衬垫材料，再在其上干铺一层卷材。

(3)等高变形缝顶部宜加扣混凝土或金属盖板，如图 4-22 所示。

(4)高低跨变形缝在立墙泛水处应采用有足够变形能力的材料和构造做密封处理，如图 4-23 所示。

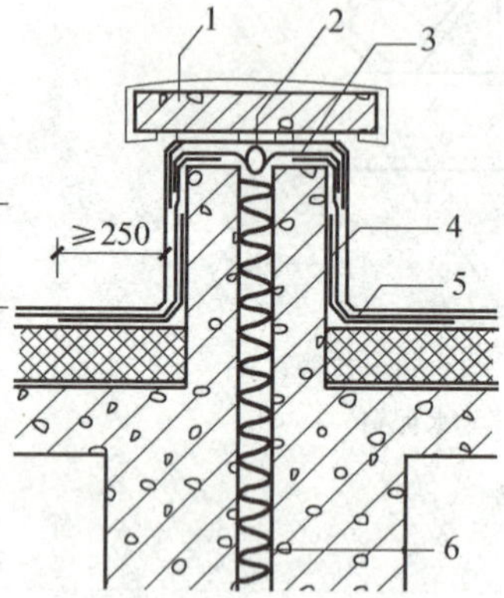

图 4-22 等高变形缝

1—混凝土盖板；2—衬垫材料；3—卷材封盖；4—附加层；5—防水层；6—不燃保温材料

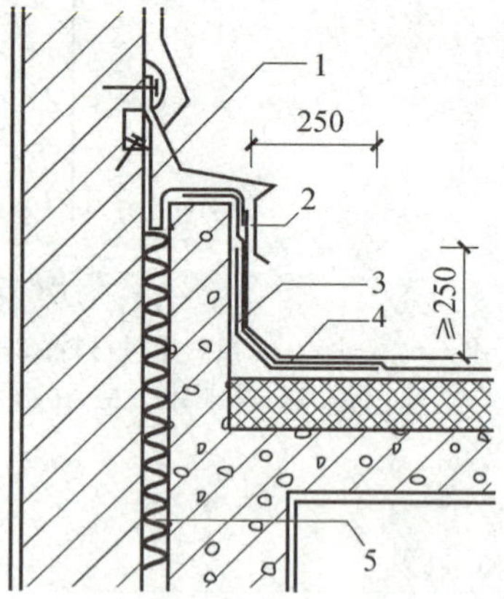

图 4-23 高低跨变形缝

1—卷材封盖；2—金属盖板；3—附加层；4—防水层；5—不燃保温材料

6. 伸出屋面管道

伸出屋面管道(如图 4-24 所示)的防水构造应符合下列规定。

(1)管道周围的找平层应抹出高度不小于 30 mm 的排水坡。

(2)管道泛水处的防水层下应增设附加层，附加层在平面和立面的宽度均不应小于 250 mm。

(3)管道泛水处的防水层泛水高度不应小于 250 mm。

(4)卷材收头应用金属箍紧固和密封材料封严，涂膜收头应用防水涂料多遍涂刷。

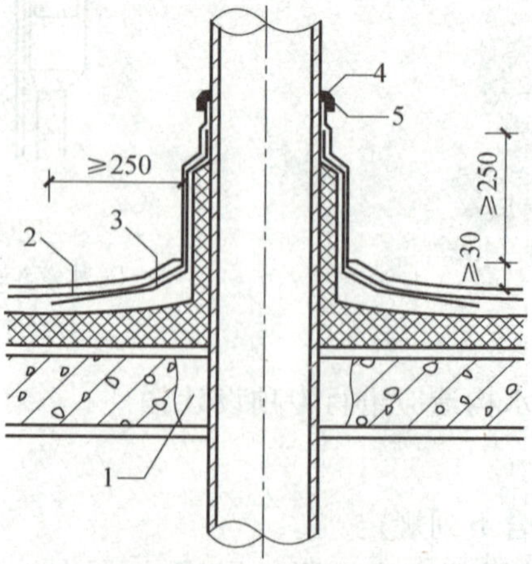

图 4-24 伸出屋面管道

1—细石混凝土；2—卷材防水层；3—附加层；4—密封材料；5—金属箍

烧结瓦、混凝土瓦屋面烟囱(如图4-25所示)的防水构造应符合下列规定。

(1)烟囱泛水处的防水层或防水垫层下应增设附加层,附加层在平面和立面的宽度不应小于250 mm。

(2)屋面烟囱泛水应采用聚合物水泥砂浆抹成。

(3)烟囱与屋面的交接处应在迎水面中部抹出分水线,并应高出两侧各30 mm。

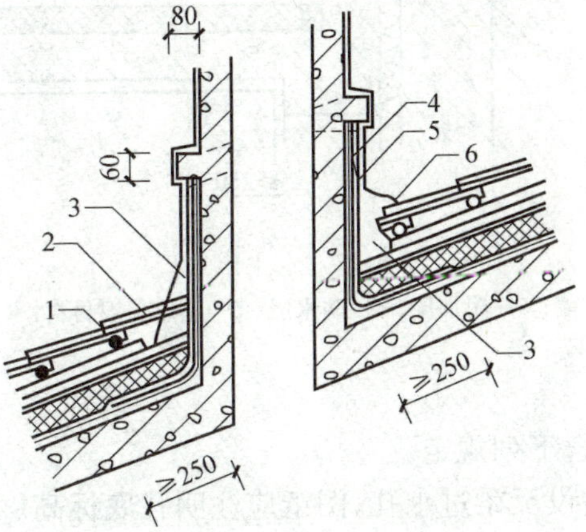

图4-25 烧结瓦、混凝土瓦屋面烟囱

1—挂瓦条；2—烧结瓦或混凝土瓦；3—聚合物水泥砂浆；4—附加层；5—防水层或防水垫层；6—分水线

7.屋面出入口

屋面垂直出入口泛水处应增设附加层,附加层在平面和立面的宽度均不应小于250 mm;防水层收头应在混凝土压顶圈下,如图4-26所示。

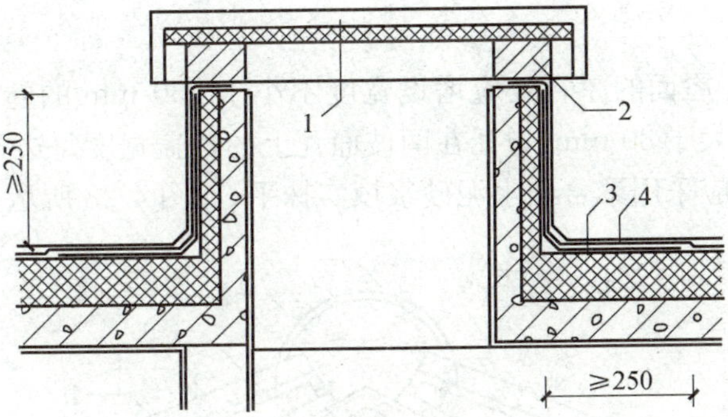

图4-26 垂直出入口

1—上人孔盖；2—混凝土压顶圈；3—附加层；4—防水层

屋面水平出入口泛水处应增设附加层和护墙,附加层在平面上的宽度不应小于250 mm;防水层收头应压在混凝土踏步下,如图4-27所示。

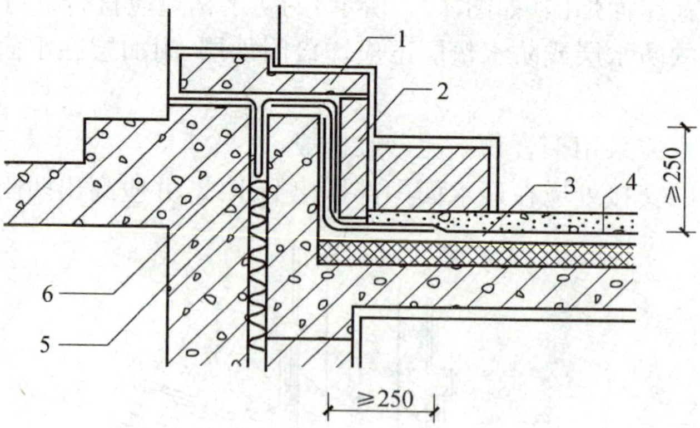

图 4-27 水平出入口

1—踏步；2—护墙；3—附加层；4—防水层；5—不燃保温材料；6—防水卷材封盖

8. 反梁过水孔

反梁过水孔构造应符合下列规定。

(1)应根据排水坡度留设反梁过水孔，图纸应注明孔底标高。

(2)反梁过水孔宜采用预埋管道，其管径不得小于 75 mm。

(3)过水孔可采用防水涂料、密封材料防水。预埋管道两端周围与混凝土接触处应留凹槽，并应用密封材料封严。

9. 设施基座

设施基座与结构层相连时，防水层应包裹设施基座的上部，并应在地脚螺栓周围做密封处理。在防水层上放置设施时，防水层下应增设卷材附加层，必要时应在其上浇筑细石混凝土，其厚度不应小于 50 mm。

10. 屋脊

烧结瓦、混凝土瓦屋面的屋脊处应增设宽度不小于 250 mm 的卷材附加层。脊瓦下端距坡面瓦的高度不宜大于 80 mm，脊瓦在两坡面瓦上的搭盖宽度每边不应小于 40 mm；脊瓦与坡瓦面之间的缝隙应采用聚合物水泥砂浆填实抹平，如图 4-28 所示。

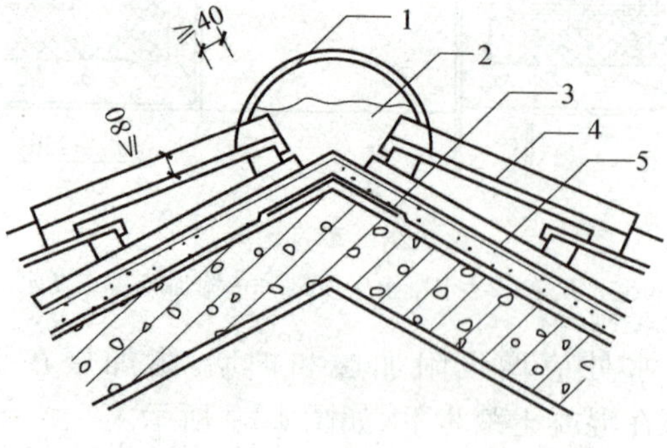

图 4-28 烧结瓦、混凝土瓦屋面屋脊

1—脊瓦；2—聚合物水泥砂浆；3—附加层；4—烧结瓦或混凝土瓦；5—防水层或防水垫层

沥青瓦屋面的屋脊处应增设宽度不小于 250 mm 的卷材附加层。脊瓦在两坡面瓦上的搭盖宽度，每边不应小于 150 mm，如图 4-29 所示。

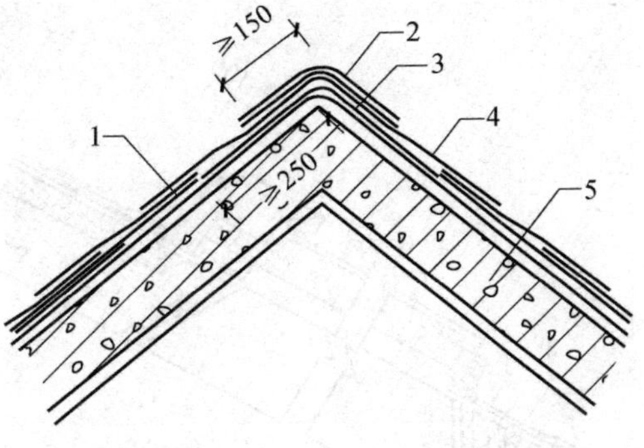

图 4-29　沥青瓦屋面屋脊

1—防水层或防水垫层；2—脊瓦；3—附加层；4—沥青瓦；5—结构层

金属板屋面的屋脊盖板在两坡面金属板上的搭盖宽度每边不应小于 250 mm，屋面板端头应设置挡水板和堵头板，如图 4-30 所示。

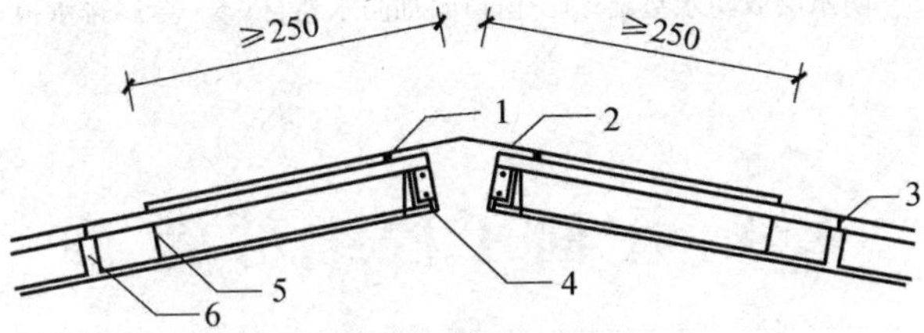

图 4-30　金属板屋面屋脊

1—密封材料；2—屋脊盖板；3—固定螺栓；4—堵头板；5—挡水板；6—固定支架

11. 屋顶窗

烧结瓦、混凝土瓦与屋顶窗交接处应采用金属排水板、窗框固定铁脚、窗口附加防水卷材、支瓦条等连接，如图 4-31 所示。

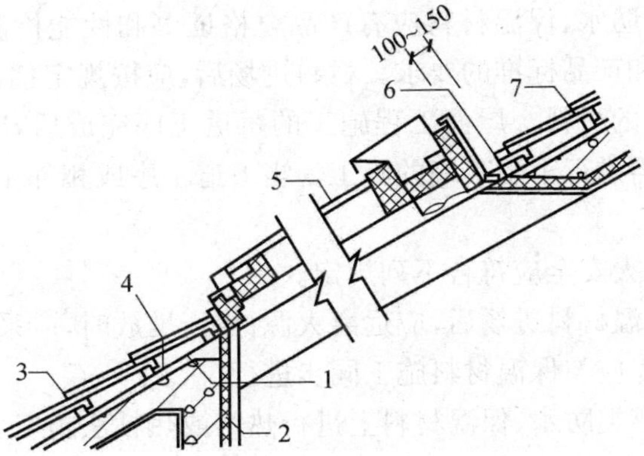

图 4-31　烧结瓦、混凝土瓦屋面屋顶窗

1—窗口附加防水卷材；2—保温层；3—支瓦条；4—防水层或防水垫层；

5—屋顶窗；6—金属排水板；7—烧结瓦或混凝土瓦

沥青瓦屋面与屋顶窗交接处应采用金属排水板、窗框固定铁脚、窗口附加防水卷材等与结构层连接，如图 4-32 所示。

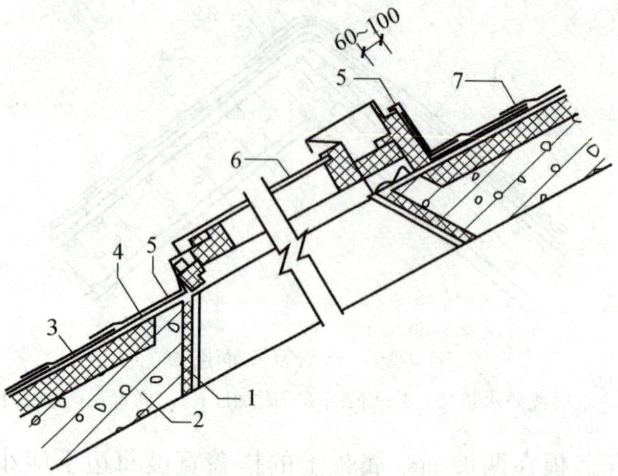

图 4-32　沥青瓦屋面屋顶窗

1—保温层；2—结构层；3—防水层或防水垫层；4—窗口附加防水卷材；5—金属排水板；6—屋顶窗；7—沥青瓦

4.4 屋面工程细部施工

4.4.1 屋面工程施工要求

屋面防水工程应由具备相应资质的专业队伍进行施工，作业人员应持证上岗。施工前应通过图纸会审，并应掌握施工图中的细部构造及有关技术要求；施工单位应编制屋面工程的专项施工方案或技术措施，并应进行现场技术安全交底。

屋面工程所采用的防水、保温材料应有产品合格证书和性能检测报告，材料的品种、规格、性能等应符合设计和产品标准的要求。材料进场后，应按规定抽样检验，提交检验报告，工程中严禁使用不合格的材料。屋面工程施工的每道工序完成后，应经监理或建设单位检查验收，并应在合格后再进行下道工序的施工。当下道工序或相邻工程施工时，应对已完成的部分采取保护措施。

屋面工程施工的防火安全应符合下列规定。

(1)可燃类防水、保温材料进场后，应远离火源；露天堆放时，应采用不燃材料完全覆盖。

(2)防火隔离带施工应与保温材料施工同步进行。

(3)不得直接在可燃类防水、保温材料上进行热熔或热粘法施工。

(4)喷涂硬泡聚氨酯作业时，应避开高温环境；对施工工艺、工具及服装等应采取防静电措施。

(5)施工作业区应配备消防灭火器材。

(6)对火源、热源等火灾危险源应加强管理。

(7)屋面上需要进行焊接、钻孔等施工作业时,对周围环境应采取防火安全措施。

屋面工程施工必须符合下列安全规定。

(1)严禁在雨天、雪天和五级风及其以上天气里施工。

(2)屋面周边和预留孔洞部位必须按临边、洞口防护规定设置安全护栏和安全网。

(3)屋面坡度大于30%时,应采取防滑措施。

(4)施工人员应穿防滑鞋,特殊情况下无可靠安全措施时,操作人员必须系好安全带并扣好保险钩。

知识链接

屋面工程是由若干的构造层组成的,如果下面的构造层质量不合格,又被上面的构造层覆盖,就会造成屋面工程的质量隐患。在屋面工程施工中,必须按各道工序分别进行检查验收,不能到工程全部做完后才进行一次性检查验收。每一道工序完成后,应经建设或监理单位检查验收,合格后方可进行下道工序的施工。

对屋面工程的成品保护是一个非常重要的环节。屋面防水工程完工后,有时需要上人进行其他作业,如安装天线、水箱、堆放杂物等,这就容易造成防水层局部破坏而出现渗漏。

4.4.2 屋面工程施工机具及其用途

屋面工程施工机具及其用途见表4-19。

表4-19 屋面工程施工机具及其用途

机具	名称	用途
一般工具	小平铲	清理基层
	扫帚	清扫基层
	钢丝刷	清理基层
	高压吹风机(300 W)	清理基层
	铁抹子	修补基层及末端收头
	皮卷尺(50 m)	测量弹线
	钢卷尺(2 m)	测量
	小线(50 m)	测量弹线
	彩色笔	弹线用
	粉笔	画线
	剪刀	剪裁卷材
	长柄刷或喷涂机	涂刷基层处理剂及胶黏剂
	胶皮板刷	涂刷基层处理剂
	长柄胶皮刮板	涂刷胶黏剂等
	安全带	—
	棉纱	擦拭工具
	工具箱	—

续表

机具	名称	用途
冷粘法	开罐刀	开胶黏剂桶
	铁桶	—
	小油漆桶	盛胶黏剂溶剂
	油漆刷	涂刷接缝胶黏剂等
	钢管	展铺卷材
	射钉枪	固定压板、压条用
	手持压辊	辊压接缝、立面卷材
	扁平辊	辊压阴、阳角卷材
	大型压辊	辊压大面积卷材
热熔法	石油液化气火焰喷枪	热熔卷材
	液化气罐	液化气容器
	汽油喷灯	附加增强层用
	烫板(带柄)	挡隔火焰
	隔热板	加热卷材末端时用
自粘法	手持汽油喷灯	熔化接缝处聚乙烯膜
	扁头热风枪	加热接缝处胶黏层
热风焊接法	自动行进式热风焊机(4 kW) 手持热风枪	施工接缝用

4.4.3 找坡层和找平层施工

为了便于铺设隔汽层和防水层,必须在结构层或保温层表面做找平处理。在找坡层、找平层施工前,首先要检查其铺设的基层情况,如屋面板安装是否牢固,有无松动现象;基层局部是否凹凸不平,凹坑较大时应先填补;保温层表面是否平整,厚薄是否均匀;板状保温材料是否铺平垫稳;用保温材料找坡是否准确等。基层质量的好坏将直接影响防水层的质量,是防水层质量的基础。基层的质量包括结构层和找平层的刚度、平整度、强度、表面完整程度及基层含水率等。

找平层是防水层的依附层,其质量好坏将直接影响到防水层的质量,所以要求找平层必须达到"五要、四不、三做到"的要求。"五要"即要坡度准确、排水流畅,要表面平整,要坚固,要干净,要干燥。"四不"即表面不起砂,表面不起皮,表面不酥松,表面不开裂。"三做到"即做到混凝土或砂浆配比准确,做到表面二次压光,做到充分养护。

当屋面保温层、找平层因施工时含水率过大或遇雨水浸泡不能及时干燥,而又要立即铺设柔性防水层时,必须将屋面做成排气屋面,以避免因防水层下部水分汽化造成防水层起鼓破坏和因保温层含水率过高造成保温性能降低。如果采用低吸水率(小于6%)的保温材料,则不必做排气屋面。

1. 装配式钢筋混凝土板的板缝嵌填施工

装配式钢筋混凝土板的板缝嵌填施工应符合下列规定。

(1)嵌填混凝土前板缝内应清理干净,并应保持湿润。

(2)当板缝宽度大于 40 mm 或上窄下宽时,板缝内应按设计要求配置钢筋。

(3)嵌填细石混凝土的强度等级不应低于 C20,填缝高度宜低于板面 10～20 mm,且应振捣密实和浇水养护。

(4)板端缝应按设计要求增加防裂的构造措施。

2. 找坡层和找平层的基层施工

找坡层和找平层的基层施工应符合下列规定。

(1)应清理结构层、保温层上面的松散杂物,突出基层表面的硬物应剔平扫净。

(2)抹找坡层前,应对基层洒水湿润。

(3)突出屋面的管道、支架等根部,应用细石混凝土堵实和固定。

(4)对不易与找平层结合的基层应做界面处理。

找坡层和找平层所用材料的质量和配合比应符合设计要求,并应做到计量准确和机械搅拌。找坡应按屋面排水方向和设计坡度要求进行,找坡层最薄处的厚度不宜小于 20 mm;找坡材料应分层铺设和适当压实,表面宜平整和粗糙,并应适时浇水养护。找平层应在水泥初凝前压实抹平,水泥终凝前完成收水后二次压光,并应及时取出分格条。找平层的养护时间不得少于 7 d。

卷材防水层的基层与突出屋面结构的交接处,以及基层转角处的找平层均应做成圆弧形,且应整齐平顺。找平层的圆弧半径应符合表 4-20 的规定。

表 4-20　找平层的圆弧半径

单位:mm

卷材种类	圆弧半径
高聚物改性沥青防水卷材	50
合成高分子防水卷材	20

找坡层和找平层的施工环境温度不宜低于 5 ℃。

4.4.4 保温层和隔热层施工

1. 保温隔热材料

屋面保温隔热材料宜选用聚苯乙烯硬质泡沫保温板、聚氨酯硬质泡沫保温板、喷涂硬泡聚氨酯或绝热玻璃棉等。聚氨酯硬质泡沫保温板应符合《建筑绝热用硬质聚氨酯泡沫塑料》(GB/T 21558—2008)的要求。聚苯乙烯保温材料有模塑聚苯乙烯泡沫材料(EPS)和挤塑聚苯乙烯泡沫材料(XPS),它们的主要物理性能指标应分别符合表 4-21 和表 4-22 的要求。

表 4-21　模塑聚苯乙烯泡沫材料的主要物理性能

<table>
<tr><th colspan="2" rowspan="2">项　　目</th><th colspan="5">性能指标</th></tr>
<tr><th>Ⅱ</th><th>Ⅲ</th><th>Ⅳ</th><th>Ⅴ</th><th>Ⅵ</th></tr>
<tr><td colspan="2">表观密度/(kg/m³)</td><td>≥20.0</td><td>≥30.0</td><td>≥40.0</td><td>≥50.0</td><td>≥60.0</td></tr>
<tr><td colspan="2">压缩强度/kPa</td><td>≥100</td><td>≥150</td><td>≥200</td><td>≥300</td><td>≥400</td></tr>
<tr><td colspan="2">导热系数/[W/(m・k)]</td><td colspan="2">≥0.041</td><td colspan="3">≥0.039</td></tr>
<tr><td colspan="2">尺寸稳定性/%</td><td>≤3</td><td>≤2</td><td>≤2</td><td>≤2</td><td>≤1</td></tr>
<tr><td colspan="2">水蒸气透过系数/[ng/(Pa・m・s)]</td><td>≥4.5</td><td>≥4.5</td><td>≥4</td><td>≥3</td><td>≥2</td></tr>
<tr><td colspan="2">吸水率(体积分数)/%</td><td>≤6</td><td colspan="2">≤4</td><td colspan="2">≤2</td></tr>
<tr><td rowspan="2">熔结性①</td><td>断裂弯曲负荷/N</td><td>≥25</td><td>≥35</td><td>≥60</td><td>≥90</td><td>≥120</td></tr>
<tr><td>弯曲变形/mm</td><td colspan="2">20</td><td colspan="3">—</td></tr>
<tr><td rowspan="2">燃烧性能②</td><td>氧指数/%</td><td colspan="5">≥30</td></tr>
<tr><td>燃烧分级</td><td colspan="5">达到 B_2 级</td></tr>
</table>

注①：断裂弯曲负荷和弯曲变形两者有一项能符合指标要求即为合格。

注②：普通型聚苯乙烯泡沫塑料板材的要求。

知识链接

水蒸气透过系数表示 1 m 厚的物体，两侧水蒸气分压力差为 1 Pa 在 1 s 内通过 1 m² 面积渗透的水蒸气量，单位为 ng/(Pa・m・s)或 g/(Pa・m・s)。

表 4-22　挤塑聚苯乙烯泡沫材料的主要物理性能

<table>
<tr><th colspan="3" rowspan="2">项　　目</th><th colspan="7">性能指标(带表皮)</th></tr>
<tr><th>X150</th><th>X200</th><th>X250</th><th>X300</th><th>X350</th><th>X400</th><th>W200</th></tr>
<tr><td colspan="3">压缩强度/MPa</td><td>≥150</td><td>≥200</td><td>≥250</td><td>≥300</td><td>≥350</td><td>≥400</td><td>≥200</td></tr>
<tr><td colspan="3">吸水率，浸水 96 h(体积分数)/%</td><td colspan="2">≤1.5</td><td colspan="4">≤1.0</td><td>≤2.0</td></tr>
<tr><td colspan="3">透湿系数，23 ℃±1 ℃，RH50%，ng/(Pa・m・s)</td><td colspan="2">≤3.5</td><td colspan="3">≤3.0</td><td>≤2.0</td><td>≤3.5</td></tr>
<tr><td rowspan="4">绝热性能</td><td rowspan="2">热阻厚度 25 mm 时平均温度/[(m²・K)/W]</td><td>10 ℃</td><td colspan="5">≥0.89</td><td>≥0.93</td><td>≥0.76</td></tr>
<tr><td>≥0.71</td><td colspan="5">25 ℃</td><td>≥0.83</td><td>≥0.86</td></tr>
<tr><td rowspan="2">导热系数平均温度/[W/(m・K)]</td><td>10 ℃</td><td colspan="5">≤0.028</td><td>≤0.027</td><td>≤0.033</td></tr>
<tr><td>25 ℃</td><td colspan="5">≤0.030</td><td>≤0.029</td><td>≤0.035</td></tr>
</table>

续表

项　目	性能指标(带表皮)						
	X150	X200	X250	X300	X350	X400	W200
尺寸稳定性(70 ℃±2 ℃下，48 h)/(%)	≤2.0		≤1.5			≤1.0	≤2.0
燃烧性能	B_2						

喷涂硬泡聚氨酯保温材料的主要物理性能应符合《硬泡聚氨酯保温防水工程技术规范》(GB 50404—2017)的要求。绝热玻璃棉应符合《建筑绝热用玻璃棉制品》(GB/T 17795—2019)的要求。

采用机械固定施工方法的块状保温隔热材料应单独固定，具体规定见表4-23。

表4-23　保温隔热材料的固定

保温隔热材料		每块板固定件最少数量		固定位置
发泡聚苯板	挤塑聚苯板(XPS)	4个	任一边长≤1.2 m	四个角，固定垫片距离板材边缘≤150 mm
	模塑聚苯板(EPS)	6个	任一边长>1.2 m	四个角及沿长向中线均匀布置，固定垫片距离板材边缘≤150 mm
玻璃棉板、矿渣棉板、岩棉板		2个	—	沿长向中线均匀布置

注：其他类型的保温隔热板材固定件布置由系统供应商提供建议。

2. 保温材料的贮运、保管与验收

(1)保温材料的贮运、保管应符合下列规定。

①保温材料应采取防雨、防潮、防火的措施，并应分类存放。

②搬运板状保温材料时应轻拿轻放。

③纤维保温材料应在干燥、通风的房屋内贮存，搬运时应轻拿轻放。

(2)进场的保温材料应检验下列项目。

①板状保温材料应检验表观密度或干密度、压缩强度或抗压强度、导热系数、燃烧性能。

②纤维保温材料应检验表观密度、导热系数、燃烧性能。

3. 保温层的施工环境温度

保温层的施工环境温度应符合下列规定。

(1)干铺的保温材料可在负温度下施工。

(2)用水泥砂浆粘贴的板状保温材料的施工环境温度不宜低于5 ℃。

(3)喷涂硬泡聚氨酯的施工环境温度宜为15 ℃～35 ℃，空气相对湿度宜小于85%，风速不宜大于三级。

(4)现浇泡沫混凝土的施工环境温度宜为5 ℃～35 ℃。

4.保温层施工

1)板状材料保温层的施工

板状材料保温层的施工应符合下列规定。

(1)基层应平整、干燥、干净。

(2)相邻板块应错缝拼接,分层铺设的板块上下层接缝应相互错开,板间缝隙应采用同类材料嵌填密实。

(3)采用干铺法施工时,板状保温材料应紧靠在基层表面上,并应铺平垫稳。

(4)采用黏结法施工时,胶黏剂应与保温材料相容,板状保温材料应贴严、黏牢,在胶黏剂固化前不得上人踩踏。

(5)采用机械固定法施工时,固定件应固定在结构层上,固定件的间距应符合设计要求。

2)纤维材料保温层的施工

纤维材料保温层的施工应符合下列规定。

(1)基层应平整、干燥、干净。

(2)纤维保温材料在施工时应避免重压,并应采取防潮措施。

(3)在铺设纤维保温材料时,平面拼接缝应贴紧,上下层拼接缝应相互错开。

(4)屋面坡度较大时,纤维保温材料宜采用机械固定法施工。

(5)在铺设纤维保温材料时,应做好劳动保护工作。

知识链接

在铺设纤维保温材料时,应重视做好劳动保护工作。纤维保温材料一般都采用塑料膜包装,但搬运和铺设纤维保温材料时,会随意掉落矿物纤维,对人体健康造成危害。施工人员应穿鞋、帽和工作服,戴头罩、口罩、手套,以防矿物纤维刺伤皮肤和眼睛或被吸入肺部。

3)喷涂硬泡聚氨酯保温层的施工

喷涂硬泡聚氨酯保温层的施工应符合下列规定。

(1)基层应平整、干燥、干净。

(2)施工前应对喷涂设备进行调试,并应喷涂试块进行材料性能检测。

(3)喷涂时喷嘴与施工基面的间距应由试验确定。

(4)喷涂硬泡聚氨酯的配比应准确计量,发泡厚度应均匀一致。

(5)一个作业面应分遍喷涂完成,每遍喷涂厚度不宜大于 15 mm,硬泡聚氨酯喷涂后 20 min内严禁上人。

(6)喷涂作业时,应采取防止污染的遮挡措施。

知识链接

喷涂硬泡聚氨酯时必须使用专用喷涂设备,并应进行调试,使喷涂试块满足材料性能要求;喷涂时喷枪与施工基面应保持一定的距离,以保证喷涂硬泡聚氨酯保温层的厚度均匀,又不至于使材料飞散;喷涂硬泡聚氨酯保温层时应多遍喷涂,以便及时控制、调整喷涂层的厚度,减少收缩影响。一般情况下,聚氨酯发泡、稳定及固化时间约需15 min,故规定施工后20 min内不能上人,以防止损坏保温层。

4)现浇泡沫混凝土保温层的施工

现浇泡沫混凝土保温层的施工应符合下列规定。

(1)基层应清理干净,不得有油污、浮尘和积水。

(2)现浇泡沫混凝土应按设计要求的干密度和抗压强度进行配合比设计,拌制时应计量准确,并应搅拌均匀。

(3)泡沫混凝土应按设计的厚度设定浇筑面标高线,找坡时宜采取挡板辅助措施。

(4)泡沫混凝土的浇筑出料口离基层的高度不宜超过1 m,泵送时应采取低压泵送。

(5)泡沫混凝土应分层浇筑,一次浇筑厚度不宜超过200 mm,终凝后应进行保湿养护,养护时间不得少于7 d。

5.隔汽层施工

隔汽层施工应符合下列规定。

(1)隔汽层施工前应对基层进行清理,宜进行找平处理。

(2)屋面周边隔汽层应沿墙面向上连续铺设,高出保温层上表面不得小于150 mm。

(3)采用卷材做隔汽层时,卷材宜空铺,卷材搭接缝应满粘,其搭接宽度不应小于80 mm;采用涂膜做隔汽层时,涂料涂刷应均匀,涂层不得有堆积、起泡和露底现象。

(4)穿过隔汽层的管道周围应进行密封处理。

6.倒置式屋面保温层施工

1)一般规定

倒置式屋面是把原屋面"防水层在上,保温层在下"的构造设置倒置过来,将憎水性或吸水率较低的保温材料放在防水层上,使防水层不易损伤,提高其耐久性,并可防止屋面结构内部结露。倒置式屋面保温层具有节能、保温隔热、延长防水层使用寿命、施工方便、劳动效率高、综合造价经济等特点。

保温材料应选用高热绝缘系数、低吸水率的新型材料,如聚苯乙烯泡沫塑料、聚乙烯泡沫塑料、聚氨酯泡沫塑料、泡沫玻璃等,也可选用蓄热系数和热绝缘系数都较大的水泥聚苯乙烯复合板等保温材料。

倒置式保温防水屋面主防水层(保温层之下的防水层)既可选用合成高分子防水材料和中高档高聚物改性沥青防水卷材,也可选用改性沥青涂料与卷材复合防水,不宜选用刚性防水材料和松散憎水性材料,如防水宝、拒水粉等,也不宜选用胎基易腐烂的防水材料和易腐烂的涂料加筋布等。

倒置式屋面保温层的施工应符合下列规定。

(1)施工完的防水层应进行淋水或蓄水试验,并应在合格后再进行保温层的铺设。

(2)板状保温层的铺设应平稳,拼缝应严密。

(3)保护层施工时,应避免损坏保温层和防水层。

2)施工工艺

(1)工艺流程。工艺流程为:基层清理检查、工具准备、材料检验→节点增强处理→防水层施工、检验→保温层铺设、检验→现场清理→保护层施工→验收。

(2)防水层施工。根据不同的材料,采用相应的施工工法和工艺施工、检验。

(3)保温层施工。保温材料可以直接干铺或用专用黏结剂粘贴,聚苯板不得选用溶剂型黏结剂粘贴。保温材料接缝处可以是平缝也可以是企口缝,接缝处可以灌入密封材料以连成整体。块状保温材料的施工应采用斜缝排列,以利于排水。

当采用现喷硬泡聚氨酯保温材料时,要在成型的保温层面进行分格处理,以减少收缩开裂。大风天气和雨天不得施工,同时注意喷施人员的劳动保护。

(4)面层施工。

①上人屋面。采用 40～50 mm 厚钢筋细石混凝土做面层时,应按刚性防水层的设计要求进行分格缝的节点处理;采用混凝土块材做上人屋面保护层时,应用水泥砂浆座浆平铺,板缝用砂浆勾缝处理。

②不上人屋面。当屋面是非功能性上人屋面时,可采用平铺预制混凝土板的方法进行压埋,预制板要有一定强度,厚度也应小于 30 mm。选用卵石或沙砾做保护层时,其直径应为 20～60 mm,铺埋前,应先铺设 250 g/m^2 的聚酯纤维无纺布或油毡等隔离,再铺埋卵石,并要注意雨水口的畅通。压置物的质量应保证最大风力时保温板不被刮起和保证保温层在积水状态下不浮起。聚苯乙烯保温层不能直接受到太阳照射,以防老化,还应避免与溶剂接触和在高温环境下(80 ℃以上)使用。

7.屋面排气构造施工

当保温层采用吸水率低($\omega<6\%$)的材料时,它们不会再吸水,保温性能就能得到保证。如果保温层采用吸水率高的材料,施工时如遇雨水或施工用水侵入,造成含水率增大时,则应使它干燥,但因许多工程已完成了找平层的施工,一时无法干燥,所以为了避免因保温层含水率高而导致防水层起鼓,使屋面在使用过程中逐渐将水分蒸发(需几年或几十年时间),过去采取称为"排气屋面"的技术措施,也被称为"呼吸屋面",如图 4-33 和图 4-34 所示。它就是在保温层中设置纵横排气道,在交叉处安放向上的排气管,目的是当温度升高,水分蒸发,气体沿排气道、排气管与大气连通时,不会产生压力,潮气还可以从孔中排出。所以,在规范中规定当保温层含水率过高(超过 15%以上)时,不管设计时有否规定,施工时都必须做排气屋面处理。当然,如果采用低吸水率的保温材料,就可以不采用这种做法了。

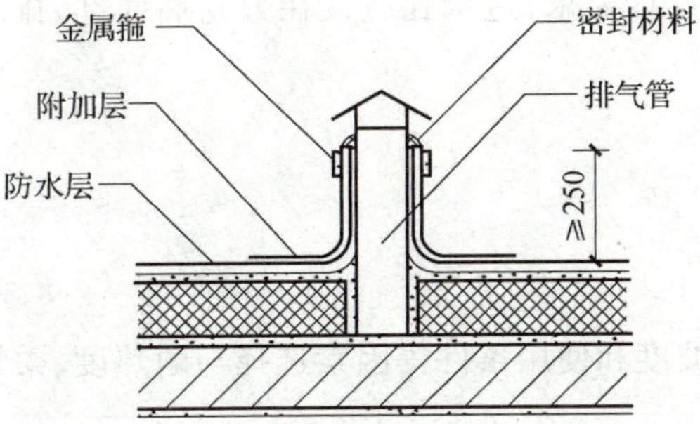

图 4-33 直立排气出口构造

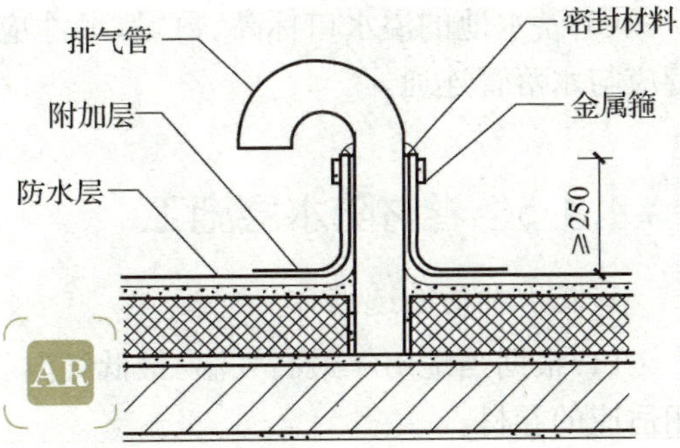

图 4-34 弯形排气出口构造

屋面排气构造施工应符合下列规定。

(1)排气道及排气孔的设置应符合规范规定。

(2)排气道应与保温层连通,排气道内可填入透气性好的材料。

(3)施工时,排气道及排气孔均不得被堵塞。

(4)屋面纵横排气道的交叉处可埋设金属或塑料排气管,排气管宜设置在结构层上,穿过保温层及排气道的管壁四周应打孔。排气管应做好防水处理。

8. 种植隔热层施工

种植隔热层施工应符合下列规定。

(1)种植隔热层挡墙或挡板施工时,留设的泄水孔位置应准确,并不得堵塞。

(2)凹凸形排水板宜采用搭接法施工,搭接宽度应根据产品的规格具体确定;网状交织排水板宜采用对接法施工;采用陶粒做排水层时,铺设应平整,厚度应均匀。

(3)过滤层土工布铺设应平整、无皱折,搭接宽度不应小于 100 mm,搭接宜采用黏合或缝合处理;土工布应沿种植土周边向上铺设至种植土高度。

(4)种植土层的荷载应符合设计要求;种植土、植物等应在屋面上均匀堆放,且不得损坏防水层。

9. 架空隔热层施工

架空隔热层施工应符合下列规定。

(1)架空隔热层施工前,应将屋面清扫干净,并应根据架空隔热制品的尺寸弹出支座中线。

(2)在架空隔热制品支座底面,应对卷材、涂膜防水层采取加强措施。

(3)铺设架空隔热制品时,应随时清扫屋面防水层上的落灰、杂物等,操作时不得损伤已完工的防水层。

(4)架空隔热制品的铺设应平整、稳固,缝隙应勾填密实。

10. 蓄水隔热层施工

蓄水隔热层施工应符合下列规定。

(1)蓄水池的所有孔洞应预留,不得后凿。所设置的溢水管、排水管和给水管等应在混凝土施工前安装完毕。

(2)每个蓄水区的防水混凝土应一次浇筑完毕,不得留置施工缝。

(3)蓄水池的防水混凝土施工时,环境温度宜为 5 ℃~35 ℃,并应避免在冬期和高温期施工。

(4)蓄水池的防水混凝土完工后,应及时进行养护,养护时间不得少于 14 d,蓄水后不得断水。

(5)蓄水池的溢水口标高、数量、尺寸应符合设计要求；过水孔应设在分仓墙底部，排水管应与水落管连通。

4.4.5 卷材防水层施工

1. 防水卷材的选用

(1)根据当地历年最高气温、最低气温、屋面坡度和使用条件等因素选择与耐热度、柔性相适应的卷材。

(2)根据地基变形程度、结构形式、当地年温差、当地日温差和震动等因素选择与拉伸性相适应的卷材。

(3)根据屋面防水卷材的暴露程度选择耐紫外线、耐穿刺、耐老化保持率或耐霉性能的卷材。

(4)自粘橡胶沥青防水卷材和自粘聚酯毡改性沥青防水卷材(厚度为 0.5 mm 的铝箔覆面者除外)，不得用于外露的防水层。

2. 防水卷材的贮运、保管及验收

(1)防水卷材的贮运、保管应符合下列规定。

①不同品种、规格的卷材应分别堆放。

②卷材应贮存在阴凉通风处，应避免雨淋、日晒和受潮，严禁接近火源。

③卷材应避免与化学介质及有机溶剂等有害物质接触。

(2)进场的防水卷材应检验下列项目。

①高聚物改性沥青防水卷材的可溶物含量、拉力、最大拉力时延伸率、耐热度、低温柔性、不透水性。

②合成高分子防水卷材的断裂拉伸强度、扯断伸长率、低温弯折性、不透水性。

(3)胶黏剂和胶黏带的贮运、保管应符合下列规定。

①不同品种、规格的胶黏剂和胶黏带，应分别用密封桶或纸箱包装。

②胶黏剂和胶黏带应贮存在阴凉通风的室内，严禁接近火源和热源。

(4)进场的基层处理剂、胶黏剂和胶黏带应检验下列项目。

①沥青基防水卷材用基层处理剂的固体含量、耐热性、低温柔性、剥离强度。

②高分子胶黏剂的剥离强度、浸水 168 h 后的剥离强度保持率。

③改性沥青胶黏剂的剥离强度。

④合成橡胶胶黏带的剥离强度、浸水 168 h 后的剥离强度保持率。

(5)卷材防水层的施工环境温度应符合下列规定。

①热熔法和焊接法不宜低于－10 ℃。

②冷粘法和热粘法不宜低于 5 ℃。

③自粘法不宜低于 10 ℃。

3. 卷材防水层的基层要求

卷材防水层的基层应坚实、干净、平整，无孔隙、起砂和裂缝。基层的干燥程度应根据所选防水卷材的特性确定。

知识链接

基层干燥程度的简易检验方法是将 1 m^2 卷材平坦地干铺在找平层上，静置 3～4 h 后掀开检查，找平层覆盖部位与卷材上未见水印即可铺设隔汽层或防水层。

采用基层处理剂时，其配制与施工应符合下列规定。

(1)基层处理剂应与卷材相容。

(2)基层处理剂应配比准确，并应搅拌均匀。

(3)喷、涂基层处理剂前，应先对屋面细部进行涂刷。

(4)基层处理剂可选用喷涂或涂刷施工工艺，喷、涂应均匀一致，干燥后应及时进行卷材施工。

知识链接

基层处理剂应与防水卷材相容，尽量选择防水卷材生产厂家配套的基层处理剂。在配制基层处理剂时，应根据所用基层处理剂的品种，按有关规定或说明书的配合比要求准确计量，混合后应搅拌 3～5 min，使其充分均匀。在喷涂或涂刷基层处理剂时应均匀一致，不得漏涂，待基层处理剂干燥后应及时进行卷材防水层的施工。如基层处理剂涂刷后但尚未干燥前遭受雨淋，或是干燥后长期不进行防水层施工，则在防水层施工前必须再次涂刷基层处理剂。

4. 卷材的搭接方向和搭接宽度

1)卷材铺贴顺序

卷材铺贴应按“先高后低，先远后近”的顺序施工。高低跨屋面，应先铺高跨屋面，后铺低跨屋面；对同高度大面积的屋面，应先铺离上料点较远的部位，后铺较近部位。

卷材防水层施工时，应先进行细部结构处理，然后大面积由屋面最低标高向上铺贴。大面积铺贴卷材前，应先做好节点密封处理、附加层和屋面排水较集中部位(屋面与水落口连接处、檐口、天沟、檐沟、屋面转角处、板端缝等)的处理、分格缝的空铺条处理等，然后由屋面最低标高处向上施工。铺贴天沟、檐沟卷材时，宜顺天沟、檐沟方向铺贴，从水落口处向分水线方向铺贴，以减少搭接。卷材宜平行屋脊铺贴，上下层卷材不得相互垂直铺贴。立面或大坡面铺贴卷材时，应采用满粘法，并宜减少卷材短边搭接，如图 4-35 所示。

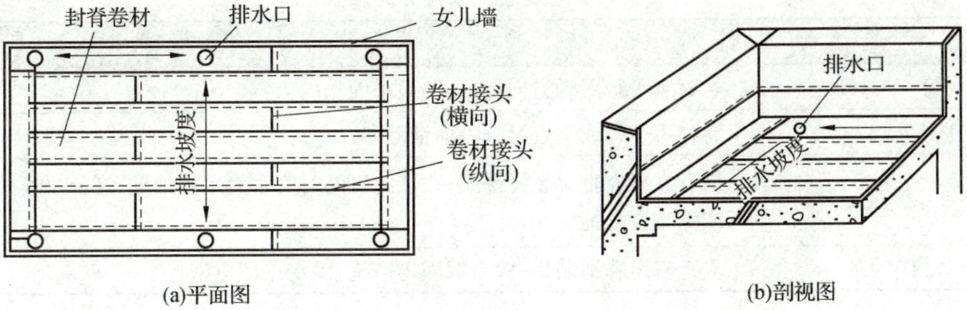

图 4-35　卷材配置

为了保证防水层的整体性，减少漏水的可能性，屋面防水工程尽量不划分施工段；当需要划分施工段时，施工段的划分宜设在屋脊、天沟、变形缝等处。

2)卷材搭接

卷材搭接缝应符合下列规定。

(1)平行屋脊的搭接缝应顺流水方向，搭接缝宽度应符合规范规定。

(2)同一层相邻两幅卷材短边搭接缝错开不应小于 500 mm。

(3)上下层卷材长边搭接缝应错开，且不应小于幅宽的 1/3。

(4)叠层铺贴的各层卷材，在天沟与屋面的交接处应采用叉接法搭接，搭接缝应错开；搭接缝宜留在屋面与天沟侧面，不宜留在沟底。

卷材铺贴的搭接方向设计，主要考虑坡度大或受震动时卷材易下滑，尤其是含沥青(温感性大)的卷材，高温时软化下滑是时有发生的。对于高分子卷材的铺贴方向要求不严格，为了便于施工，一般顺屋脊方向铺贴，搭接方向应顺流水方向，不得逆流水方向，避免流水冲刷接缝，使接缝损坏。垂直屋脊方向铺卷材时，应顺大风方向。当卷材叠层铺设时，上下层不得相互垂直铺贴，以免在搭接缝垂直交叉处形成挡水条。叠层铺设的各层卷材，在天沟与屋面的连接处应采用叉接法搭接，搭接缝应错开，如图 4-36 和图 4-37 所示；接缝宜留在屋面或天沟侧面，不宜留在沟底。在铺贴卷材时，不得污染檐口的外侧和墙面。高聚物改性沥青防水卷材和合成高分子防水卷材的搭接缝，宜用材料性能相容的密封材料封严。

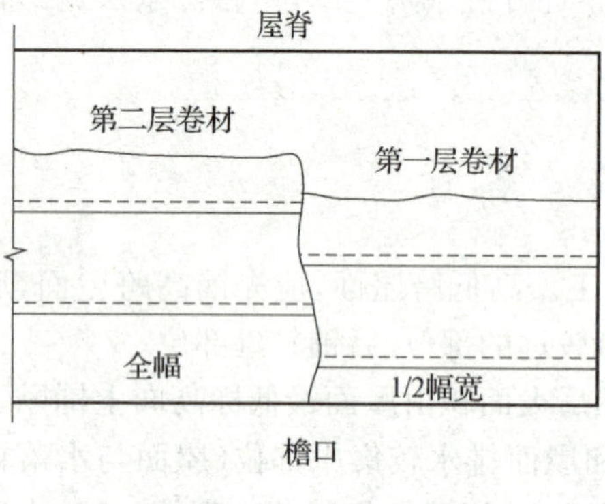

图 4-36　二层卷材铺贴

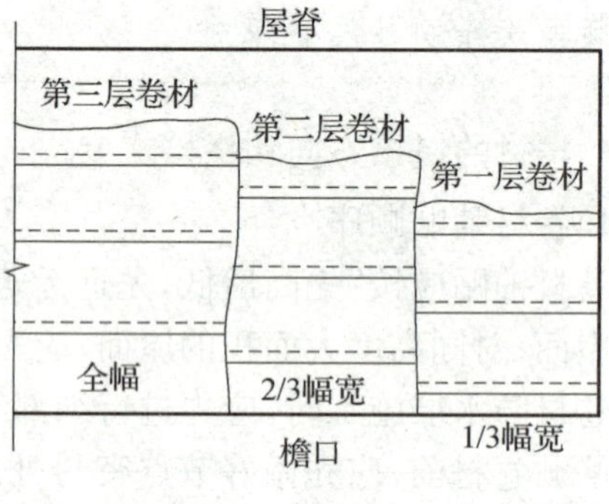

图 4-37　三层卷材铺贴

卷材铺贴搭接方向及要求见表 4-24。

表 4-24　卷材铺贴搭接方向及要求

屋面坡度	铺贴方向和要求
小于 3：100	卷材宜平行屋脊方向铺贴，即顺平面长向为宜
3：100～3：20	卷材可平行或垂直屋脊方向铺贴
大于 3：20 或受震动	沥青卷材应垂直屋脊铺贴；改性沥青卷材宜垂直屋脊铺贴；高分子卷材可平行或垂直屋脊铺贴
大于 1：4	应垂直屋脊铺贴，并应采取固定措施，固定点还应密封

卷材搭接宽度见表 4-25。

表 4-25 卷材搭接宽度

单位:mm

卷材类别	搭接宽度	
合成高分子防水卷材	胶粘剂	80
	胶粘带	50
	单缝焊	60,有效焊接宽度不小于 25
	双缝焊	80,有效焊接宽度 10×2+空腔宽
高聚物改性沥青防水卷材	胶粘剂	100
	自粘	80

5.卷材施工工艺

卷材与基层连接的方式有满粘、空铺、条粘、点粘,见表 4-26。在工程应用中应根据建筑部位、使用条件、施工情况用其中的一种或两种,在图纸上应该注明。

表 4-26 卷材与基层连接的方式

铺贴方法	具体做法	适应条件
满粘法	又称全粘法,即在铺粘防水卷材时,卷材与基面全部黏结牢固的施工方法,通常使用热熔、冷粘、自粘法粘贴卷材	适于屋面防水面积较小、结构变形不大、找平层干燥的层面
空铺法	铺贴防水卷材时,卷材与基面仅在四周一定宽度内黏结,其余部分不粘的施工方法。施工时檐口、屋脊、屋面转角、伸出屋面的出气孔、烟囱根等部位采用满粘,黏结宽度不小于 800 mm	适用于基层潮湿、找平层水气难以排出及结构变形较大的屋面
条粘法	铺贴防水卷材时,卷材与屋面采用条状黏结的施工方法,每幅卷材黏结面不少于 2 条,每条黏结宽度不少于 150 mm。檐口、屋脊、伸出屋面管口等细部做法同空铺法	适用于结构变形较大、基面潮湿、排气困难的屋面
点粘法	铺贴防水卷材时,卷材与基面采用点粘的施工方法,要求每平方米范围内至少有 5 个黏结点,每点面积不小于 100 mm×100 mm,屋面四周黏结。檐口、屋脊、伸出屋面管口等细部做法同空铺法	适用于结构变形较大、基面潮湿、排气有一定困难的屋面

高聚物改性沥青防水卷材的粘接方法见表 4-27。

表 4-27 高聚物改性沥青防水卷材的粘接方法

序号	热熔法	冷粘法	自粘法
1	幅宽内应均匀加热，熔融至光亮黑色，卷材基面均匀加热	基面涂刷基面处理剂	基面涂刷基面处理剂
2	不得过分加热，以免烧穿卷材	卷材底面、基面涂刷黏结胶，涂刷均匀，不漏底，不堆积	边铺边撕去底层隔离纸
3	热熔后立即滚铺	根据胶黏剂性能及气温控制涂胶后的最佳黏结时间，一般用手触及表面似粘非粘为最佳	辊压、排气、粘牢
4	辊压排气，使之平展、粘牢，不得有皱折	铺贴排气粘牢后，溢口的胶合剂随即刮平封口	搭接部分热风焊枪加热，溢出自粘胶时随即刮平封口
5	搭接部位溢出热熔胶后，随即刮封接口	—	铺贴立面及大坡面时应先加热粘牢固定

合成高分子改性沥青防水卷材的粘接方法见表 4-28。

表 4-28 合成高分子改性沥青防水卷材的粘接方法

<table>
<tr><th>序号</th><th>冷粘法</th><th>自粘法</th><th>热风焊接法</th></tr>
<tr><td>1</td><td>在找平层上均匀涂刷基面处理剂</td><td rowspan="6">同高聚物改性沥青防水卷材</td><td>基面清扫干净</td></tr>
<tr><td>2</td><td>在基面、卷材底面涂刷配套胶黏剂</td><td>卷材铺放平顺，搭接尺寸正确</td></tr>
<tr><td>3</td><td>控制黏合时间，一般用手触及表面，以黏结剂不粘手为最佳时间</td><td>控制热风加热温度和时间</td></tr>
<tr><td>4</td><td>黏合时不得用力拉伸卷材，避免卷材铺贴后处于受拉状态</td><td>卷材排气、铺平</td></tr>
<tr><td>5</td><td>辊压、排气、粘牢</td><td>先焊长边搭接缝，后焊短边搭接缝</td></tr>
<tr><td>6</td><td>清理卷材搭接缝的搭接面，涂刷接缝专用胶，辊压排气粘牢</td><td>机械固定</td></tr>
</table>

1）卷材冷粘法施工工艺

冷粘法施工是指在常温下采用胶黏剂等材料进行卷材与基层、卷材与卷材间黏结的施工方法。一般合成高分子卷材采用胶黏剂、胶黏带粘贴施工，聚合物改性沥青采用冷玛瑞脂粘贴施工。卷材采用自粘胶铺贴施工也属于该施工工艺。该工艺在常温下作业，不需要加热或明火，施工方便、安全，但要求基层干燥、胶黏剂的溶剂（或水分）充分挥发，否则不能保证黏结质量。

冷粘法施工选择的胶黏剂应与卷材配套、相容且黏结性能满足设计要求。

冷粘法铺贴卷材应符合下列规定。

(1)胶黏剂涂刷应均匀,不得露底、堆积;卷材空铺、点粘、条粘时,应按规定的位置及面积涂刷胶黏剂。

(2)应根据胶黏剂的性能与施工环境、气温条件等控制胶黏剂涂刷与卷材铺贴的间隔时间。

(3)铺贴卷材时应排除卷材下面的空气,并应辊压粘贴牢固。

(4)铺贴的卷材应平整顺直,搭接尺寸应准确,不得扭曲、皱折;搭接部位的接缝应满涂胶黏剂,并辊压粘贴牢固。

(5)合成高分子卷材铺好压粘后,应将搭接部位的黏合面清理干净,并应采用与卷材配套的接缝专用胶黏剂在搭接缝黏合面上均匀涂刷,不得露底、堆积,应排除缝间的空气,并用辊压粘贴牢固。

(6)合成高分子卷材的搭接部位采用胶黏带黏结时,黏合面应清理干净,必要时可涂刷与卷材及胶黏带材性相容的基层胶黏剂;撕去胶黏带隔离纸后应及时黏合接缝部位的卷材,并应辊压粘贴牢固;低温施工时,宜采用热风机加热。

(7)搭接缝口应用材性相容的密封材料封严。

卷材冷粘法施工工艺的具体步骤如下。

(1)涂刷胶黏剂。底面和基层表面均应涂胶黏剂。在卷材表面涂刷基层胶黏剂时,应先将卷材展开摊铺在旁边平整干净的基层上,用长柄滚刷将胶黏剂均匀地涂刷在卷材的背面,不得涂刷得太薄而露底,也不能涂刷得过多而产生聚胶。还应注意在搭接缝部位不得涂刷胶黏剂,此部位应留做涂刷接缝胶黏剂,留置宽度即卷材搭接宽度。

涂刷基层胶黏剂的重点和难点与基层处理剂相同,即阴阳角、平立面转角处、卷材收头处、排水口、伸出屋面管道根部等节点部位。这些部位有增强层时应用接缝胶黏剂,涂刷工具宜用油漆刷。涂刷时,切忌在一处来回涂滚,以免将底胶"咬起"形成凝胶而影响质量,应按规定的位置和面积涂刷胶黏剂。

(2)卷材的铺贴。各种胶黏剂的性能和施工环境不同,有的可以在涂刷后立即粘贴卷材,有的须待溶剂挥发一部分后才能粘贴卷材,尤以后者居多,因此,要控制好胶黏剂涂刷与卷材铺贴的间隔时间。一般要求基层及卷材上涂刷的胶黏剂达到表干程度,其间隔时间与胶黏剂性能及气温、湿度、风力等因素有关,通常为 10～30 min,施工时可凭经验确定,用指触不粘手时即可开始粘贴卷材。间隔时间的控制是冷粘贴施工的难点,这对黏结力和黏结的可靠性影响甚大。

卷材铺贴时应对准已弹好的粉线,并且在铺贴好的卷材上弹出搭接宽度线,以便第二幅卷材铺贴时能以此为准进行铺贴。

在平面上铺贴卷材时,一般可采用以下两种方法。

①抬铺法。在涂布好胶黏剂的卷材两端各安排一个工人,拉直卷材。中间根据卷材的长度安排 1～4 个人,同时将卷材沿长向对折,使涂布胶黏剂的一面向外。抬起卷材,将一边对准搭接缝处的粉线,再翻开上半部卷材铺在基层上,同时拉开卷材使之平服。操作过程中的对折、抬起卷材、对粉线、翻平卷材等工序,几人均应同时进行。

②滚铺法。将涂布完胶黏剂并达到要求干燥度的卷材用 ϕ50～ϕ100 的塑料管或原来用来装运卷材的纸筒芯重新成卷,使涂布胶黏剂的一面朝外。成卷时两端要平整,不应出现笋

状，以保证铺贴时能对齐粉线，并要注意防止砂子、灰尘等杂物粘在卷材表面。成卷后用一根 ϕ30 mm×1 500 mm 的钢管穿入中心的塑料管或纸筒芯内，由两人分别持钢管两端，抬起卷材的端头，对准粉线，固定在已铺好的卷材顶端搭接部位或基层面上，抬卷材的两人同时匀速向前展开卷材，并随时注意将卷材边缘对准粉线，并应使卷材铺贴平整，直到铺完一幅卷材。

每铺完一幅卷材，应立即用干净而松软的长柄压辊辊压（一般重量为 30～40 kg），使其粘贴牢固。辊压应从中间向两侧边移动，做到排气彻底。在平面与立面的交接处，则先粘贴好平面，经过转角，由下向上粘贴卷材，粘贴时切勿拉紧，要轻轻沿转角压紧压实，再往上粘贴，同时排出空气，最后用手持压辊辊压密实，辊压时要从上往下进行。

(3)搭接缝的粘贴。卷材铺好压粘后，应将搭接部位的结合面清除干净。可用棉纱蘸少量汽油擦洗，然后采用油漆刷均匀涂刷接缝胶黏剂，不得出现露底、堆积现象。涂胶量可按产品说明控制，待胶黏剂表面干燥后(指触不黏)即可进行黏合。黏合时应从一端开始，边压合边排除空气，不许有气泡和皱折现象，然后用手持压辊顺边认真仔细辊压一遍，使其黏结牢固。三层重叠处最不易压严，要用密封材料预先加以填封，否则将会成为渗水通道。

搭接缝全部粘贴后，缝口要用密封材料封严，密封时用刮刀沿缝刮涂，不能留有缺口，密封宽度不应小于 10 mm。

2)卷材热粘贴施工工艺

热粘贴是指采用热玛琋脂或采用火焰加热熔化热熔防水卷材底层的热熔胶进行黏结的施工方法。常用的有 SBS 或 APP(APAO)改性沥青热熔卷材、热玛琋脂或热熔改性沥青黏结胶粘贴的沥青卷材或改性沥青卷材。这种工艺主要针对含有沥青为主要成分的卷材和胶黏剂，它采用科学有效的加热方法对热源进行有效的控制，为以沥青为主的防水材料的应用创造了广阔的天地，同时取得了良好的防水效果。

厚度小于 3 mm 的卷材严禁采用热熔法施工，因为小于 3 mm 的卷材在加热热熔底胶时极易烧坏胎体或烧穿卷材。大于 3 mm 的卷材在采用火焰加热器加热卷材时既不可过分加热，以免烧穿卷材或使底胶焦化，也不能加热不充分，以免卷材不能很好地与基层粘牢。所以，必须加热均匀，来回摆动火焰，使沥青呈光亮为止。热熔卷材铺贴常采用滚铺法，即边加热卷材边立即滚推卷材铺贴于基层，并用刮板用力推刮排出卷材下的空气，使卷材铺平，不皱折，不起泡，与基层粘贴牢固。推刮或辊压时，以卷材两边接缝处溢出沥青热熔胶为最适宜，并将溢出的热熔胶回刮封边。铺贴卷材时也应弹好标线，铺贴应顺直，搭接尺寸要准确。

热粘法铺贴卷材应符合下列规定。

(1)熔化热熔型改性沥青胶结料时，宜采用专用导热油炉加热，加热温度不应高于 200 ℃，使用温度不宜低于 180 ℃。

(2)粘贴卷材的热熔型改性沥青胶结料的厚度宜为 1.0～1.5 mm。

(3)采用热熔型改性沥青胶结料铺贴卷材时，应随刮随滚铺，并应展平压实。

卷材热粘贴施工工艺如下。

(1)滚铺法。滚铺法是一种不展开卷材而边加热烘烤边滚动卷材铺贴的方法。滚铺法的步骤如下。

①起始端卷材的铺贴。将卷材置于起始位置，对好长、短方向的搭接缝，滚展卷材 1 000 mm 左右，掀开已展开的部分，开启喷枪点火，喷枪头与卷材保持 50～100 mm 的距

离,与基层成 30°～45°角,将火焰对准卷材与基层交接处,同时加热卷材底面热熔胶面和基层,至热熔胶层出现黑色光泽、发亮至稍有微泡时,慢慢放下卷材平铺于基层,然后进行排气辊压使卷材与基层粘贴牢固。当起始端铺贴至剩下 300 mm 左右长度时,将其翻放在隔热板上,用火焰加热余下部分的起始端基层后,再加热卷材起始端余下部分,然后将其粘贴于基层上。

②滚铺。卷材起始端铺贴完成后即可进行大面积滚铺。持枪人位于卷材滚铺的前方,按上述方法同时加热卷材和基层,条粘时只须加热两侧边,加热宽度各为 150 mm 左右。推滚卷材的人蹲在已铺好的卷材起始端上面,等卷材充分加热后缓缓推压卷材,并随时注意卷材的平整顺直和搭接缝宽度。其后紧跟一人用棉纱团从中间向两边抹压卷材,赶出气泡,并用刮刀将溢出的热熔胶刮压接边缝。另一个人用压辊压实卷材,使之与基层粘贴密实。

(2)展铺法。展铺法是先将卷材平铺于基层,再沿边掀起卷材予以加热粘贴的方法。此方法主要适用于条粘法铺贴卷材,其施工方法如下。

①先将卷材展铺在基层上,对好搭接缝,按滚铺法的要求先铺贴好起始端卷材。

②拉直整幅卷材,使其无皱折、无波纹,能平坦地与基层相贴,并对准长边搭接缝,然后对末端做临时固定,防止卷材回缩,可采用站人等方法。

③由起始端开始熔贴卷材,掀起卷材边缘约 200 mm 高,将喷枪头伸入侧边卷材底下,加热卷材边宽约 200 mm 的底面热熔胶和基层,边加热边向后退。另一人用棉纱团由卷材中间向两边赶出气泡,并抹压平整。再由紧随的操作人员持辊压实两侧边卷材,并用刮刀将溢出的热熔胶刮压平整。

④铺贴到距末端 1 000 mm 左右长度时,撤去临时固定,按前述滚铺法铺贴末端卷材。

(3)搭接缝施工。热熔卷材表面一般有一层防粘隔离纸,因此,在热熔黏结接缝之前,应先将下层卷材表面的隔离纸烧掉,以利搭接牢固严密。

操作时,由持枪人手持烫板(隔火板)柄,将烫板沿搭接粉线后退,喷枪火焰随烫板移动,喷枪应离开卷材 50～100 mm,贴近烫板。移动速度要控制合适,以刚好熔去隔离纸为宜。烫板和喷枪要密切配合,以免烧损卷材。排气和辊压方法与前述相同。

当整个防水层熔贴完毕后,所有搭接缝应用密封材料涂封严密。

3)铺贴自粘卷材施工工艺

自粘卷材施工是指自粘型卷材的铺贴方法。自粘型卷材在工厂生产时,在其底面涂有一层压敏胶,胶黏剂表面敷有一层隔离纸。施工时只要剥去隔离纸即可直接铺贴。自粘型卷材通常为高聚物改性沥青卷材,施工时一般可采用满粘法和条粘法进行铺贴。采用条粘法时,需与基层脱离的部位可在基层上刷一层石灰水或加铺一层撕下的隔离纸。铺贴时为增加黏结强度,基层表面也应涂刷基层处理剂;干燥后应及时铺贴卷材,可采用滚铺法或抬铺法进行。

自粘法铺贴卷材应符合下列规定。

(1)铺粘卷材前,基层表面应均匀涂刷基层处理剂,干燥后应及时铺贴卷材。

(2)铺贴卷材时应将自粘胶底面的隔离纸完全撕净。

(3)铺贴卷材时应排除卷材下面的空气,并应辊压粘贴牢固。

(4)铺贴的卷材应平整顺直,搭接尺寸应准确,不得扭曲、皱折;低温施工时,立面、大坡面及搭接部位宜采用热风机加热,加热后应随即粘贴牢固。

(5)搭接缝口应采用材性相容的密封材料封严。

铺贴自粘卷材的施工工艺如下。

(1)滚铺法。如图 4-38 所示，操作小组由 5 人组成，其中，2 人用 1 500 mm 长的管材穿入卷材芯孔，一边一人架空慢慢向前转动，一人负责撕拉卷材底面的隔离纸，一名有经验的操作工负责铺贴并尽量排除卷材与基层之间的空气，一名操作工负责在铺好的卷材面进行辊压及收边。

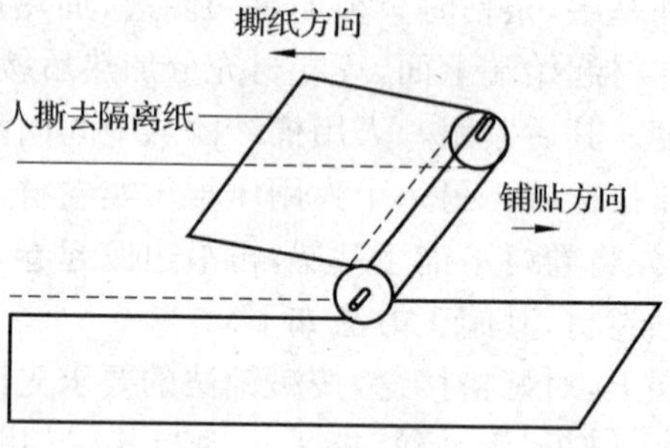

图 4-38　滚铺法

开卷后撕掉卷材端头 500～1 000 mm 长的隔离纸，对准长边线和端头的位置贴牢就可铺贴。负责转动铺开卷材的二人还要看好卷材的铺贴和撕拉隔离纸的操作情况，一般保持 1 000 mm 长左右。在自然松弛状态下对准长边线粘贴。底面的隔离纸必须全部撕净。使用铺卷材器时，要对准卷材边线滚动。

卷材铺贴的同时应从中间和向前方顺压，使卷材与基层之间的空气全部排出；在铺贴好的卷材上用压辊辊压平整，无皱折、扭曲、鼓包等缺陷。

卷材的接口处，用手持小辊沿接缝顺序辊压，要将卷材末端处辊压严实，并使黏结胶略有外露为好。

卷材的搭接部分要保持洁净，严禁掺入杂物，上下层及相邻两幅的搭接缝均应错开，长短边的搭接宽度不应小于 80 mm，如遇气温低搭接处黏结不牢时，可用加热器适当加热，确保粘贴牢固，将溢出的自粘胶随即刮平封口。

(2)抬铺法。抬铺法是先将待铺卷材剪好，反铺于基层上，并剥去卷材全部隔离纸后再铺贴卷材的方法。该方法适合于较复杂的铺贴部位，或隔离纸不易掀剥的场合。施工时按下述方法进行。

首先根据基层形状裁剪卷材。裁剪时，将卷材铺展在待铺部位，实测基层尺寸(考虑搭接宽度)裁剪卷材。然后将剪好的卷材认真仔细地剥除隔离纸，用力要适度，已剥开的隔离纸与卷材宜成锐角，这样不易拉断隔离纸。如出现小片隔离纸粘连在卷材上的情况时，可用小刀仔细挑出，实在无法剥离时，应用密封材料加以涂盖。待隔离纸全部剥离完毕后，将卷材带胶面朝外，沿长向对折卷材。然后抬起并翻转卷材，使搭接边转向搭接粉线。当卷材较长时，在中间安排数人配合一起将卷材抬到待铺位置，使搭接边对准粉线，从短边搭接缝开始沿长向铺放好搭接缝侧半幅卷材，然后再铺放另半幅。在铺放过程中，各操作人员要默契配合，铺贴的松紧与滚铺法相同。铺放完毕后再进行排气、辊压。

(3)立面和大坡面的铺贴。由于自粘型卷材与基层的黏结力相对较低，在立面或大坡面上，卷材容易产生下滑现象，因此，在立面或大坡面上粘贴施工时，宜用手持式汽油喷灯将卷材底面的胶黏剂适当加热后再进行粘贴、排气和辊压。

(4)搭接缝粘贴。自粘型卷材上表面常带有防粘层(聚乙烯膜或其他材料),在铺贴卷材前,应将相邻卷材待搭接部位上表面的防粘层先熔化掉,使搭接缝黏结牢固。操作时,用手持汽油喷灯沿搭接粉线进行。黏结搭接缝时,应掀开搭接部位卷材,宜用扁头热风枪加热卷材底面胶黏剂,加热后随即粘贴、排气、辊压,溢出的自粘胶随即刮平封口。搭接缝粘贴密实后,所有接缝口均用密封材料封严,宽度不应小于 10 mm。

4)卷材热风焊接施工工艺

热风焊接施工是指采用热空气加热热塑性卷材的黏合面进行卷材与卷材接缝黏结的施工方法,卷材与基层间可采用空铺、机械固定、胶黏剂黏结等方法。热风焊接主要适用于树脂型(塑料)卷材。焊接工艺结合机械固定使防水设防更有效。目前采用焊接工艺的材料有PVC 卷材、高密度和低密度聚乙烯卷材。这类卷材热收缩值较高,最适宜有埋置的防水层,宜采用机械固定、点粘或条粘工艺。它强度大,耐穿刺性好,焊接后整体性好。

热风焊接卷材在施工时,首先应将卷材在基层上铺平顺直,切忌扭曲、皱折,并保持卷材清洁,尤其在搭接处,要求干燥、干净,更不能有油污、泥浆等,否则会严重影响焊接效果,造成接缝渗漏。如果采用机械固定,应先行用射钉固定,若用胶黏结,也需要先行粘接,留准搭接宽度。焊接时应先焊长边,后焊短边,否则一旦有微小偏差,长边很难调整。

热风焊接卷材防水施工工艺的关键是接缝焊接,焊接的参数是加热温度和时间,而加热的温度和时间与施工时的气候,如温度、湿度、风力等有关。优良的焊接质量必须是经过培训而真正熟练掌握加热温度、时间的工人才能保证。否则温度低或加热时间过短会形成假焊或焊接不牢。温度过高或加热时间过长,会烧焦或损害卷材本身。当然漏焊、跳焊更是不允许的。

焊接法铺贴卷材应符合下列规定。

(1)对热塑性卷材的搭接缝可采用单缝焊或双缝焊,焊接应严密。

(2)焊接前,卷材应铺放平整、顺直,搭接尺寸应准确,焊接缝的结合面应清理干净。

(3)应先焊长边搭接缝,后焊短边搭接缝。

(4)应控制加热温度和时间,焊接缝不得漏焊、跳焊或焊接不牢。

5)热熔法铺贴卷材施工工艺

热熔法铺贴卷材应符合下列规定。

(1)火焰加热器的喷嘴距卷材面的距离应适中,幅宽内加热应均匀,应以卷材表面熔融至光亮黑色为准,不得过分加热卷材;对厚度小于 3 mm 的高聚物改性沥青防水卷材,严禁采用热熔法施工。

(2)卷材表面沥青热熔后应立即滚铺卷材,滚铺时应排除卷材下面的空气。

(3)搭接缝部位宜以溢出热熔的改性沥青胶结料为度,溢出的改性沥青胶结料的宽度宜为 8 mm,并宜均匀顺直;当接缝处的卷材上有矿物粒或片料时,应用火焰烘烤及清除干净后再进行热熔和接缝处理。

(4)铺贴卷材时应平整顺直,搭接尺寸准确,不得扭曲。

热熔法铺贴卷材的施工工艺如下。

(1)清理基层。剔除基层上隆起的异物,清除基层上的杂物,清扫干净尘土。

(2)涂刷基层处理剂。高聚物改性沥青卷材施工时,基层处理剂按产品说明书配套使用,并应与铺贴的卷材材性相容。可将氯丁橡胶沥青胶黏剂加入工业汽油稀释,搅拌均匀,用长把滚刷均匀涂刷于基层表面,常温经过 4 h 后,开始铺贴卷材。

(3)节点附加增强处理。待基层处理剂干燥后,按设计节点构造图做好节点(女儿墙、水落管、管根、檐口、阴阳角等细部)的附加增强处理。

(4)定位、弹线。在基层上按规范要求布卷材,弹出基准线。

(5)热熔铺贴卷材。按弹好的基准线位置将卷材沥青膜底面朝下对正粉线,点燃火焰喷枪(喷灯),对准卷材底面与基层的交接处,使卷材底面的沥青熔化。喷枪头距加热面为50～100 mm,与基层成 30°～45°角为宜。当烘烤至沥青熔化,卷材底有光泽并发黑、有一层薄熔层时,即用胶皮压辊压密实。这样边烘烤边推压,当端头只剩下 300 mm 左右时,将卷材翻放于隔热板上加热,同时加热基层表面,粘贴卷材并压实,如图 4-39 所示。

(6)搭接缝黏结。在搭接缝黏结之前,先熔烧下层卷材上表面搭接宽度内的防粘隔离层。处理时,操作者一手持烫板,一手持喷枪,使喷枪靠近烫板并距卷材 50～100 mm,边熔烧边沿搭接线后退。为防火焰烧伤卷材的其他部位,烫板与喷枪应同步移动。处理完毕隔离层即可进行接缝黏结,如图 4-40 所示。

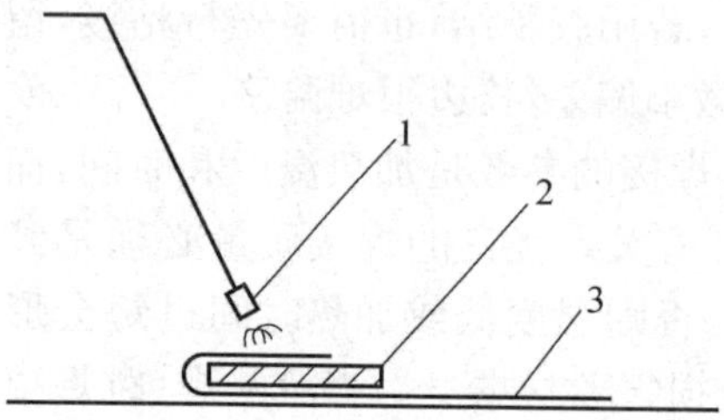

图 4-39　用隔热板加热卷材端头

1—喷枪;2—隔热板;3—卷材

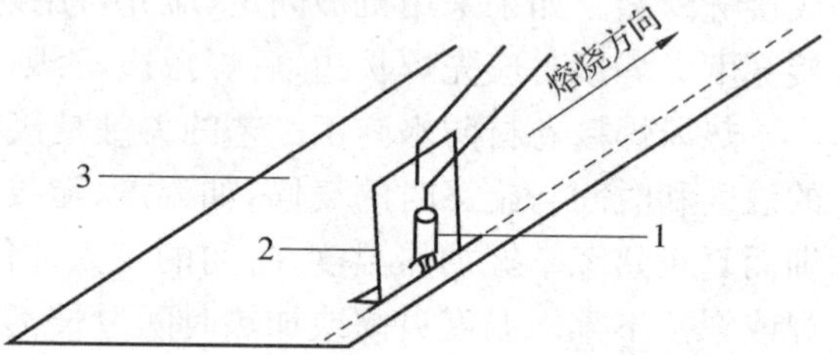

图 4-40　熔烧处理卷材上表面防粘隔离层

1—喷枪;2—烫板;3—已铺下层卷材

施工时应注意,幅宽内应均匀加热,烘烤时间不宜过长,防止烧坏面层材料;热熔后立即滚铺,辊压排气,使之平展、粘牢、无皱折;辊压时,以卷材边缘溢出少量的热熔胶为宜,溢出的热熔胶应随即刮封接口;待整个防水层粘贴完毕后,将所有搭接缝用密封材料予以严密封涂。

(7)蓄水试验。卷材铺贴完毕后 24 h 按要求进行检验。平屋面可采用蓄水试验,蓄水深度为 20 mm,蓄水时间不宜少于 72 h;坡屋面可采用淋水试验,持续淋水时间不少于 2 h,屋面无渗漏和积水、排水系统通畅为合格。

6)机械固定法铺贴卷材施工工艺

机械固定法铺贴卷材应符合下列规定。

(1)固定件应与结构层连接牢固。

(2)固定件的间距应根据抗风揭试验和当地的使用环境与条件确定,并不宜大于 600 mm。

(3)卷材防水层周边 800 mm 范围内应满粘,卷材收头应采用金属压条钉压固定和密封处理。

知识链接

目前国内适用机械固定法铺贴的卷材主要有PVC、TPO、EPDM防水卷材和5 mm厚加强高聚物改性沥青防水卷材，要求具有防水卷材强度高、搭接缝可靠和使用寿命长等特性。采用机械固定法铺贴卷材，当固定件固定在屋面板上的拉拔力不能满足风揭力的要求时，只能将固定件固定在檩条上。固定件采用螺钉加垫片时，应加盖200 mm×200 mm的卷材封盖。固定件采用螺钉加U形压条时，应加盖不小于150 mm宽的卷材封盖。

6.质量缺陷、原因及防治措施

1)搭接缝过窄或黏结不牢

(1)原因。搭接缝过窄或黏结不牢的原因有如下几个。

①采用热熔法铺贴高聚物改性沥青防水卷材时，因为未事先在找平层上弹出控制线，故造成搭接缝宽窄不一。

②热熔粘贴时未将搭接缝处的铝箔烧净，铝箔成了隔离层，使卷材搭接缝黏结不牢。

③粘贴搭接缝时未进行认真的排气、辊压。

④未按规范规定对每幅卷材的搭接缝口用密封材料封严。

(2)防治措施——卷材条盖缝法。具体做法是沿搭接缝每边150 mm范围内，用喷灯等工具将卷材上面自带的保护层(铝箔、PE膜等)烧尽，然后在上面粘贴一条宽度为300 mm的同类卷材，分中压贴。每条盖缝卷材在一定长度内(约为200 mm)，在端头留出宽度约100 mm的缺口，以便由此口排出屋面上的积水。

2)卷材起鼓

(1)原因。卷材起鼓的原因有如下几个。

①因加热温度不均匀，致使卷材与基层之间不能完全密贴，形成部分卷材脱落与鼓起。

②卷材铺贴时压实不紧，残留的空气未被全部赶出。

(2)防治措施。

①高聚物改性沥青防水卷材施工时，火焰加热要均匀、充分、适度。在操作时，首先持枪人不能让火焰停留在一个地方的时间过长，而应沿着卷材的宽度方向缓缓移动，使卷材横向受热均匀；其次要求加热充分、温度适中；最后要掌握加热程度，以热熔后的沥青胶出现黑色光泽、发亮并有微泡现象为度。

②趁热推滚，排尽空气。卷材被热熔粘贴后，要在卷材尚处于较柔软状态时进行辊压。辊压时间可根据施工环境、气候条件进行调节和掌握。气温高，冷却慢，辊压时间宜稍迟；气温低，冷却快，辊压宜提早。另外，加热与辊压的操作配合要默契，使卷材与基层面紧密接触，排尽空气，而在铺压时用力又不宜过大，确保黏结牢固。

3)转角、立面和卷材接缝处黏结不牢

(1)原因。转角、立面和卷材接缝处黏结不牢的原因如下。

①高聚物改性沥青防水卷材厚度较大、质地较硬，在屋面转角以及立面部位(如女儿墙)，因铺贴卷材比较困难，又不易压实，加之屋面两个方向变形不一致和自重下垂等因素，常易出现脱空与黏结不牢等现象。

②热熔卷材表面一般都有一层防粘隔离层，如在黏结搭接缝时，未能将隔离层用喷枪熔烧掉，则很容易导致接缝处黏结不牢。

(2)防治措施。

①基层必须做到平整、坚实、干净、干燥。

②涂刷基层处理剂时要做到均匀一致，无空白漏刷现象，但切勿反复涂刷。

③屋面转角处应按规定增加卷材附加层，并注意与原设计的卷材防水层相互搭接牢固，以适应不同方向的结构和温度变形。

④对于立面铺贴的卷材，应将卷材的收头固定于立墙的凹槽内，并用密封材料嵌填封严。

⑤卷材与卷材之间的搭接缝口也应用密封材料封严，宽度不应小于 10 mm。密封材料应在缝口抹平，使其形成明显的沥青条带。

知识链接

在防水卷材与基层满粘后，因基层变形而产生裂缝会影响卷材的正常使用。因此，对于屋面上可能产生基层开裂的部位，如板端缝、分格缝、构件交接处、构件断面变化处等部位，宜采用空铺、点粘、条粘或机械固定等施工方法，使卷材不与基层黏结，也就不会出现卷材零延伸断裂现象。

特别提示：对容易发生较大变形或容易遭到较大破坏和老化的部位，如檐口、檐沟、泛水、水落口、伸出屋面管道根部等部位，均应增设附加层，以增强防水层局部抵抗破坏和老化的能力。附加层可选用与防水层相容的卷材或涂膜。

4.4.6 涂膜防水层施工

1. 防水涂料和胎体增强材料的贮运、保管及验收

(1)防水涂料和胎体增强材料的贮运、保管应符合下列规定。

①防水涂料的包装容器应密封，容器表面应标明涂料名称、生产厂家、执行标准号、生产日期和产品有效期，并应分类存放。

②反应型和水乳型涂料贮运和保管的环境温度不宜低于 5 ℃。

③溶剂型涂料贮运和保管的环境温度不宜低于 0 ℃，并不得日晒、碰撞和渗漏；保管环境应干燥、通风，并应远离火源、热源。

④胎体增强材料贮运、保管环境应干燥、通风，并应远离火源、热源。

(2)进场的防水涂料和胎体增强材料应检验下列项目。

①高聚物改性沥青防水涂料的固体含量、耐热性、低温柔性、不透水性、断裂伸长率或抗裂性。

②合成高分子防水涂料和聚合物水泥防水涂料的固体含量、低温柔性、不透水性、拉伸强度、断裂伸长率。

③胎体增强材料的拉力、延伸率。

2. 涂膜防水层的施工环境温度

涂膜防水层的施工环境温度应符合下列规定。

(1)水乳型及反应型涂料宜为 5 ℃～35 ℃。

(2)溶剂型涂料宜为－5 ℃～35 ℃。

(3)热熔型涂料不宜低于－10 ℃。

(4)聚合物水泥涂料宜为 5 ℃～35 ℃。

3. 涂膜防水层的基层要求

涂膜防水层的基层应坚实平整，排水坡度应符合设计要求，否则会导致防水层积水；同时防水层在施工前基层应干净，无孔隙、起砂和裂缝，以保证涂膜防水层与基层有较好的黏结强度。

溶剂型、热熔型和反应固化型防水涂料用于涂膜防水层施工时，基层要求干燥，否则会导致防水层成膜后出现空鼓、起皮现象；水乳型或水泥基类防水涂料对基层的干燥度没有严格要求，但从成膜质量和涂膜防水层与基层黏结强度来考虑，干燥的基层比潮湿的基层有利。基层处理剂的施工应符合规范规定。

知识链接

在基层上涂刷基层处理剂的作用：一是堵塞基层毛细孔，使基层的湿气不易渗到防水层中，否则，易引起防水层空鼓、起皮现象；二是增强涂膜防水层与基层的黏结强度。因此，涂膜防水层一般都要涂刷基层处理剂，而且要求涂刷均匀、覆盖完全。同时要求待基层处理剂干燥后再涂布防水涂料。

4. 防水涂料配料

双组分或多组分防水涂料应按配合比准确计量，应采用电动机具搅拌均匀，已配制的涂料应及时使用。配料时，可加入适量的缓凝剂或促凝剂调节固化时间，但不得混合已固化的涂料。

5. 涂膜防水层的施工要求

涂膜防水层施工应符合下列规定。

(1)防水涂料应多遍均匀涂布，涂膜总厚度应符合设计要求。

(2)涂膜间夹铺胎体增强材料时，宜边涂布边铺胎体；胎体应铺贴平整，排除气泡，并应与涂料黏结牢固。在胎体上涂布涂料时，应使涂料浸透胎体，覆盖完全，不得有胎体外露现象。最上面的涂膜厚度不应小于 1.0 mm。

(3)涂膜施工应先做好细部处理，再进行大面积涂布。

(4)屋面转角及立面的涂膜应薄涂多遍，不得流淌和堆积。

涂膜防水层的施工工艺应符合下列规定。

(1)水乳型及溶剂型防水涂料宜选用滚涂或喷涂施工。

(2)反应固化型防水涂料宜选用刮涂或喷涂施工。

(3)热熔型防水涂料宜选用刮涂施工。

(4)聚合物水泥防水涂料宜选用刮涂法施工。

(5)所有防水涂料用于细部构造时,宜选用刷涂或喷涂施工。

6. 涂膜防水的操作方法

涂膜防水的操作方法有涂刷法、涂刮法、喷涂法,见表 4-29。

表 4-29　涂膜防水的操作方法

操作方法	具体做法	适应范围
涂刷法	(1)用刷子涂刷一般采用蘸刷法,也可边倒涂料边用刷子刷匀。涂布垂直面层的涂料时,最好采用蘸刷法。涂刷应均匀一致,倒料时要注意控制涂料均匀倒洒,不可在一处倒得过多,否则涂料难以刷开,造成涂膜厚薄不均。涂刷时不能将气泡裹进涂层中,如遇气泡应立即消除。涂刷遍数必须按事先试验确定的遍数进行。 (2)涂布时应先涂立面,后涂平面。在立面或平面涂布时,可采用分条或按顺序进行。分条进行时,每条宽度应与胎体增强材料的宽度一致,以免操作人员踩踏刚涂好的涂层。 (3)前一遍涂料干燥后,方可进行下一遍涂膜的涂刷。涂刷前应将前一遍涂膜表面的灰尘、杂物等清理干净,同时还应检查前一遍涂层是否有缺陷,如气泡、露底、漏刷,胎体材料皱折、翘边,杂物混入涂层等不良现象,如果存在上述质量问题,应先进行修补,再涂布下一道涂料。 (4)在进行后续涂层的涂刷时,材料用量要控制严格,用力要均匀,涂层厚薄要一致,应仔细认真地涂刷。各道涂层之间的涂刷方向应相互垂直,以提高防水层的整体性和均匀性。涂层间的接槎处,在每遍涂刷时应退槎 50 mm,接槎时也应超过 50～100 mm,以免接槎不严造成渗漏。 (5)刷涂施工的质量要求是涂膜厚薄一致、平整光滑、无明显接槎。在施工操作中不应出现流淌、皱纹、露底、刷花和起泡等弊病	用于刷涂立面和细部节点处理及黏度较小的高聚物改性沥青防水涂料和合成高分子涂料
涂刮法	(1)刮涂就是利用刮刀将厚质防水涂料均匀地刮涂在防水基层上,形成厚度符合设计要求的防水涂膜。 (2)刮涂时应用力按刀,使刮刀与被涂面的倾斜角为 50°～60°,按刀时要用力均匀。 (3)涂层厚度控制采用预先在刮板上固定铁丝(或木条)或在屋面上做好标志的方法。铁丝(或木条)的高度应与每遍涂层厚度要求一致。 (4)刮涂时只能来回刮 1～2 次,不能往返多次刮涂,否则将会出现"皮干里不干"现象。 (5)为了加快施工进度,可采用分条间隔施工,待先批涂层干燥后,再抹后批空白处。分条宽度一般为 0.8～1.0 m,以便抹压操作,并与胎体增强材料宽度相一致。 (6)待前一遍涂料完全干燥后(干燥时间不宜少于 12 h)可进行下一遍涂料施工。后一遍涂料的刮涂方向应与前一遍刮涂方向垂直。 (7)当涂膜出现气泡、皱折、凹陷、刮痕等情况时,应立即进行修补。补好后才能进行下一道涂膜施工	用于黏度较大的高聚物改性沥青防水涂料和合成高分子防水涂料的大面积施工

续表

操作方法	具体做法	适应范围
喷涂法	(1)喷涂施工是利用压力或压缩空气将防水涂料涂布于防水基层面上的机械施工方法，其特点是：涂膜质量好、工效高、劳动强度低、适用于大面积作业。 (2)作业时，喷涂压力为 0.4～0.8 MPa，喷枪的移动速度一般为 400～600 mm/min，喷嘴至受喷面的距离一般应控制在 400～600 mm。 (3)喷枪移动的范围不能太大，一般直线喷涂 800～1 000 mm 后，拐弯 180°向后喷下一行。根据施工条件可选择横向或竖向往返喷涂。 (4)第一行与第二行喷涂面的重叠宽度，一般应控制在喷涂宽度的 1/3～1/2，以使涂层厚度一致。 (5)每一涂层一般要求两遍成活，先横向喷涂一遍，再竖向喷涂一遍。两遍喷涂的时间间隔由防水涂料的品种及喷涂厚度来定。 (6)如有喷枪喷涂不到的地方，应用油刷刷涂	用于黏度较小的高聚物改性沥青防水涂料和合成高分子防水涂料的大面积施工

7. 涂膜防水层的施工工艺

1)涂膜防水常规施工程序

施工流程为：施工准备工作→板缝处理及基层施工→基层检查及处理→涂刷基层处理剂→节点和特殊部位附加增强处理→涂布防水涂料、铺贴胎体增强材料→防水层清理与检查整修→保护层施工。

其中，板缝处理及基层施工、基层检查及处理是保证涂膜防水施工质量的基础，涂布防水涂料、铺贴胎体增强材料是最主要和最关键的工序，这道工序的施工方法取决于涂料的性质和设计方法。

知识链接

防水涂料涂布时如一次涂成，涂膜层易开裂，故一般为涂布三遍或三遍以上为宜，而且须待先涂的涂料干后再涂后一遍涂料，最终达到规范规定的要求厚度。

涂布涂膜防水层时，要求涂刮厚薄均匀、表面平整，否则会影响涂膜层的防水效果和使用年限，也会造成材料不必要的浪费。

涂膜中夹铺胎体增强材料是为了增加涂膜防水层的抗拉强度，要求边涂布边铺胎体增强材料，而且要刮平排除内部气泡，这样才能保证胎体增强材料充分被涂料浸透并黏结更好。涂布涂料时，胎体增强材料不得有外露现象，因为外露的胎体增强材料易于老化而失去增强作用，所以规范规定最上层的涂层应至少涂刮两遍，其厚度不应小于 1 mm。

节点和需铺附加层部位的施工质量至关重要，应先涂布节点和附加层，检查其质量是否符合设计要求，待检查无误后再进行大面积涂布，这样可保证屋面整体的防水效果。

屋面转角及立面的涂膜若一次涂成，极易产生下滑并出现流淌和堆积现象，造成涂膜厚薄不均，影响防水质量。

涂膜防水的施工与卷材防水层一样，也必须按照“先高后低、先远后近”的原则进行，即遇有高低跨屋面时，一般应先涂布高跨屋面，后涂布低跨屋面。在相同高度的大面积屋面上要合理划分施工段，施工段的交接处应尽量设在变形缝处，以便于操作和运输顺序的安排，在每段中要先涂布离上料点较远的部位，后涂布较近的部位。先涂布排水较集中的水落口、天沟、檐口，再往高处涂布至屋脊或天窗下。先做节点、附加层，然后再进行大面积涂布。一般涂布方向应顺屋脊方向，如有胎体增强材料时，涂布方向应与胎体增强材料的铺贴方向一致。

2）防水涂料的涂布

根据防水涂料种类的不同，防水涂料可以采用涂刷、刮涂或机械喷涂的方法涂布。

涂布前，应根据屋面面积、涂膜固化时间和施工速度估算好一次涂布用量，确定配料量，保证在固化干燥前用完，这一规定对于双组分反应固化型涂料尤为重要。已固化的涂料不能与未固化的涂料混合使用，否则会降低防水涂膜的质量。涂布的遍数应按设计要求的厚度事先通过试验确定，以便控制每遍涂料的涂布厚度和总厚度。胎体增强材料上层的涂布不应少于两遍。

涂料涂布应分条或按顺序进行。分条进行时，每条的宽度应与胎体增强材料的宽度相一致，以免操作人员踩踏刚涂好的涂层。每次涂布前应仔细检查前遍涂层是否有缺陷，如气泡、露底、漏刷，胎体增强材料皱折、翘边，杂物混入等现象，如发现上述问题，应先进行修补，再涂布后遍涂层。立面部位涂层应在平面涂布前进行，而且应采用多次薄层涂布，尤其是流平性好的涂料，否则会产生流坠现象，使上部涂层变薄，下部涂层增厚，影响防水性能。

涂刷法是指采用滚刷或棕刷将涂料涂刷在基层上的施工方法。

喷涂法是指采用带有一定压力的喷涂设备使从喷嘴中喷出的涂料产生一定的雾化作用，涂布在基层表面的施工方法。这两种方法一般用于涂布固含量较低的水乳型或溶剂型涂料，涂布时应控制好每遍涂层的厚度，即要控制好每遍涂层的用量和薄厚均匀程度。涂刷应采用蘸刷法，不得采用将涂料倒在屋面上，再用滚刷或棕刷涂刷的方法，以免涂料产生堆积现象。喷涂时应根据喷涂压力的大小选用合适的喷嘴，使喷出的涂料呈雾状均匀喷出，喷涂时应控制好喷嘴移动速度，保持匀速前进，使喷涂的涂层厚薄均匀。

刮涂法是指采用刮板将涂料涂布在基层上的施工方法，一般用于高固含量的双组分涂料的施工。由于刮涂法施工的涂层较厚，可以先将涂料倒在屋面上，然后用刮板将涂料刮开，刮涂时应注意控制涂层厚薄的均匀程度，最好采用带齿的刮板进行刮涂，以齿的高度来控制涂层的厚度。

3）胎体增强材料的铺设

胎体增强材料的铺设方向与屋面坡度有关。当屋面坡度小于 3：20 时可平行屋脊铺设，当屋面坡度大于 3：20 时，为防止胎体增强材料下滑，应垂直屋脊铺设。铺设时由屋面最低标高处开始向上操作，使胎体增强材料的搭接顺流水方向，避免呛水。

胎体增强材料搭接时，其长边搭接宽度不得小于 50 mm，短边搭接宽度不得小于 70 mm。采用两层胎体增强材料时，由于胎体增强材料的纵向和横向延伸率不同，因此，上下层胎体应同方向铺设，使两层胎体材料有一致的延伸性。上下层的搭接缝还应错开，其间距不得小于 1/3 幅宽，以避免产生重缝。

胎体增强材料的铺设可采用湿铺法或干铺法施工，当涂料的渗透性较差或胎体增强材料比较密实时，宜采用湿铺法施工，以便涂料可以很好地浸润胎体增强材料。铺贴好的胎体增强材料不得有皱折、翘边、空鼓等缺陷，也不得有露白现象。铺贴时切忌拉伸过紧，刮平时也不能用力过大，铺设后应严格检查表面是否有缺陷或搭接不足的问题，如有，应修补后才能进行下一道工序的施工。

4)细部节点的附加增强处理

屋面细部节点，如天沟、檐沟、檐口、泛水、出屋面管道根部、阴阳角和防水层收头等部位均应加铺有胎体增强材料的附加层。一般先涂刷1～2遍涂料，使铺贴裁剪好的胎体增强材料贴实、平整，干燥后再涂刷一遍涂料。

知识链接

由于受刚性保护层材料自身收缩或温度变化的影响，直接拉伸防水层会使防水层疲劳开裂而发生渗漏，因此，在刚性保护层与卷材、涂膜防水层之间应做隔离层，以减小两者之间的黏结力和摩擦力，并使保护层的变形不会受到约束。

4.4.7 接缝密封防水施工

1. 接缝密封防水材料

1)接缝密封材料

接缝种类及对应的密封材料见表4-30。

表4-30 接缝种类及对应的密封材料

项次	接缝种类	主要考虑因素	密封材料
1	屋面板接缝	(1)剪切位移； (2)耐久性； (3)耐热度	改性沥青 塑料油膏 聚氯乙烯胶泥
2	水落口杯节点	(1)耐热度； (2)拉伸压缩循环性能	硅酮系
3	天沟、檐沟节点	同屋面板接缝	—
4	檐口、泛水卷材收头节点	(1)黏结性； (2)流淌性	改性沥青 塑料油膏
5	刚性屋面分格缝节点	(1)水平位移； (2)耐热度	硅酮系 聚氨酯密封膏 水乳丙烯酸

2)背衬材料

背衬材料常选用聚乙烯闭孔泡沫体和沥青麻丝。其作用是控制密封膏的嵌入深度，确保两面粘接，从而使密封材料有较大的自由伸缩度，提高变形能力。

3)隔离条

隔离条一般有四氟乙烯条、硅酮条、聚酯条、氯乙烯条和聚乙烯泡沫条等,其作用与背衬材料相同,主要用于接缝较浅的部位,如檐口、泛水卷材收头、金属管道根部等节点处。

4)防污条

防污条要求黏性适当,其作用是保持黏结物不对界面两边造成污染。

5)基层处理剂

基层处理剂一般与密封材料配套使用。

2. 密封材料的贮运、保管及验收

(1)密封材料的贮运、保管应符合下列规定。

①运输时应防止日晒、雨淋、撞击、挤压。

②贮运、保管环境应通风、干燥,防止日光直接照射,并应远离火源、热源;乳胶型密封材料在冬季时应采取防冻措施。

③密封材料应按类别、规格分别存放。

(2)对进场的密封材料应检验下列项目。

①改性石油沥青密封材料的耐热性、低温柔性、拉伸黏结性、施工温度。

②合成高分子密封材料的拉伸模量、断裂伸长率、定伸黏结性。

3. 接缝密封防水的施工环境温度

接缝密封防水的施工环境温度应符合下列规定。

(1)改性沥青密封材料和溶剂型合成高分子密封材料的施工环境温度宜为0 ℃~35 ℃。

(2)乳胶型及反应型合成高分子密封材料的施工环境温度宜为5 ℃~35 ℃。

4. 密封防水部位的基层

密封防水部位的基层应符合下列规定。

(1)基层应牢固,表面应平整、密实,不得有裂缝、蜂窝、麻面、起皮和起砂等现象。

(2)基层应清洁、干燥,应无油污和灰尘。

(3)嵌入的背衬材料与接缝壁间不得留有空隙。

(4)密封防水部位的基层宜涂刷基层处理剂,涂刷应均匀,不得有漏涂。

5. 密封材料防水施工要求

1)改性沥青密封材料防水施工

改性沥青密封材料防水施工应符合下列规定。

(1)采用冷嵌法施工时,宜分次将密封材料嵌填在缝内,并应防止裹入空气。

(2)采用热灌法施工时,应由下向上进行,并宜减少接头;密封材料熬制及浇灌温度应按不同材料要求严格控制。

2)合成高分子密封材料防水施工

合成高分子密封材料防水施工应符合下列规定。

(1)单组分密封材料可直接使用;多组分密封材料应根据规定的比例准确计量,并应拌和均匀;每次的拌和量、拌和时间和拌和温度应按所用密封材料的要求严格控制。

(2)采用挤出枪嵌填时,应根据接缝的宽度选用口径合适的挤出嘴,应均匀挤出密封材

料嵌填，并应由底部逐渐充满整个接缝。

(3)密封材料嵌填后，应在密封材料表干前用腻子刀嵌填修整。

密封材料嵌填应密实、连续、饱满，应与基层黏结牢固；表面应平滑，缝边应顺直，不得有气泡、孔洞、开裂、剥离等现象。

对嵌填完毕的密封材料，应避免碰损及污染；固化前不得踩踏。

6.施工准备

1)施工机具

根据密封材料的种类、施工方法选用施工机具，见表4-31。

表4-31　密封材料施工机具

方法		做法	适用
热灌法		采用塑化炉加热，将锅内材料加温，使其熔化，加热温度为110 ℃～130 ℃，然后用灌缝车或鸭嘴壶将密封材料灌入缝中，浇灌时的温度不低于110 ℃	平面接缝
冷嵌法	批刮法	密封材料不需加热，手工嵌填时可用腻子刀或刮刀将密封材料分次刮到缝槽两侧的粘接面，然后将密封材料填满整个接缝	平面、立面及节点接缝
	挤出法	可采用专用的挤出枪，并根据接缝的宽度选用合适的枪嘴，将密封材料挤入接缝内。若采用管装密封材料，可将包装筒塑料嘴斜向切开作为枪嘴，将密封材料挤入接缝内	

2)缝槽要求

缝槽应清洁、干燥，表面应密实、牢固、平整，否则应进行清洗和修整。用直尺检查接缝的宽度和深度是否符合要求，一般接缝的宽度和深度要求见表4-32。如尺寸不符合要求，则应修整。

表4-32　一般接缝的宽度和深度要求

接缝间距/m	0～2.0	2.0～3.5	3.5～5.0	5.0～6.5	6.5～8.0
最小缝宽/mm	10	15	20	25	30
嵌缝深度/mm	8±2	10±2	12±2	15±3	15±3

3)施工工艺

施工工艺的步骤为：嵌填背衬材料→铺设防污条→刷涂基层处理剂→嵌填密封材料→保护层施工。其施工要点如下。

(1)嵌填背衬材料。先将背衬材料加工成与接缝宽度和深度相符合的形状(或选购多种规格)，然后将其压入接缝里，如图4-41所示。

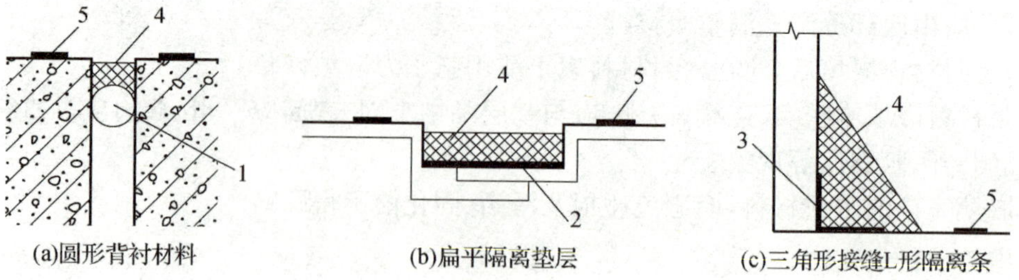

图 4-41　背衬材料的嵌填

1—圆形背衬材料；2—扁平隔离垫层；3—L 形隔离条；4—密封防污胶条；5—遮挡防污胶条

(2)铺设防污条。防污条粘贴时要成直线,保持密封膏线条美观。

(3)刷涂基层处理剂。单组分基层处理剂摇匀后即可使用,双组分须按产品说明书配比,用机械搅拌均匀,一般搅拌 10 min。用刷子将接缝周边涂刷薄薄一层,要求刷匀,不得漏涂和出现气泡、斑点,表干后应立即嵌填密封材料,表干时间一般为 20～60 min,如超过 24 h 应重新涂刷。

(4)嵌填密封材料。按施工方法分为热灌法和冷嵌法两种。热灌时应从低处开始向上连续进行,先灌垂直屋脊板缝,遇纵横交叉时,应向平行屋脊的板缝两端各延伸 150 mm,并留成斜槎。灌缝一般宜分两次进行,第一次先灌缝深的1/3～1/2,用竹片或木片将油膏沿缝两边反复搓擦,使之不露白槎,第二次灌满并略高于板面和板缝两侧各 20 mm。在密封材料嵌填完毕但未干之前,用刮刀用力将其压平,并进行修整,然后立即揭去遮挡条,养护 2～3 d,养护期间不得碰损或污染密封材料。

(5)保护层施工。密封材料表干后,按设计要求做保护层。如无设计要求,可用密封材料稀释做一布二涂的涂膜保护层,宽度为 200～300 mm。

4.4.8　保护层和隔离层施工

防水层不但要起到防水作用,而且还要抵御大自然的雨水冲刷,紫外线、臭氧、酸雨的损害,温差变化的影响以及使用时外力的损坏。这些都会对防水层造成损害,缩短防水层的使用寿命,使防水层提前老化或失去防水功能。因此,防水层应加保护层,以延缓防水层的使用寿命,这在功能上讲是合理的,在经济上是合算的,一般,有了保护层,防水层的寿命至少延长一倍,如果做成倒置式屋面,寿命将会延长得更多。目前采用的保护层,是根据不同的防水材料和屋面功能决定的。

施工完的防水层应进行雨后观察、淋水或蓄水试验,并应在合格后再进行保护层和隔离层的施工。在保护层和隔离层施工前,防水层或保温层的表面应平整、干净。保护层和隔离层施工时,应避免损坏防水层或保温层。块体材料、水泥砂浆、细石混凝土保护层表面的坡度应符合设计要求,不得有积水现象。

1. 材料的贮运、保管

保护层材料的贮运、保管应符合下列规定。

(1)水泥贮运、保管时应采取防尘、防雨、防潮措施。

(2)块体材料应按类别、规格分别堆放。

(3)浅色涂料贮运、保管的环境温度，反应型及水乳型不宜低于 5 ℃，溶剂型不宜低于 0 ℃。

(4)溶剂型涂料的保管环境应干燥、通风，并应远离火源和热源。

隔离层材料的贮运、保管应符合下列规定。

(1)塑料膜、土工布、卷材贮运时，应防止日晒、雨淋、重压。

(2)塑料膜、土工布、卷材保管时，应保证室内干燥、通风。

(3)塑料膜、土工布、卷材的保管环境应远离火源、热源。

2. 施工环境温度

保护层的施工环境温度应符合下列规定。

(1)块体材料干铺不宜低于－5 ℃，湿铺不宜低于 5 ℃。

(2)水泥砂浆及细石混凝土的环境温度宜为 5 ℃～35 ℃。

(3)浅色涂料不宜低于 5 ℃。

隔离层的施工环境温度应符合下列规定。

(1)干铺塑料膜、土工布、卷材可在负温下施工。

(2)铺抹低强度等级砂浆宜为 5 ℃～35 ℃。

3. 施工工艺

1)浅色涂层的施工

浅色涂层可在防水层上涂刷，涂刷面除干净外，还应干燥，涂膜应完全固化，刚性层应硬化干燥。涂刷时应均匀、不露底、不堆积，一般应涂刷两遍以上。

浅色涂料保护层施工应符合下列规定。

(1)浅色涂料应与卷材、涂膜相容，材料用量应根据产品说明书的规定使用。

(2)浅色涂料应多遍涂刷，当防水层为涂膜时，应在涂膜固化后进行。

(3)涂层应与防水层黏结牢固，厚薄应均匀，不得漏涂。

(4)涂层表面应平整，不得流淌和堆积。

知识链接

当采用浅色涂料做保护层时，涂刷的遍数越多，涂层的密度就越高，涂层的厚度越均匀。若堆积会造成不必要的浪费，还会影响成膜时间和成膜质量；若流淌会使涂膜厚度达不到要求。涂料与防水层黏结是否牢固，其厚度能否达到要求，都直接影响到屋面防水层的耐久性。因此，涂料保护层必须与防水层黏结牢固、全面覆盖、厚薄均匀，才能对防水层起到保护作用。

2)金属反射膜粘铺

金属反射膜一般在工厂生产时敷于热熔改性沥青卷材表面，也可以用黏结剂粘贴于涂膜表面。当在现场粘铺于涂膜表面时，应两人滚铺，从膜下排出空气并立即辊压黏牢。

3)蛭石、云母粉、粒料(砂、石片)撒布

这些粒料如用于热熔改性沥青卷材表面时，系在工厂生产时黏附。在现场粘铺于防水层表面时，是在涂刷最后一遍热玛瑺脂或涂料时，立即均匀撒铺并轻轻地辊压一遍，待完全冷却或干燥固化后，再将上面未黏牢的粒料扫去。

4)纤维毡、塑料网格布的施工

纤维毡一般在四周用压条钉压固定于基层，中间可采取点粘固定。塑料网格布在四周也应固定，中间均已咬口连接。

5)块体铺设

在铺设前应先点粘铺贴一层聚酯毡。块体材料采用方砖，六角形、多边形各式各样的混凝土制品等，铺摆时要连环扣住，如上人屋面，则要求座沙、座浆铺砌，块体施工时应铺平垫稳，缝隙均匀一致。

块体材料保护层铺设应符合下列规定。

(1)在沙结合层上铺设块体时，沙结合层应平整，块体间应预留 10 mm 宽的缝隙，缝内应填沙，并应用 1∶2 水泥砂浆勾缝。

(2)在水泥砂浆结合层上铺设块体时，应先在防水层上做隔离层，块体间应预留 10 mm 宽的缝隙，缝内应用 1∶2 水泥砂浆勾缝。

(3)块体表面应洁净、色泽一致，应无裂纹、掉角和缺棱等缺陷。

6)水泥砂浆、聚合物水泥砂浆或干粉砂浆铺抹

铺抹砂浆时也应按设计要求进行，如需隔离层，则应先铺一层无纺布，再按设计要求铺抹砂浆，抹平压光，并按设计分格，也可以在硬化后用锯切割，但必须注意不可伤及防水层，锯割深度为砂浆厚度的 1/3～1/2。

7)混凝土、钢筋混凝土施工

混凝土、钢筋混凝土保护层施工前应在防水层上做隔离层，隔离层可采用低标号砂浆(石灰黏土砂浆)、油毡、聚酯毡、无纺布等；隔离层应铺平，然后铺放绑扎配筋，支好分格缝模板，浇筑细石混凝土，也可以全部浇筑硬化后用锯切割混凝土缝，但缝中应填嵌密封材料。

4.4.9 瓦屋面施工

瓦屋面采用的木质基层、顺水条、挂瓦条的防腐、防火及防蛀处理，以及金属顺水条、挂瓦条的防锈蚀处理，均应符合设计要求。屋面木基层应铺钉牢固、表面平整；钢筋混凝土基层的表面应平整、干净、干燥。

防水垫层的铺设应符合下列规定。

(1)防水垫层可采用空铺、满粘或机械固定。

(2)防水垫层在瓦屋面构造层次中的位置应符合设计要求。

(3)防水垫层宜自下而上平行屋脊铺设。

(4)防水垫层应顺流水方向搭接，搭接宽度应符合规范规定。

(5)防水垫层应铺设平整，下道工序施工时，不得损坏已铺设完成的防水垫层。

持钉层的铺设应符合下列规定。

(1)当屋面无保温层时，木基层或钢筋混凝土基层可视为持钉层；当钢筋混凝土基层不平整时，宜用 1∶2.5 的水泥砂浆找平。

(2)当屋面有保温层时，在保温层上应按设计要求做细石混凝土持钉层，内配钢筋网应骑跨屋脊，并应绷直与屋脊和檐口、檐沟部位的预埋锚筋连牢；预埋锚筋穿过防水层或防水

垫层时，破损处应进行局部密封处理。

(3)水泥砂浆或细石混凝土持钉层可不设分格缝；持钉层与突出屋面结构的交接处应预留 30 mm 宽的缝隙。

1.烧结瓦、混凝土瓦屋面

烧结瓦、混凝土瓦的贮运、保管应轻拿轻放，不得抛扔、碰撞；进入现场后应堆垛整齐。对进场的烧结瓦、混凝土瓦应检验抗渗性、抗冻性和吸水率等项目。顺水条应顺流水方向固定，间距不宜大于 500 mm，顺水条应铺钉牢固、平整。钉挂瓦条时应拉通线，挂瓦条的间距应根据瓦片尺寸和屋面坡长经计算确定，挂瓦条应铺钉牢固、平整，上棱应成一直线。

铺设瓦屋面时，瓦片应均匀分散地堆放在两坡屋面基层上，严禁集中堆放；应由两坡从下向上同时对称铺设；瓦片应铺成整齐的行列，并应彼此紧密搭接，做到瓦棒落槽、瓦脚挂牢、瓦头排齐，且无翘角和张口现象，檐口应成一直线；脊瓦搭盖间距应均匀，脊瓦与坡面瓦之间的缝隙应用聚合物水泥砂浆填实抹平，屋脊或斜脊应顺直；沿山墙一行的瓦宜用聚合物水泥砂浆做出披水线。

檐口第一根挂瓦条应保证瓦头出檐口 50～70 mm；屋脊两坡最上面的一根挂瓦条，应保证脊瓦在坡面瓦上的搭盖宽度不小于 40 mm；钉檐口条或封檐板时，均应高出挂瓦条 20～30 mm。

烧结瓦、混凝土瓦屋面完工后，应避免屋面受物体冲击，严禁任意上人或堆放物件。

2.沥青瓦屋面

不同类型、规格的沥青瓦产品应分别堆放；贮存温度不应高于 45 ℃，并应平放贮存；应避免雨淋、日晒、受潮，并应注意通风和避免接近火源。进场的沥青瓦应检验其可溶物含量、拉力、耐热度、柔度、不透水性、叠层剥离强度等项目。

铺设沥青瓦前，应在基层上弹出水平及垂直基准线，并应按线铺设。檐口部位宜先铺设金属滴水板或双层檐口瓦，并应将其固定在基层上，再铺设防水垫层和起始瓦片。

沥青瓦应自檐口向上铺设，起始层瓦应由瓦片经切除垂片部分后制得，且起始层瓦沿檐口应平行铺设并伸出檐口 10 mm，再用沥青基胶结材料和基层黏结；第一层瓦应与起始层瓦叠合，但瓦切口应向下指向檐口；第二层瓦应压在第一层瓦上且露出瓦切口，但不得超过切口长度。相邻两层沥青瓦的拼缝及切口应均匀错开。

檐口、屋脊等屋面边沿部位的沥青瓦之间、起始层沥青瓦与基层之间，应采用沥青基胶结材料满粘牢固。在沥青瓦上钉固定钉时，应将钉垂直钉入持钉层内；固定钉穿入细石混凝土持钉层的深度不应小于 20 mm，穿入木质持钉层的深度不应小于 15 mm，固定钉的钉帽不得外露在沥青瓦表面。每片脊瓦应用两个固定钉固定；脊瓦应顺年最大频率风向搭接，并应搭盖住两坡面沥青瓦每边不小于 150 mm；脊瓦与脊瓦的压盖面不应小于脊瓦面积的 1/2。

沥青瓦屋面与立墙或伸出屋面的烟囱、管道的交接处应做泛水，在其周边与立面 250 mm 的范围内应铺设附加层，然后在其表面用沥青基胶结材料满粘一层沥青瓦片。

铺设沥青瓦屋面的天沟应顺直，瓦片应黏结牢固，搭接缝应密封严密，排水应通畅。

4.4.10 金属板屋面施工

金属板应用专用吊具安装，吊装和运输过程中不得损伤金属板材；金属板的堆放地点宜选择在安装现场附近，堆放场地应平整坚实且便于排除地表水。金属板应边缘整齐、表面光滑、色泽均匀、外形规则，不得有扭翘、脱膜和锈蚀等缺陷。对进场的彩色涂层钢板及钢带应检验其屈服强度、抗拉强度、断后伸长率、镀层重量、涂层厚度等项目。

金属面绝热夹芯板在贮运、保管时应采取防雨、防潮、防火措施；夹芯板之间应用衬垫隔离，并应分类堆放，避免受压或机械损伤。对进场的金属面绝热夹芯板应检验其剥离性能、抗弯承载力、防火性能等项目。

金属板屋面的构件及配件应有产品合格证和性能检测报告，其材料的品种、规格、性能等应符合设计要求和产品标准的规定。

金属板屋面施工应在主体结构和支承结构验收合格后进行。金属板屋面施工前应根据施工图纸进行深化排板图设计。金属板铺设时，应根据金属板板型技术要求和深化设计排板图进行。施工测量应与主体结构测量相配合，对其误差应及时调整，不得积累；施工过程中应定期对金属板的安装定位基准点进行校核。金属板的长度应根据屋面排水坡度、板型连接构造、环境温差及吊装运输条件等综合确定，横向搭接方向宜顺主导风向；当在多维曲面上雨水可能翻越金属板板肋横流时，金属板的纵向搭接应顺流水方向。在铺设金属板过程中应对金属板采取临时固定措施，当天就位的金属板材应及时连接固定，其安装应平整、顺滑，板面不应有施工残留物；檐口线、屋脊线应顺直，不得有起伏不平的现象。

金属板屋面施工完毕后，应进行雨后观察、整体或局部淋水试验，檐沟、天沟应进行蓄水试验，并应填写淋水和蓄水试验记录，完工后，应避免屋面受物体冲击，并不宜对金属面板进行焊接、开孔等作业，严禁任意上人或堆放物件。

4.4.11 玻璃采光顶施工

在搬运采光顶部件时应轻拿轻放，严禁互相碰撞；采光玻璃在运输中应采用有足够承载力和刚度的专用货架；部件之间应用衬垫固定，并应相互隔开；采光顶部件应放在专用货架上，存放场地应平整、坚实、通风、干燥，并严禁与酸、碱等类的物质接触。

玻璃采光顶施工应在主体结构验收合格后进行；采光顶的支承构件与主体结构连接的预埋件应按设计要求埋设。施工测量应与主体结构测量相配合，测量偏差应及时调整，不得积累；施工过程中应定期对采光顶的安装定位基准点进行校核。其支承构件、玻璃组件及附件的品种、规格、色泽和性能应符合设计要求和技术标准的规定。

玻璃采光顶施工完毕后，应进行雨后观察、整体或局部淋水试验，檐沟、天沟应进行蓄水试验，并应填写淋水和蓄水试验记录。

框支承玻璃采光顶的安装施工应符合下列规定。

(1)应根据采光顶分格测量，确定采光顶各分格点的空间定位。

(2)支承结构应按顺序安装，在采光顶框架组件安装就位、调整后应及时紧固；不同金属材料的接触面应采用隔离材料。

(3)采光顶的周边封堵收口、屋脊处压边收口、支座处封口，均应铺设平整且可靠固定。

(4)采光顶天沟、排水槽、通气槽及雨水排出口等细部构造应符合设计要求。

(5)装饰压板应顺流水方向设置，表面应平整，接缝应符合设计要求。

点支承玻璃采光顶的安装施工应符合下列规定。

(1)应根据采光顶分格测量，确定采光顶各分格点的空间定位。

(2)钢桁架及网架结构安装就位、调整后应及时紧固;钢索杆结构的拉索、拉杆预应力施加应符合设计要求。

(3)采光顶应采用不锈钢驳接组件装配,安装爪件前应精确定出其安装位置。

(4)玻璃宜采用机械吸盘安装,并应采取必要的安全措施。

(5)玻璃接缝应采用硅酮耐候密封胶。

(6)中空玻璃钻孔周边应采取多道密封措施。

明框玻璃组件的组装应符合下列规定。

(1)玻璃与构件槽口的配合应符合设计要求和技术标准的规定。

(2)玻璃四周密封胶条的材质、型号应符合设计要求,镶嵌应平整、密实,胶条的长度宜大于边框内槽口长度1.5%～2.0%。胶条在转角处应斜面断开,并应用黏结剂黏结牢固。

(3)组件中的导气孔及排水孔设置应符合设计要求,组装时应保持孔道通畅。

(4)明框玻璃组件应拼装严密,框缝密封应采用硅酮耐候密封胶。

隐框及半隐框玻璃组件的组装应符合下列规定。

(1)玻璃及框料黏结表面的尘埃、油渍和其他污物,应分别使用带溶剂的擦布和干擦布清除干净,并应在清洁1 h内嵌填密封胶。

(2)所用的结构黏结材料应采用硅酮结构密封胶,其性能应符合《建筑用硅酮结构密封胶》(GB 16776—2005)的有关规定;硅酮结构密封胶应在有效期内使用。

(3)硅酮结构密封胶应嵌填饱满,并应在温度为15 ℃～30 ℃、相对湿度为50%以上、洁净的室内进行,不得在现场嵌填。

(4)硅酮结构密封胶的黏结宽度和厚度应符合设计要求,胶缝表面应平整光滑,不得出现气泡。

(5)在硅酮结构密封胶固化期间,组件不得长期处于单独受力状态。

玻璃接缝密封胶的施工应符合下列规定。

(1)玻璃接缝密封应采用硅酮耐候密封胶,其性能应符合《幕墙玻璃接缝用密封胶》(JC/T 882—2001)的有关规定,密封胶的级别和模量应符合设计要求。

(2)密封胶的嵌填应密实、连续、饱满,胶缝应平整光滑、缝边顺直。

(3)玻璃间的接缝宽度和密封胶的嵌填深度应符合设计要求。

(4)不宜在夜晚、雨天嵌填密封胶,嵌填温度应符合产品说明书规定,嵌填密封胶的基面应清洁、干燥。

4.5 冬期施工和雨期施工措施

4.5.1 防水工程冬期施工

冬期进行屋面防水工程施工时应选择无风晴朗的天气,并应根据使用的防水材料控制其施工气温界限,以及利用日照条件提高面层温度。在迎风面宜设置活动的挡风装置。

在施工中有交叉作业时,应合理安排隔汽层、保温层、找平层、防水层的各工序,并宜做到连续操作。对已完成部位应及时覆盖,以免受潮、受冻。

1.保温层施工

冬期施工采用的屋面保温材料应符合设计要求,并不得含有冰雪、冻块和杂质。干铺的保温层可在负温下施工,采用沥青胶结的整体保温层和板状保温层应在气温不低于－10 ℃时施工,采用水泥、石灰或乳化沥青胶结的整体保温层和板状保温层应在气温不低于 5 ℃时施工。雪天或五级风及以上的天气不得施工。

2.找平层施工

水泥砂浆找平层可掺入防冻剂。当采用氯化钠防冻剂时宜选用普通硅酸盐水泥或矿渣硅酸盐水泥,严禁使用高铝水泥。砂浆强度不应低于 3.5 MPa,施工时气温不应低于－7 ℃。

采用沥青砂浆做找平层时,基层应干燥、平整,不得有冰层或积雪。基层应先满涂冷底子油 1~2 道,待冷底子油干燥后,方可做找平层。施工时应采取分段流水作业和保温等措施。沥青砂浆施工时的温度应满足要求。找平层应牢固坚实,表面无凹凸、起砂、起鼓现象。如有积雪、残留冰霜、杂物等应清扫干净。

3.防水层、隔汽层施工

沥青卷材施工的环境温度不应低于 5 ℃。当气温较低且屋面防水层采用卷材时,可采用热熔法和冷粘法施工。

热熔法的施工温度不应低于－10 ℃,宜使用高聚物改性沥青防水卷材。涂刷基层处理剂宜使用快挥发的溶剂配制,涂刷后应干燥 10 h 及以上,干燥后应及时铺贴。卷材搭接缝的边缘以及末端收头部位应以密封材料嵌缝处理,必要时也可在经过密封处理的末端收头处再用掺防冻剂的水泥砂浆压缝处理。

冷粘法的施工温度不宜低于－5 ℃,宜使用合成高分子防水卷材。涂布基层处理时应将聚氨酯涂膜防水材料的甲料∶乙料∶二甲苯按 1∶1.5∶3 的比例混合搅拌均匀,涂在基层表面上,干燥时间不应少于 10 h。采用聚氨酯涂料做附加层处理时,甲料∶乙料按 1∶1.5 的比例,厚度不小于 1.5 min,并应在固化 36 h 以后进行下一工序施工。铺贴立面或大坡面合成高分子防水卷材宜用满粘法。接缝采用配套的接缝胶黏剂,接缝口应用密封材料封严,其宽度不应小于 10 mm。

当采用涂料做防水层时应使用溶剂型涂料,施工环境温度不应低于－5 ℃,在雨、雪天、五级风及以上时不得施工。涂料贮运的环境温度不宜低于 0 ℃,并应避免碰撞,保管环境应干燥、通风并远离火源。基层处理剂可选用有机溶剂稀释而成,充分搅拌,涂刷均匀,干燥后方可进行涂膜施工。涂膜防水层应由两层以上涂层组成,总厚度应达到设计要求,其成膜厚度不应小于 2 mm。施工时可采用涂刮或喷涂。当涂刮施工时,每遍涂刮的推进方向宜与前一遍互相垂直,并在前一遍涂料干燥后,方可进行后一遍涂料施工。在涂层中夹铺胎体增强材料时,位于胎体下面的涂层厚度不应小于 1 mm,最上层的涂料层不应小于两遍。

隔汽层可采用气密性好的单层卷料。用卷材时可采用花铺法施工,卷材的搭接宽度不应小于 80 mm。采用防水涂料时,宜选用溶剂型涂料。隔汽层施工的温度不应低于－5 ℃。

4.5.2 防水工程雨期施工

(1)卷材层面应尽量在雨期前施工,并同时安装屋面的落水管。

(2)雨天严禁进行油毡屋面施工,油毡、保温材料不准淋雨。

(3)雨天屋面工程宜采用湿铺法,湿铺法就是在潮湿基层上铺贴卷材,先喷刷1～2道冷底子油,喷刷工作宜在水泥砂浆凝结初期进行操作,以防基层浸水。如基层浸水,应在基层面干燥后方可铺贴油毡;如基层潮湿且干燥有困难时,可采用排气屋面。

4.6 屋面工程施工质量验收

4.6.1 基本规定

1.屋面工程材料要求

(1)屋面工程所采用的防水、保温隔热材料应有产品合格证书和性能检测报告,材料的品种、规格、性能等应符合现行国家产品标准和设计要求。产品质量应由经过省级以上建设行政主管部门对其资质认可和质量技术监督部门对其计量认证的质量检测单位进行检测。

(2)防水、保温材料的进场验收应符合下列规定。

①应根据设计要求对材料的质量证明文件进行检查,并应经监理工程师或建设单位代表确认,纳入工程技术档案。

②应对材料的品种、规格、包装、外观和尺寸等进行检查验收,并应经监理工程师或建设单位代表确认,形成相应验收记录。

③防水、保温材料进场检验项目及检验标准应符合表4-33和表4-34的规定。材料进场检验应执行见证取样送检制度,并提出进场检验报告。

表4-33 屋面防水材料进场检验项目及检验标准

序号	防水材料名称	现场抽样数量	外观质量检验	物理性能检验
1	高聚物改性沥青防水卷材	大于1 000卷抽5卷,每500～1 000卷抽4卷,100～499卷抽3卷,100卷以下抽2卷,进行规格尺寸和外观质量检验。在外观质量检验合格的卷材中,任取一卷做物理性能检验	表面平整,边缘整齐,无孔洞、缺边、裂口,胎基未浸透,矿物粒料粒度,每卷卷材的接头	可溶物含量、拉力,最大拉力时延伸率、耐热度、低温柔度、不透水性
2	合成高分子防水卷材		表面平整,边缘整齐,无气泡、裂纹、黏结疤痕,每卷卷材的接头	断裂拉伸强度,扯断伸长率、低温弯折性、不透水性

续表

序号	防水材料名称	现场抽样数量	外观质量检验	物理性能检验
3	高聚物改性沥青防水涂料	每 10 t 为一批，不足 10 t 按一批抽样	水乳型：无色差、凝胶、结块、明显沥青丝；溶剂型：黑色黏稠状、细腻、均匀胶状液体	固体含量、耐热性、低温柔性、不透水性、断裂伸长率或抗裂性
4	合成高分子防水涂料		反应固化型：均匀黏稠状，无凝胶、结块；挥发固化型：经搅拌后无结块，呈均匀状态	固体含量、拉伸强度、断裂伸长率、低温柔性、不透水性
5	聚合物水泥防水涂料		液体组分：无杂质、无凝胶的均匀乳液；固体组分：无杂质、无结块的粉末	固体含量、拉伸强度、断裂伸长率、低温柔性、不透水性
6	胎体增强材料	每 3 000 m^2 为一批，不足 3 000 m^2 按一批抽样	表面平整，边缘整齐，无折痕、无孔洞、无污迹	拉力、延伸率
7	沥青基防水卷材用基层处理剂	每 5 t 产品为一批，不足 5 t 按一批抽样	均匀液体，无结块、无凝胶	固体含量、耐热度、低温柔性、剥离强度
8	高分子胶黏剂		均匀液体，无杂质、无分散颗粒或凝胶	剥离强度、浸水 168 h 后的剥离强度保持率
9	改性沥青胶黏剂		均匀液体，无结块、无凝胶	剥离强度
10	合成橡胶胶黏带	每 1 000 m 为一批，不足 1 000 m按一批抽样	表面平整，无固块、杂物、孔洞、外伤及色差	剥离强度、浸水 168 h 后的剥离强度保持率
11	改性石油沥青密封材料	每 1 t 产品为一批，不足 1 t 的按一批抽样	黑色均匀膏状，无结块和未浸透的填料	耐热性、低温柔性、拉伸黏结性、施工度
12	合成高分子密封材料		均匀膏状物或黏稠液体，无结皮、凝胶或不易分散的固体团状	拉伸模量、断裂伸长率、定伸黏结性

续表

序号	防水材料名称	现场抽样数量	外观质量检验	物理性能检验
13	烧结瓦、混凝土瓦	同一批至少抽一次	边缘整齐，表面光滑，不得有分层、裂纹、露砂	抗渗性、抗冻性、吸水率
14	玻纤胎沥青瓦		边缘整齐，切槽清晰，厚薄均匀，表面无孔洞、硌伤、裂纹、皱折及起泡	可溶物含量、拉力、耐热度、柔度、不透水性、叠层剥离强度
15	彩色涂层钢板及钢带	同牌号、同规格、同镀层重量、同涂层厚度、同涂层种类和颜色为一批	钢板表面不应有气泡、缩孔、漏涂等缺陷	屈服强度、抗拉强度、断后伸长率、镀层重量、涂层厚度

表 4-34　屋面保温材料进场检验项目及检验标准

序号	防水材料名称	组批及抽样	外观质量检验	物理性能检验
1	模塑聚苯乙烯泡沫塑料	同规格按 100 m^3 为一批，不足 100 m^3 按一批计。 在每批产品中随机抽取 20 块进行规格尺寸和外观质量检验。从规格尺寸和外观质量检验合格的产品中，随机抽样进行物理性能检验	色泽均匀，阻燃型应掺有颜色的颗粒；表面平整，无明显收缩变形和膨胀变形；熔结良好；无明显油渍和杂质	表观密度、压缩强度、导热系数、燃烧性能
2	挤塑聚苯乙烯泡沫塑料	同类型、同规格按 50 m^3 为一批，不足 50 m^3 按一批计。 在每批产品中随机抽取 10 块进行规格尺寸和外观质量检验。从规格尺寸和外观质量检验合格的产品中，随机抽样进行物理性能检验	表面平整，无夹杂物，颜色均匀；无明显起泡、裂口、变形	压缩强度、导热系数、燃烧性能
3	硬质聚氨酯泡沫塑料	同原料、同配方、同工艺条件按 50 m^3 为一批，不足50 m^3 按一批计。 在每批产品中随机抽取 10 块进行规格尺寸和外观质量检验。从规格尺寸和外观质量检验合格的产品中，随机抽样进行物理性能检验	表面平整，无严重凹凸不平	表观密度、压缩强度、导热系数、燃烧性能

续表

序号	防水材料名称	组批及抽样	外观质量检验	物理性能检验
4	泡沫玻璃绝热制品	同品种、同规格按250件为一批，不足250件按一批计。 在每批产品中随机抽取6个包装箱，每箱各抽取1块进行规格尺寸和外观质量检验。从规格尺寸和外观质量检验合格的产品中，随机抽样进行物理性能检验	垂直度、最大弯曲度、缺棱、缺角、孔洞、裂纹	表观密度、抗压强度、导热系数、燃烧性能
5	膨胀珍珠岩制品（憎水型）	同品种、同规格按2 000块为一批，不足2 000块按一批计。 在每批产品中随机抽取10块进行规格尺寸和外观质量检验。从规格尺寸和外观质量检验合格的产品中，随机抽样进行物理性能检验	弯曲度、缺棱、掉角、裂纹	表观密度、抗压强度、导热系数、燃烧性能
6	加气混凝土砌块	同品种、同规格、同等级按200 m^3 为一批，不足200 m^3 按一批计。 在每批产品中随机抽取50块进行规格尺寸和外观质量检验。从规格尺寸和外观质量检验合格的产品中，随机抽样进行物理性能检验	缺棱掉角；裂纹、爆裂、黏膜和损坏深度；表面酥松、层裂；表面油污	干密度、抗压强度、导热系数、燃烧性能
7	泡沫混凝土砌块		缺棱掉角；平面弯曲；裂纹、黏膜和损坏深度，表面疏松、层裂；表面油污	干密度、抗压强度、导热系数、燃烧性能
8	玻璃棉、岩棉、矿渣棉制品	同原料、同工艺、同品种、同规格按1 000 m^2 为一批，不足1 000 m^2 按一批计。 在每批产品中随机抽取6个包装箱或卷进行规格尺寸和外观质量检验。从规格尺寸和外观质量检验合格的产品中，抽取1个包装箱或卷进行物理性能检验	表面平整，伤痕、污迹、破损，覆层与基材粘贴	表观密度、导热系数、燃烧性能

续表

序号	防水材料名称	组批及抽样	外观质量检验	物理性能检验
9	金属面绝热夹芯板	同原料、同生产工艺、同厚度按150块为一批，不足150块按一批计。 在每批产品中随机抽取5块进行规格尺寸和外观质量检验。从规格尺寸和外观质量检验合格的产品中，随机抽取3块进行物理性能检验	表面平整，无明显凹凸、翘曲、变形；切口平直、切面整齐，无毛刺；芯板切面整齐，无剥落	剥离性能、抗弯承载力、防火性能

④进场检验报告的全部项目指标均达到技术标准规定应为合格；不合格材料不得在工程中使用。

(3)屋面工程使用的材料应符合国家现行有关标准对材料有害物质限量的规定，不得对周围环境造成污染。

(4)屋面工程各构造的组成材料应分别与相邻层次的材料相容。

2. 子分部工程和分项工程的划分

屋面工程各子分部工程和分项工程的划分见表4-35。

表4-35 屋面工程各子分部工程和分项工程的划分

分部工程	子分部工程	分项工程
屋面工程	基层与保护工程	找坡层、找平层、隔汽层、隔离层、保护层
	保温与隔热工程	板状材料保温层、纤维材料保温层、喷涂硬泡聚氨酯保温层、现浇泡沫混凝土保温层、种植隔热层、架空隔热层、蓄水隔热层
	防水与密封工程	卷材防水层、涂膜防水层、复合防水层、接缝密封防水
	瓦面与板面工程	烧结瓦和混凝土铺装、沥青瓦铺装、金属板铺装、玻璃采光顶铺装
	细部构造工程	檐口、檐沟和天沟、女儿墙和山墙、水落口、变形缝、伸出屋面管道、屋面出入口、反梁过水孔、设施基座、屋脊、屋顶窗

3. 施工质量检验批量划分

屋面工程各分项工程宜按屋面面积每500～1 000 m^2 划分为一个检验批，不足500 m^2 应按一个检验批；每个检验批的抽检数量应按相关规定执行。

4.6.2 基层与保护工程

1. 一般规定

(1)基层与保护工程包括与屋面保温层、防水层相关的找坡层、找平层、隔汽层、隔离层、保护层等分项工程。

(2)屋面混凝土结构层的施工,应符合《混凝土结构工程施工质量验收规范》(GB 50204—2015)的有关规定。

(3)屋面找坡应满足设计排水坡度的要求,结构找坡不应小于3%,材料找坡宜为2%;檐沟、天沟纵向找坡不应小于1%,沟底的水落差不得超过200 mm。

(4)上人屋面或其他使用功能屋面,其保护及铺面的施工除应符合本单元的规定外,尚应符合《建筑地面工程施工质量验收规范》(GB 50209—2010)的有关规定。

(5)基层与保护工程各分项工程每个检验批的抽检数量,应按屋面面积每100 m^2 抽查一处,每处应为10 m^2,且不得少于3处。

2.找坡层和找平层

1)一般要求

(1)装配式钢筋混凝土板的板缝嵌填施工应符合下列要求。

①嵌填混凝土时板缝内应清理干净,并应保持湿润。

②当板缝宽度大于40 mm或上窄下宽时,板缝内应按设计要求配置钢筋。

③嵌填细石混凝土的强度等级不应低于C20,嵌填深度宜低于板面10～20 mm,且应振捣密实和浇水养护。

④板端缝应按设计要求增加防裂的构造措施。

(2)找坡层宜采用轻骨料混凝土;找坡材料应分层铺设和适当压实,表面应平整。

(3)找平层宜采用水泥砂浆或细石混凝土;找平层的抹平工序应在初凝前完成,压光工序应在终凝前完成,终凝后应进行养护。

(4)找平层分格缝的纵横间距不宜大于6 m,分格缝的宽度宜为5～20 mm。

2)主控项目

(1)找坡层和找平层所用材料的质量及配合比,应符合设计要求。

检验方法:检查出厂合格证、质量检验报告和计量措施。

(2)找坡层和找平层的排水坡度,应符合设计要求。

检验方法:坡度尺检查。

3)一般项目

(1)找平层应抹平、压光,不得有酥松、起砂、起皮现象。

检验方法:观察检查。

(2)卷材防水层的基层与突出屋面结构的交接处,以及基层的转角处,找平层应做成圆弧形,且应整齐平顺。

检验方法:观察检查。

(3)找平层分格缝的宽度和间距,均应符合设计要求。

检验方法:观察和尺量检查。

(4)找坡层表面平整度的允许偏差为7 mm,找平层表面平整度的允许偏差为5 mm。

检验方法:2 m靠尺和塞尺检查。

3.隔汽层

1)一般要求

(1)隔汽层的基层应平整、干净、干燥。

(2)隔汽层应设置在结构层与保温层之间。隔汽层应选用气密性、水密性好的材料。

(3)在屋面与墙的连接处，隔汽层应沿墙面向上连续铺设，高出保温层上表面不得小于150 mm。

(4)隔汽层采用卷材时宜空铺，卷材搭接缝应满粘，其搭接宽度不应小于 80 mm；隔汽层采用涂料时，应涂刷均匀。

(5)穿过隔汽层的管线周围应封严，转角处应无折损；对隔汽层有缺陷或破损的部位，均应进行返修。

2)主控项目

(1)隔汽层所用材料的质量应符合设计要求。

检验方法：检查出厂合格证、质量检验报告和进场检验报告。

(2)隔汽层不得有破损现象。

检验方法：观察检查。

3)一般项目

(1)卷材隔汽层应铺设平整，卷材搭接缝应黏结牢固，密封应严密，不得有扭曲、皱折和起泡等缺陷。

检验方法：观察检查。

(2)涂膜隔汽层应黏结牢固，表面平整，涂布均匀，不得有堆积、起泡和露底等缺陷。

检验方法：观察检查。

4.隔离层

1)一般要求

(1)块体材料、水泥砂浆或细石混凝土保护层与卷材、涂膜防水层之间，应设置隔离层。

(2)隔离层可采用干铺塑料膜、土工布、卷材或铺抹低强度等级砂浆。

2)主控项目

(1)隔离层所用材料的质量及配合比应符合设计要求。

检验方法：检查出厂合格证和计量措施。

(2)隔离层不得有破损和漏铺现象。

检验方法：观察检查。

3)一般项目

(1)塑料膜、土工布、卷材应铺设平整，其搭接宽度不应小于 50 mm，不得有皱折。

检验方法：观察和尺量检查。

(2)低强度等级砂浆表面应压实、平整，不得有起壳、起砂现象。

检验方法：观察检查。

5.保护层

1)一般要求

(1)防水层上的保护层施工，应待卷材铺贴完成或涂料固化成膜，并经检验合格后进行。

(2)用块体材料做保护层时，宜设置分格缝。分格缝的纵横间距不应大于 10 m，分格缝的宽度宜为 20 mm。

(3)用水泥砂浆做保护层时，表面应抹平压光，并应设表面分格缝，分格面积宜为 1 m^2。

(4)用细石混凝土做保护层时，混凝土应振捣密实，表面应抹平压光。分格缝的纵横间距不应大于6 m。分格缝的宽度宜为10～20 mm。

(5)块体材料、水泥砂浆或细石混凝土保护层与女儿墙和山墙之间，应预留宽度为30 mm的缝隙，缝内宜填塞聚苯乙烯泡沫塑料，并应用密封材料嵌填密实。

2)主控项目

(1)保护层所用材料的质量及配合比应符合设计要求。

检验方法：检查出厂合格证、质量检验报告和计量措施。

(2)块体材料、水泥砂浆或细石混凝土保护层的强度等级，应符合设计要求。

检验方法：检查块体材料、水泥砂浆或混凝土抗压强度试验报告。

(3)保护层的排水坡度应符合设计要求。

检验方法：坡度尺检查。

3)一般项目

(1)块体材料保护层表面应干净，接缝应平整，周边应顺直，镶嵌应正确，应无空鼓现象。

检查方法：小锤轻击和观察检查。

(2)水泥砂浆、细石混凝土保护层不得有裂纹、脱皮、麻面和起砂等现象。

检验方法：观察检查。

(3)浅色涂料应与防水层黏结牢固，厚薄应均匀，不得漏涂。

检验方法：观察检查。

(4)保护层的允许偏差和检验方法见表4-36。

表4-36　保护层的允许偏差和检验方法

项　　目	允许偏差/mm			检验方法
	块体材料	水泥砂浆	细石混凝土	
表面平整度	4.0	4.0	5.0	2 m靠尺和塞尺检查
缝格平直	3.0	3.0	3.0	拉线和尺量检查
接缝高低差	1.5	—	—	直尺和塞尺检查
板块间隙宽度	2.0	—	—	尺量检查
保护层厚度	设计厚度的10%，且不得大于5 mm			钢针插入和尺量检查

4.6.3　保温与隔热工程

1.一般规定

(1)保温与隔热工程包括板状材料、纤维材料、喷涂硬泡聚氨酯、现浇泡沫混凝土保温层和种植、架空、蓄水隔热层等分项工程。

(2)铺设保温层的基层应平整、干燥和干净。

(3)保温材料在施工过程中应采取防潮、防水和防火等措施。

(4)保温与隔热工程的构造及选用材料应符合设计要求。

(5)保温与隔热工程质量验收除应符合本单元规定外,还应符合《建筑节能工程施工质量验收标准》(GB 50411—2019)的有关规定。

(6)保温材料使用时的含水率,应相当于该材料在当地自然风干状态下的平衡含水率。

(7)保温材料的导热系数、表观密度或干密度、抗压强度或压缩强度、燃烧性能,必须符合设计要求。

(8)种植、架空、蓄水隔热层施工前,防水层均应验收合格。

(9)保温与隔热工程各分项工程每个检验批的抽检数量,应按屋面面积每 100 m^2 抽查 1 处,每处应为 10 m^2,且不得少于 3 处。

2.板状材料保温层

1)一般要求

(1)板状材料保温层采用干铺法施工时,板状保温材料应紧靠在基层表面,应铺平垫稳;分层铺设的板块上下层接缝应相互错开,板间缝隙应采用同类材料的碎屑嵌填密实。

(2)板状材料保温层采用粘贴法施工时,胶黏剂应与保温材料的材性相容,并应贴严、黏牢;板状材料保温层的平面接缝应挤紧拼严,不得在板块侧面涂抹胶黏剂,超过 2 mm 的缝隙应采用相同材料板条或片填塞严实。

(3)板状保温材料采用机械固定法施工时,应选择专用螺钉和垫片;固定件与结构层之间应连接牢固。

2)主控项目

(1)板状保温材料的质量应符合设计要求。

检验方法:检查出厂合格证、质量检验报告和进场检验报告。

(2)板状材料保温层的厚度应符合设计要求,其正偏差应不限,负偏差应为 5%,且不得大于 4 mm。

检验方法:钢针插入和尺量检查。

(3)屋面热桥部位处理应符合设计要求。

检验方法:观察检查。

3)一般项目

(1)板状保温材料铺设应紧贴基层,应铺平垫稳,拼缝应严密,粘贴应牢固。

检验方法:观察检查。

(2)固定件的规格、数量和位置均应符合设计要求;垫片应与保温层表面齐平。

检验方法:观察检查。

(3)板状材料保温层表面平整度的允许偏差为 5 mm。

检验方法:2 m 靠尺和塞尺检查。

(4)板状材料保温层接缝高低差的允许偏差为 2 mm。

检验方法:直尺和塞尺检查。

3.纤维材料保温层

1)一般要求

(1)纤维材料保温层施工应符合下列规定。

①纤维保温材料应紧靠在基层表面上,平面接缝应挤紧拼严,上下层接缝应相互错开。

②屋面坡度较大时，宜采用金属或塑料专用固定件将纤维保温材料与基层固定。

③纤维材料填充后，不得上人踩踏。

(2)装配式骨架纤维保温材料施工时，应先在基层上铺设保温龙骨或金属龙骨，龙骨之间应填充纤维保温材料，再在龙骨上铺钉水泥纤维板。金属龙骨和固定件应经防锈处理，金属龙骨与基层之间应采取隔热断桥措施。

2)主控项目

(1)纤维保温材料的质量，应符合设计要求。

检验方法：检查出厂合格证、质量检验报告和进场检验报告。

(2)纤维材料保温层的厚度应符合设计要求，其正偏差应不限，毡不得有负偏差，板负偏差应为4%，且不得大于3 mm。

检验方法：钢针插入和尺量检查。

(3)屋面热桥部位处理应符合设计要求。

检验方法：观察检查。

3)一般项目

(1)纤维保温材料铺设应紧贴基层，拼缝应严密，表面应平整。

检验方法：观察检查。

(2)固定件的规格、数量和位置应符合设计要求；垫片应与保温层表面齐平。

检验方法：观察检查。

(3)装配式骨架和水泥纤维板应铺钉牢固，表面应平整；龙骨间距和板材厚度应符合设计要求。

检验方法：观察和尺量检查。

(4)具有抗水蒸气渗透外覆面的玻璃棉制品，其外覆面应朝向室内，拼缝应用防水密封胶带封严。

检验方法：观察检查。

4.喷涂硬泡聚氨酯保温层

1)一般要求

(1)保温层施工前应对喷涂设备进行调试，并应制备试样进行硬泡聚氨酯的性能检测。

(2)喷涂硬泡聚氨酯的配比应准确计量，发泡厚度应均匀一致。

(3)喷涂时喷嘴与施工基面的间距应由试验确定。

(4)一个作业面应分遍喷涂完成，每遍厚度不宜大于15 mm；当日的作业面应当日连续地喷涂至施工完毕。

(5)硬泡聚氨酯喷涂后20 min内严禁上人；喷涂硬泡聚氨酯保温层完成后，应及时做保护层。

2)主控项目

(1)喷涂硬泡聚氨酯所用原材料的质量及配合比，应符合设计要求。

检验方法：检查原材料出厂合格证、质量检验报告和计量措施。

(2)喷涂硬泡聚氨酯保温层的厚度应符合设计要求，其正偏差应不限，不得有负偏差。

检验方法：钢针插入和尺量检查。

(3)屋面热桥部位处理应符合设计要求。

检验方法：观察检查。

3）一般项目

（1）喷涂硬泡聚氨酯应分遍喷涂，黏结应牢固，表面应平整，找坡应正确。

检验方法：观察检查。

（2）喷涂硬泡聚氨酯保温层表面平整度的允许偏差为5 mm。

检验方法：2 m靠尺和塞尺检查。

5.现浇泡沫混凝土保温层

1）一般要求

（1）在浇筑泡沫混凝土前，应将基层上的杂物和油污清理干净；基层应浇水湿润，但不得有积水。

（2）保温层施工前应对设备进行调试，并应制备试样进行泡沫混凝土的性能检测。

（3）泡沫混凝土的配合比应准确计量，制备好的泡沫加入水泥料浆中应搅拌均匀。

（4）浇筑过程中，应随时检查泡沫混凝土的湿密度。

2）主控项目

（1）现浇泡沫混凝土所用原材料的质量及配合比，应符合设计要求。

检验方法：检查原材料出厂合格证、质量检验报告和计量措施。

（2）现浇泡沫混凝土保温层的厚度应符合设计要求，其正负偏差应为5%，且不得大于5 mm。

检验方法：钢针插入和尺量检查。

（3）屋面热桥部位处理应符合设计要求。

检验方法：观察检查。

3）一般项目

（1）现浇泡沫混凝土应分层施工，黏结应牢固，表面应平整，找坡应正确。

检验方法：观察检查。

（2）现浇泡沫混凝土不得有贯通性裂缝，以及疏松、起砂、起皮现象。

检验方法：观察检查。

（3）现浇泡沫混凝土保温层表面平整度的允许偏差为5 mm。

检验方法：2 m靠尺和塞尺检查。

6.种植隔热层

1）一般要求

（1）种植隔热层与防水层之间宜设细石混凝土保护层。

（2）种植隔热层的屋面坡度大于20%时，其排水层、种植土层应采取防滑措施。

（3）排水层施工应符合下列要求。

①陶粒的粒径不应小于25 mm，大粒径应在下，小粒径应在上。

②凹凸形排水板宜采用搭接法施工，网状交织排水板宜采用对接法施工。

③排水层上应铺设过滤层土工布。

④挡墙或挡板的下部应设泄水孔，孔周围应放置疏水粗细骨料。

（4）过滤层土工布应沿种植土周边向上铺设至种植土高度，并应与挡墙或挡板黏牢；土工布的搭接宽度不应小于 100 mm，接缝宜采用黏合或缝合。

(5)种植土的厚度及自重应符合设计要求。种植土表面应低于挡墙高度 100 mm。

2)主控项目

(1)种植隔热层所用材料的质量，应符合设计要求。

检验方法：检查出厂合格证和质量检验报告。

(2)排水层应与排水系统连通。

检验方法：观察检查。

(3)挡墙或挡板泄水孔的留设应符合设计要求，并不得堵塞。

检验方法：观察和尺量检查。

3)一般项目

(1)陶粒应铺设平整、均匀，厚度应符合设计要求。

检验方法：观察和尺量检查。

(2)排水板应铺设平整，接缝方法应符合国家现行有关标准的规定。

检验方法：观察和尺量检查。

(3)过滤层土工布应铺设平整、接缝严密，其搭接宽度的允许偏差为－10 mm。

检验方法：观察和尺量检查。

(4)种植土应铺设平整、均匀，其厚度的允许偏差为±5%，且不得大于 30 mm。

检验方法：尺量检查。

7. 架空隔热层

1)一般要求

(1)架空隔热层的高度应按屋面宽度或坡度大小确定。设计无要求时，架空隔热层的高度宜为 180～300 mm。

(2)当屋面宽度大于 10 m 时，应在屋面中部设置通风屋脊，通风口处应设置通风箅子。

(3)架空隔热制品支座底面的卷材、涂膜防水层，应采取加强措施。

(4)架空隔热制品的质量应符合下列要求。

①非上人屋面的砌块强度等级不应低于 MU7.5；上人屋面的砌块强度等级不应低于 MU10。

②混凝土板的强度等级不应低于 C20，板厚及配筋应符合设计要求。

2)主控项目

(1)架空隔热制品的质量，应符合设计要求。

检验方法：检查材料或构件合格证和质量检验报告。

(2)架空隔热制品的铺设应平整、稳固，缝隙勾填应密实。

检验方法：观察检查。

3)一般项目

(1)架空隔热制品距山墙或女儿墙不得小于 250 mm。

检验方法：观察和尺量检查。

(2)架空隔热层的高度及通风屋脊、变形缝的做法，应符合设计要求。

检验方法：观察和尺量检查。

(3)架空隔热制品接缝高低差的允许偏差为 3 mm。

检验方法:直尺和塞尺检查。

8.蓄水隔热层

1)一般要求

(1)蓄水隔热层与屋面防水层之间应设隔离层。

(2)蓄水池的所有孔洞应预留,不得后凿;所设置的给水管、排水管和溢水管等,均应在蓄水池混凝土施工前安装完毕。

(3)每个蓄水区的防水混凝土应一次浇筑完毕,不得留施工缝。

(4)防水混凝土应用机械振捣密实,表面应抹平、压光,初凝后应覆盖养护,终凝后浇水养护不得少于14 d,蓄水后不得断水。

2)主控项目

(1)防水混凝土所用材料的质量及配合比,应符合设计要求。

检验方法:检查出厂合格证、质量检验报告、进场检验报告和计量措施。

(2)防水混凝土的抗压强度和抗渗性能,应符合设计要求。

检验方法:检查混凝土抗压和抗渗试验报告。

(3)蓄水池不得有渗漏现象。

检验方法:蓄水至规定高度,观察检查。

3)一般项目

(1)防水混凝土表面应密实、平整,不得有蜂窝、麻面、露筋等缺陷。

检验方法:观察检查。

(2)防水混凝土表面的裂缝宽度不应大于0.2 mm,并不得贯通。

检验方法:刻度放大镜检查。

(3)蓄水池上所留设的溢水口、过水孔、排水管、溢水管等,其位置、标高和尺寸均应符合设计要求。

检验方法:观察和尺量检查。

(4)蓄水池结构的允许偏差和检验方法见表4-37。

表4-37 蓄水池结构的允许偏差和检验方法

项目	允许偏差/mm	检验方法
长度、宽度	+15,-10	尺量检查
厚度	±5	
表面平整度	5	2 m靠尺和塞尺检查
排水坡度	符合设计要求	坡度尺检查

4.6.4 防水与密封工程

1.一般规定

(1)防水与密封工程包括卷材防水层、涂膜防水层、复合防水层和接缝密封防水等分项工程。

(2)防水层施工前,基层应坚实、平整、干净、干燥。

(3)基层处理剂应配比准确,并应搅拌均匀;喷涂或涂刷基层处理剂应均匀一致,待其干燥后应及时进行卷材、涂膜防水层和接缝密封防水施工。

(4)防水层完工并经验收合格后,应及时做好成品保护。

(5)防水与密封工程各分项工程每个检验批的抽检数量,防水层应按屋面面积每 100 m^2 抽查一处,每处应为 10 m^2,且不得少于 3 处;接缝密封防水应按每 50 m 抽查一处,每处应为 5 m,且不得少于 3 处。

2. 卷材防水层

1)一般要求

(1)屋面坡度大于 25%时,卷材应采取满粘和钉压固定措施。

(2)卷材铺贴方向应符合下列规定。

①卷材宜平行屋脊铺贴。

②上下层卷材不得相互垂直铺贴。

(3)卷材搭接缝应符合下列规定。

①平行屋脊的卷材搭接缝应顺流水方向,卷材搭接宽度应符合表 4-38 的规定。

表 4-38 卷材搭接宽度

单位:mm

卷材类别		搭接宽度
合成高分子防水卷材	胶黏剂	80
	胶黏带	50
	单缝焊	60,有效焊接宽度不小于 25
	双缝焊	80,有效焊接宽度 10×2+空腔宽
高聚物改性沥青防水卷材	胶黏剂	100
	自粘	80

②相邻两幅卷材短边搭接缝应错开,且不得小于 500 mm。

③上下层卷材长边搭接缝应错开,且不得小于幅宽的 1/3。

(4)冷粘法铺贴卷材应符合下列规定。

①胶黏剂涂刷应均匀,不应露底,不应堆积。

②应控制胶黏剂涂刷与卷材铺贴的间隔时间。

③卷材下面的空气应排尽,并应辊压粘贴牢固。

④卷材铺贴应平整顺直,搭接尺寸应准确,不得扭曲、皱折。

⑤接缝口应用密封材料封严,宽度不应小于 10 mm。

(5)热粘法铺贴卷材应符合下列规定。

①熔化热熔型改性沥青胶结料时,宜采用专用导热油炉加热,加热温度不应高于 200 ℃,使用温度不宜低于 180 ℃。

②粘贴卷材的热熔型改性沥青胶结料厚度宜为 1.0~1.5 mm。

③采用热熔型改性沥青胶结料粘贴卷材时，应随刮随铺，并应展平压实。

(6)热熔法铺贴卷材应符合下列规定。

①火焰加热器加热卷材应均匀，不得加热不足或烧穿卷材。

②卷材表面热熔后应立即滚铺，卷材下面的空气应排尽，并应辊压粘贴牢固。

③卷材接缝部位应溢出热熔的改性沥青胶，溢出的改性沥青胶宽度宜为 8 mm。

④铺贴的卷材应平整顺直，搭接尺寸应准确，不得扭曲、皱折。

⑤厚度小于 3 mm 的高聚物改性沥青防水卷材，严禁采用热熔法施工。

(7)自粘法铺贴卷材应符合下列规定。

①铺贴卷材时，应将自粘胶底面的隔离纸全部撕净。

②卷材下面的空气应排尽，并应辊压粘贴牢固。

③铺贴的卷材应平整顺直，搭接尺寸应准确，不得扭曲、折皱。

④接缝口应用密封材料封严，宽度不应小于 10 mm。

⑤低温施工时，接缝部位宜采用热风加热，并应随即粘贴牢固。

(8)焊接法铺贴卷材应符合下列规定。

①焊接前卷材应铺设平整、顺直，搭接尺寸应准确，不得扭曲、皱折。

②卷材焊接缝的结合面应干净、干燥，不得有水滴、油污及附着物。

③焊接时应先焊长边搭接缝，后焊短边搭接缝。

④控制加热温度和时间，焊接缝不得有漏焊、跳焊、焊焦或焊接不牢现象。

⑤焊接时不得损害非焊接部位的卷材。

(9)机械固定法铺贴卷材应符合下列规定。

①卷材应采用专用固定件进行机械固定。

②固定件应设置在卷材搭接缝内，外露固定件应用卷材封严。

③固定件应垂直钉入结构层，固定件数量和位置应符合设计要求。

④卷材搭接缝应黏结或焊接牢固，密封应严密。

⑤卷材周边 800 mm 范围内应满粘。

2)主控项目

(1)防水卷材及其配套材料的质量，应符合设计要求。

检验方法：检查出厂合格证、质量检验报告和进场检验报告。

(2)卷材防水层不得有渗漏和积水现象。

检验方法：雨后观察或淋水、蓄水试验。

(3)卷材防水层在檐口、檐沟、天沟、水落口、泛水、变形缝和伸出屋面管道的防水构造，应符合设计要求。

检验方法：观察检查。

3)一般项目

(1)卷材的搭接缝应黏结或焊接牢固，密封应严密，不得扭曲、皱折和翘边。

检验方法：观察检查。

(2)卷材防水层的收头应与基层黏结，钉压应牢固，密封应严密。

检验方法：观察检查。

(3)卷材防水层的铺贴方向应正确，卷材搭接宽度的允许偏差为－10 mm。

检验方法：观察和尺量检查。

(4)屋面排气构造的排气道应纵横贯通，不得堵塞；排气管应安装牢固，位置应正确，封闭应严密。

检验方法：观察检查。

3. 涂膜防水层

1)一般要求

(1)防水涂料应多遍涂布，并应待前一遍涂布的涂料干燥成膜后，再涂布后一遍涂料，且前后两遍涂料的涂布方向应相互垂直。

(2)铺设胎体增强材料应符合下列规定。

①胎体增强材料宜采用聚酯无纺布或化纤无纺布。

②胎体增强材料长边搭接宽度不应小于50 mm，短边搭接宽度不应小于70 mm。

③上下层胎体增强材料的长边搭接缝应错开，且不得小于幅宽的1/3。

④上下层胎体增强材料不得相互垂直铺设。

(3)多组分防水涂料应按配合比准确计量，搅拌应均匀，应根据有效时间确定每次配制的数量。

2)主控项目

(1)防水涂料和胎体增强材料的质量，应符合设计要求。

检验方法：检查出厂合格证、质量检验报告和进场检验报告。

(2)涂膜防水层不得有渗漏和积水现象。

检验方法：雨后观察或淋水、蓄水试验。

(3)涂膜防水层在檐口、檐沟、天沟、水落口、泛水、变形缝和伸出屋面管道的防水构造，应符合设计要求。

检验方法：观察检查。

(4)涂膜防水层的平均厚度应符合设计要求，且最小厚度不得小于设计厚度的80%。

检验方法：针测法或取样量测。

3)一般项目

(1)涂膜防水层与基层应黏结牢固，表面应平整，涂布应均匀，不得有流淌、皱折、起泡和露胎体等缺陷。

检验方法：观察检查。

(2)涂膜防水层的收头应用防水涂料多遍涂刷。

检验方法：观察检查。

(3)铺贴胎体增强材料应平整顺直，搭接尺寸应准确，应排除气泡，并应与涂料黏结牢固。胎体增强材料搭接宽度的允许偏差为−10 mm。

检验方法：观察和尺量检查。

4. 复合防水层

1)一般要求

(1)卷材与涂料复合使用时，涂膜防水层宜设置在卷材防水层的下面。

(2)卷材与涂料复合使用时，防水卷材的黏结质量应符合表4-39的规定。

表 4-39　防水卷材的黏结质量

项　　目	自粘聚合物改性沥青防水卷材和带自粘层防水卷材	高聚物改性沥青防水卷材胶黏剂	合成高分子防水卷材胶黏剂
黏结剥离强度/(N/10 mm)	≥10 或卷材断裂	≥8 或卷材断裂	≥15 或卷材断裂
剪切状态下的黏合强度/(N/10 mm)	≥20 或卷材断裂	≥20 或卷材断裂	≥20 或卷材断裂
浸水 168 h 后黏结剥离强度保持率/%	—	—	≥70

注:防水涂料作为防水卷材黏结材料复合使用时,应符合相应的防水卷材胶黏剂规定。

(3)复合防水层施工质量应符合规范规定。

2)主控项目

(1)复合防水层所用防水材料及其配套材料的质量,应符合设计要求。

检验方法:检查出厂合格证、质量检验报告和进场检验报告。

(2)复合防水层不得有渗漏和积水现象。

检验方法:雨后观察或淋水、蓄水试验。

(3)复合防水层在天沟、檐沟、檐口、水落口、泛水、变形缝和伸出屋面管道的防水构造,应符合设计要求。

检验方法:观察检查。

3)一般项目

(1)卷材与涂膜应粘贴牢固,不得有空鼓和分层现象。

检验方法:观察检查。

(2)复合防水层的总厚度应符合设计要求。

检验方法:针测法或取样量测。

5. 接缝密封防水

1)一般要求

(1)密封防水部位的基层应符合下列要求。

①基层应牢固,表面应平整、密实,不得有裂缝、蜂窝、麻面、起皮和起砂现象。

②基层应清洁、干燥,并无油污、无灰尘。

③嵌入的背衬材料与接缝壁间不得留有空隙。

④密封防水部位的基层宜涂刷基层处理剂,涂刷应均匀,不得漏涂。

(2)多组分密封材料应按配合比准确计量,拌和应均匀,并应根据有效时间确定每次配制的数量。

(3)密封材料嵌填完成后,在固化前应避免灰尘、破损及污染,且不得踩踏。

2)主控项目

(1)密封材料及其配套材料的质量,应符合设计要求。

检验方法:检查出厂合格证、质量检验报告和进场检验报告。

(2)密封材料嵌填应密实、连续、饱满,黏结牢固,不得有气泡、开裂、脱落等缺陷。

检验方法:观察检查。

3)一般项目

(1)密封防水部位的基层应符合规范规定。

检验方法:观察检查。

(2)接缝宽度和密封材料的嵌填深度应符合设计要求,宽度的允许偏差为±10%。

检验方法:尺量检查。

(3)嵌填的密封材料表面应平滑,缝边应顺直,应无明显不平和周边污染现象。

检验方法:观察检查。

4.6.5 瓦面与板面工程

1.一般规定

(1)瓦面与板面工程包括烧结瓦、混凝土瓦、沥青瓦、金属板、玻璃采光顶铺装等分项工程。

(2)瓦面与板面工程施工前,应对主体结构进行质量验收,并应符合《混凝土结构工程施工质量验收规范》(GB 50204—2015)、《钢结构工程施工质量验收标准》(GB 50205—2020)和《木结构工程施工质量验收规范》(GB 50206—2012)的有关规定。

(3)木质望板、檩条、顺水条、挂瓦条等构件,均应做防腐、防蛀和防火处理;金属顺水条、挂瓦条以及金属板、固定件,均应做防锈处理。

(4)瓦材或板材与山墙及突出屋面结构的交接处,均应做泛水处理。

(5)在大风及地震设防地区或屋面坡度大于100%时,瓦材应采取固定加强措施。

(6)在瓦材的下面应铺设防水层或防水垫层,其品种、厚度和搭接宽度均应符合设计要求。

(7)严寒和寒冷地区的檐口部位,应采取防雪融冰坠的安全措施。

(8)瓦面与板面工程各分项工程每个检验批的抽检数量,应按屋面面积每100 m^2 抽查一处,每处应为10 m^2,且不得少于3处。

2.烧结瓦和混凝土瓦铺装

1)一般要求

(1)平瓦和脊瓦应边缘整齐,表面光洁,不得有分层、裂纹和露砂等缺陷;平瓦的瓦爪与瓦槽的尺寸应配合。

(2)基层、顺水条、挂瓦条的铺设应符合下列规定。

①基层应平整、干净、干燥;持钉层厚度应符合设计要求。

②顺水条应垂直正脊方向铺钉在基层上,顺水条表面应平整,其间距不宜大于500 mm。

③挂瓦条的间距应根据瓦片尺寸和屋面坡长经计算确定。

④挂瓦条应铺钉平整、牢固,上棱应成一条直线。

(3)挂瓦应符合下列规定。

①挂瓦应从两坡的檐口同时对称进行。瓦后爪应与挂瓦条挂牢,并应与邻边、下面两瓦落槽密合。

②檐口瓦、斜天沟瓦应用镀锌铁丝拴牢在挂瓦条上,每片瓦均应与挂瓦条固定牢固。

③整坡瓦面应平整，行列应横平竖直，不得有翘角和张口现象。

④正脊和斜脊应铺平挂直，脊瓦搭盖应顺主导风向和流水方向。

(4)烧结瓦和混凝土瓦铺装的有关尺寸，应符合下列规定。

①瓦屋面檐口挑出墙面的长度不宜小于300 mm。

②脊瓦在两坡面瓦上的搭盖宽度，每边不应小于40 mm。

③脊瓦下端距坡面瓦的高度不宜大于80 mm。

④瓦头伸入檐沟、天沟内的长度宜为50～70 mm。

⑤金属檐沟、天沟伸入瓦内的宽度不应小于150 mm。

⑥瓦头挑出檐口的长度宜为50～70 mm。

⑦突出屋面结构的侧面瓦伸入泛水的宽度不应小于50 mm。

2)主控项目

(1)瓦材及防水垫层的质量，应符合设计要求。

检验方法：检查出厂合格证、质量检验报告和进场检验报告。

(2)烧结瓦、混凝土瓦屋面不得有渗漏现象。

检验方法：雨后观察或淋水试验。

(3)瓦片必须铺置牢固。在大风及地震设防地区或屋面坡度大于100%时，应按设计要求采取固定加强措施。

检验方法：观察或手扳检查。

3)一般项目

(1)挂瓦条应分档均匀，铺钉应平整、牢固；瓦面应平整，行列应整齐，搭接应紧密，檐口应平直。

检验方法：观察检查。

(2)脊瓦应搭盖正确，间距应均匀，封固应严密；正脊和斜脊应顺直，应无起伏现象。

检验方法：观察检查。

(3)泛水做法应符合设计要求，并应顺直整齐、结合严密。

检验方法：观察检查。

(4)烧结瓦和混凝土瓦铺装的有关尺寸，应符合设计要求。

检验方法：尺量检查。

3. 沥青瓦铺装

1)一般要求

(1)沥青瓦应边缘整齐，切槽应清晰，厚薄应均匀，表面应无孔洞、硌伤、裂纹、皱折和起泡等缺陷。

(2)沥青瓦应自檐口向上铺设，起始层瓦应由瓦片经切除垂片部分后制得，且起始层瓦沿檐口平行铺设并伸出檐口10 mm，并应用沥青基胶黏材料与基层黏结；第一层瓦应与起始层瓦叠合，但瓦切口应向下指向檐口；第二层瓦应压在第一层瓦上且露出瓦切口，但不得超过切口长度。相邻两层沥青瓦的拼缝及切口应均匀错开。

(3)铺设脊瓦时，宜将沥青瓦沿切口剪开分成3块作为脊瓦，并应用2个固定钉固定，同时应用沥青基胶黏材料密封；脊瓦搭盖应顺主导风向。

(4)沥青瓦的固定应符合下列规定。

①沥青瓦铺设时，每张瓦片不得少于4个固定钉，在大风地区或屋面坡度大于100%时，每张瓦片不得少于6个固定钉。

②固定钉应垂直钉入沥青瓦压盖面，钉帽应与瓦片表面齐平。

③固定钉钉入持钉层深度应符合设计要求。

④屋面边缘部位沥青瓦之间以及起始瓦与基层之间均应采用沥青基胶黏材料满粘。

(5)沥青瓦铺装的有关尺寸应符合下列规定。

①脊瓦在两坡面瓦上的搭盖宽度，每边不应小于150 mm。

②脊瓦与脊瓦的压盖面不应小于脊瓦面积的1/2。

③沥青瓦挑出檐口的长度宜为10～20 mm。

④金属泛水板与沥青瓦的搭盖宽度不应小于100 mm。

⑤金属泛水板与突出屋面墙体的搭接高度不应小于250 mm。

⑥金属滴水板伸入沥青瓦下的宽度不应小于80 mm。

2)主控项目

(1)沥青瓦及防水垫层的质量，应符合设计要求。

检验方法：检查出厂合格证、质量检验报告和进场检验报告。

(2)沥青瓦屋面不得有渗漏现象。

检验方法：雨后观察或淋水试验。

(3)沥青瓦铺设应搭接正确，瓦片外露部分不得超过切口长度。

检验方法：观察检查。

3)一般项目

(1)沥青瓦所用固定钉应垂直钉入持钉层，钉帽不得外露。

检验方法：观察检查。

(2)沥青瓦应与基层结合牢固，瓦面应平整，檐口应平直。

检验方法：观察检查。

(3)泛水做法应符合设计要求，并应顺直整齐、结合紧密。

检验方法：观察检查。

(4)沥青瓦铺装的有关尺寸，应符合设计要求。

检验方法：尺量检查。

4.金属板铺装

1)一般要求

(1)金属板材应边缘整齐，表面应光滑，色泽应均匀，外形应规则，不得有翘曲、脱膜和锈蚀等缺陷。

(2)金属板材应用专用吊具安装，安装和运输过程中不得损伤金属板材。

(3)金属板材应根据要求板型和深化设计的排板图铺设，并应按设计图纸规定的连接方式固定。

(4)金属板固定支架或支座位置应准确，安装应牢固。

(5)金属板屋面铺装的有关尺寸应符合下列规定。

①金属板檐口挑出墙面的长度不应小于200 mm。

②金属板伸入檐沟、天沟内的长度不应小于100 mm。

③金属泛水板与突出屋面墙体的搭接高度不应小于 250 mm。

④金属泛水板、变形缝盖板与金属板的搭接宽度不应小于 200 mm。

⑤金属屋脊盖板在两坡面金属板上的搭盖宽度不应小于 250 mm。

2)主控项目

(1)金属板材及其辅助材料的质量,应符合设计要求。

检验方法:检查出厂合格证、质量检验报告和进场检验报告。

(2)金属板屋面不得有渗漏现象。

检验方法:雨后观察或淋水试验。

3)一般项目

(1)金属板铺装应平整、顺滑;排水坡度应符合设计要求。

检验方法:坡度尺检查。

(2)压型金属板的咬口锁边连接应严密、连续、平整,不得有扭曲和裂口。

检验方法:观察检查。

(3)压型金属板的紧固件连接应采用带防水垫圈的自攻螺钉,固定点应设在波峰上;所有自攻螺钉外露的部位均应密封处理。

检验方法:观察检查。

(4)金属面绝热夹芯板的纵向和横向搭接应符合设计要求。

检验方法:观察检查。

(5)金属板的屋脊、檐口、泛水,直线段应顺直,曲线段应顺畅。

检验方法:观察检查。

(6)金属板材铺装的允许偏差和检验方法见表 4-40。

表 4-40 金属板铺装的允许偏差和检验方法

项目	允许偏差/mm	检验方法
檐口与屋脊的平行度	15	拉线和尺量检查
金属板对屋脊的垂直度	单坡长度的 1/800,且不大于 25	
金属板咬缝的平整度	10	
檐口相邻两板的端部错位	6	
金属板铺装的有关尺寸	符合设计要求	尺量检查

5.玻璃采光顶铺装

1)一般要求

(1)玻璃采光顶的预埋件应位置准确,安装牢固。

(2)采光顶玻璃及玻璃组件的制作,应符合《建筑玻璃采光顶》(JG/T 231—2007)的有关规定。

(3)采光顶玻璃表面应平整、洁净,颜色应均匀一致。

(4)玻璃采光顶与周边墙体之间的连接,应符合设计要求。

2)主控项目

(1)采光顶玻璃及其配套材料的质量,应符合设计要求。

检验方法:检查出厂合格证和质量检验报告。

(2)玻璃采光顶不得有渗漏现象。

检验方法:雨后观察或淋水试验。

(3)硅酮耐候密封胶的打注应密实、连续、饱满,黏结应牢固,不得有气泡、开裂、脱落等缺陷。

检验方法:观察检查。

3)一般项目

(1)玻璃采光顶铺装应平整、顺直;排水坡度应符合设计要求。

检验方法:观察和坡度尺检查。

(2)玻璃采光顶的冷凝水收集和排除构造,应符合设计要求。

检验方法:观察检查。

(3)明框玻璃采光顶的外露金属框或压条应横平竖直,压条安装应牢固;隐框玻璃采光顶的玻璃分格拼缝应横平竖直,均匀一致。

检验方法:观察和手扳检查。

(4)点支承玻璃采光顶的支承装置应安装牢固,配合应严密。支承装置不得与玻璃直接接触。

检验方法:观察检查。

(5)采光顶玻璃的密封胶缝应横平竖直,深浅应一致,宽窄应均匀,应光滑顺直。

检验方法:观察检查。

(6)明框玻璃采光顶铺装的允许偏差和检验方法应符合表4-41的规定。

表4-41 明框玻璃采光顶铺装的允许偏差和检验方法

项目		允许偏差/mm		检验方法
		铝构件	钢构件	
通长构件水平度(纵向或横向)	构件长度≤30 m	10	15	水准仪检查
	构件长度≤60 m	15	20	
	构件长度≤90 m	20	25	
	构件长度≤150 m	25	30	
	构件长度>150 m	30	35	
单一构件直线度(纵向或横向)	构件长度≤2 m	2	3	拉线和尺量检查
	构件长度>2 m	3	4	
相邻构件平面高低差		1	2	直尺和塞尺检查
通长构件直线度(纵向或横向)	构件长度≤35 m	5	7	经纬仪检查
	构件长度>35 m	7	9	

续表

项目		允许偏差/mm		检验方法
		铝构件	钢构件	
分格框对角线差	对角线长度≤2 m	3	4	尺量检查
	对角线长度>2 m	3.5	5	

(7)隐框玻璃采光顶铺装的允许偏差和检验方法应符合表4-42的规定。

表4-42 隐框玻璃采光顶铺装的允许偏差和检验方法

项目		允许偏差/mm	检验方法
通长接缝水平度（纵向或横向）	接缝长度≤30 m	10	水准仪检查
	接缝长度≤60 m	15	
	接缝长度≤90 m	20	
	接缝长度≤150 m	25	
	接缝长度>150 m	30	
相邻板块的平面高低差		1	直尺和塞尺检查
相邻板块的接缝直线度		2.5	拉线和尺量检查
通长接缝直线度（纵向或横向）	接缝长度≤35 m	5	经纬仪检查
	接缝长度>35 m	7	
玻璃间接缝宽度（与设计尺寸比）		2	尺量检查

(8)点支承玻璃采光顶铺装的允许偏差和检验方法应符合表4-43的规定。

表4-43 点支承玻璃采光顶铺装的允许偏差和检验方法

项目		允许偏差/mm	检验方法
通长接缝水平度（纵向或横向）	接缝长度≤30 m	10	水准仪检查
	接缝长度≤60 m	15	
	接缝长度>60 m	20	
相邻板块的平面高低差		1	直尺和塞尺检查
相邻板块的接缝直线度		2.5	拉线和尺量检查
通长接缝直线度（纵向或横向）	接缝长度≤35 m	5	经纬仪检查
	接缝长度>35 m	7	
玻璃间接缝宽度（与设计尺寸比）		2	尺量检查

4.6.6 细部构造工程

1. 一般规定

(1)细部构造工程包括檐口、檐沟和天沟、女儿墙和山墙、水落口、变形缝、伸出屋面管道、屋面出入口、反梁过水孔、设施基座、屋脊、屋顶窗等分项工程。

(2)细部构造工程各分项工程每个检验批应全数进行检验。

(3)细部构造所使用卷材、涂料和密封材料的质量应符合设计要求,两种材料之间应具有相容性。

(4)屋面细部构造热桥部位的保温处理,应符合设计要求。

2. 檐口

1)主控项目

(1)檐口的防水构造应符合设计要求。

检验方法:观察检查。

(2)檐口的排水坡度应符合设计要求,檐口部位不得有渗漏和积水现象。

检验方法:坡度尺检查和雨后观察或淋水试验。

2)一般项目

(1)檐口 800 mm 范围内的卷材应满粘。

检验方法:观察检查。

(2)卷材收头应在找平层的凹槽内用金属压条钉压固定,并应用密封材料封严。

检验方法:观察检查。

(3)涂膜收头应用防水涂料多遍涂刷。

检验方法:观察检查。

(4)檐口端部应抹聚合物水泥砂浆,其下端应做成鹰嘴和滴水槽。

检验方法:观察检查。

3. 檐沟和天沟

1)主控项目

(1)檐沟、天沟的防水构造应符合设计要求。

检验方法:观察检查。

(2)檐沟、天沟的排水坡度应符合设计要求,沟内不得有渗漏和积水现象。

检验方法:坡度尺检查和雨后观察或淋水、蓄水试验。

2)一般项目

(1)檐沟、天沟的附加层铺设应符合设计要求。

检验方法:观察和尺量检查。

(2)檐沟防水层应由沟底翻上至外侧顶部,卷材收头应用金属压条钉压固定,并应用密封材料封严;涂膜收头应用防水涂料多遍涂刷。

检验方法:观察检查。

(3)檐沟外侧顶部及侧面均应抹聚合物水泥砂浆,其下端应做成鹰嘴或滴水槽。

检验方法:观察检查。

4.女儿墙和山墙

1)主控项目

(1)女儿墙和山墙的防水构造应符合设计要求。

检验方法:观察检查。

(2)女儿墙和山墙的压顶向内排水坡度不应小于5%,压顶内侧下端应做成鹰嘴或滴水槽。

检验方法:观察和坡度尺检查。

(3)女儿墙和山墙的根部不得有渗漏和积水现象。

检验方法:雨后观察或淋水试验。

2)一般项目

(1)女儿墙和山墙的泛水高度及附加层铺设应符合设计要求。

检验方法:观察和尺量检查。

(2)女儿墙和山墙的卷材应满粘,卷材收头应用金属压条钉压固定,并应用密封材料封严。

检验方法:观察检查。

(3)女儿墙和山墙的涂膜应直接涂刷至压顶下,涂膜收头应用防水涂料多遍涂刷。

检验方法:观察检查。

5.水落口

1)主控项目

(1)水落口的防水构造应符合设计要求。

检验方法:观察检查。

(2)水落口杯上口应设在沟底的最低处;水落口处不得有渗漏和积水现象。

检验方法:雨后观察或淋水、蓄水试验。

2)一般项目

(1)水落口的数量和位置应符合设计要求;水落口杯应安装牢固。

检验方法:观察和手扳检查。

(2)水落口周围直径500 mm范围内坡度不应小于5%,水落口周围的附加层铺设应符合设计要求。

检验方法:观察和尺量检查。

(3)防水层及附加层伸入水落口杯内不应小于50 mm,并应黏结牢固。

检验方法:观察和尺量检查。

6.变形缝

1)主控项目

(1)变形缝的防水构造应符合设计要求。

检验方法:观察检查。

(2)变形缝处不得有渗漏和积水现象。

检验方法:雨后观察或淋水试验。

2)一般项目

(1)变形缝的泛水高度及附加层铺设应符合设计要求。

检验方法:观察和尺量检查。

(2)防水层应铺贴或涂刷至泛水墙的顶部。

检验方法:观察检查。

(3)等高变形缝顶部宜加扣混凝土或金属盖板。混凝土盖板的接缝应用密封材料封严;金属盖板应铺钉牢固,搭接缝应顺流水方向,并应做好防锈处理。

检验方法:观察检查。

(4)高低跨变形缝在高跨墙面上的防水卷材封盖和金属盖板,应用金属压条钉压固定,并应用密封材料封严。

检验方法:观察检查。

7.伸出屋面管道

1)主控项目

(1)伸出屋面管道的防水构造应符合设计要求。

检验方法:观察检查。

(2)伸出屋面管道根部不得有渗漏和积水现象。

检验方法:雨后观察或淋水试验。

2)一般项目

(1)伸出屋面管道的泛水高度及附加层铺设应符合设计要求。

检验方法:观察和尺量检查。

(2)伸出屋面管道周围的找平层应抹出高度不小于 30 mm 的排水坡。

检验方法:观察和尺量检查。

(3)卷材防水层收头应用金属箍固定,并应用密封材料封严;涂膜防水层收头应用防水涂料多遍涂刷。

检验方法:观察检查。

8.屋面出入口

1)主控项目

(1)屋面出入口的防水构造应符合设计要求。

检验方法:观察检查。

(2)屋面出入口处不得有渗漏和积水现象。

检验方法:雨后观察或淋水试验。

2)一般项目

(1)屋面垂直出入口防水层收头应压在压顶圈下,附加层铺设应符合设计要求。

检验方法:观察检查。

(2)屋面水平出入口防水层收头应压在混凝土踏步下,附加层铺设和护墙应符合设计要求。

检验方法:观察检查。

(3)屋面出入口的泛水高度不应小于 250 mm。

检验方法:观察和尺量检查。

9.反梁过水孔

1)主控项目

(1)反梁过水孔的防水构造应符合设计要求。

检验方法:观察检查。

(2)反梁过水孔处不得有渗漏和积水现象。

检验方法:雨后观察或淋水试验。

2)一般项目

(1)反梁过水孔的孔底标高、孔洞尺寸或预埋管管径,均应符合设计要求。

检验方法:尺量检查。

(2)反梁过水孔的孔洞四周应涂刷防水涂料;预埋管道两端周围与混凝土接触处应留凹槽,并应用密封材料封严。

检验方法:观察检查。

10.设施基座

1)主控项目

(1)设施基座的防水构造应符合设计要求。

检验方法:观察检查。

(2)设施基座处不得有渗漏和积水现象。

检验方法:雨后观察或淋水试验。

2)一般项目

(1)设施基座与结构层相连时,防水层应包裹设施基座的上部,并应在地脚螺栓周围做密封处理。

检验方法:观察检查。

(2)设施基座直接放置在防水层上时,设施基座下部应增设附加层,必要时应在其上浇筑细石混凝土,其厚度不应小于 50 mm。

检验方法:观察检查。

(3)需经常维护的设施基座周围和屋面出入口至设施之间的人行道,应铺设块体材料或细石混凝土保护层。

检验方法:观察检查。

11.屋脊

1)主控项目

(1)屋脊的防水构造应符合设计要求。

检验方法:观察检查。

(2)屋脊处不得有渗漏现象。

检验方法：雨后观察或淋水试验。

2）一般项目

（1）平脊和斜脊铺设应顺直，应无起伏现象。

检验方法：观察检查。

（2）脊瓦应搭盖正确，间距应均匀，封固应严密。

检验方法：观察和手扳检查。

12. 屋顶窗

1）主控项目

（1）屋顶窗的防水构造应符合设计要求。

检验方法：观察检查。

（2）屋顶窗及其周围不得有渗漏现象。

检验方法：雨后观察或淋水试验。

2）一般项目

（1）屋顶窗用金属排水板、窗框固定铁脚应与屋面连接牢固。

检验方法：观察检查。

（2）屋顶窗用窗口防水卷材应铺贴平整，黏结应牢固。

检验方法：观察检查。

4.6.7 屋面工程验收

（1）屋面工程施工质量验收的程序和组织，应符合《建筑工程施工质量验收统一标准》（GB 50300—2013）的有关规定。

（2）检验批质量验收合格应符合下列规定。

①主控项目的质量应经抽查检验合格。

②一般项目的质量应经抽查检验合格；有允许偏差值的项目，其抽查点应有80%及其以上在允许偏差范围内，且最大偏差值不得超过允许偏差值的1.5倍。

③应具有完整的施工操作依据和质量检查记录。

（3）分项工程质量验收合格应符合下列规定。

①分项工程所含检验批的质量均应验收合格。

②分项工程所含检验批的质量验收记录应完整。

（4）分部（子分部）工程质量验收合格应符合下列规定。

①分部（子分部）所含分项工程的质量均应验收合格。

②质量控制资料应完整。

③安全与功能抽样检验应符合《建筑工程施工质量验收统一标准》的有关规定。

④观感质量检查应符合规范规定。

（5）屋面工程的验收资料见表4-44。

表 4-44 屋面工程的验收资料

资料项目	验收资料
防水设计	设计图纸及会审记录、设计变更通知单和材料代用核定单
施工方案	施工方法、技术措施、质量保证措施
技术交底记录	施工操作要求及注意事项
材料质量证明文件	出厂合格证、型式检验报告、出厂检验报告、进场验收记录和进场检验报告
施工日志	逐日施工情况
工程检验记录	工序交接检验记录、检验批质量验收记录、隐蔽工程验收记录、淋水或蓄水试验记录、观感质量检查记录、安全与功能抽样检验(检测)记录
其他技术资料	事故处理报告、技术总结

(6)屋面工程应对下列部位进行隐蔽工程验收。

①卷材、涂膜防水层的基层。

②保温层的隔汽和排气措施。

③保温层的铺设方式、厚度、板材缝隙填充质量及热桥部位的保温措施。

④接缝的密封处理。

⑤瓦材与基层的固定措施。

⑥檐沟、天沟、泛水、水落口和变形缝等细部做法。

⑦在屋面易开裂和渗水部位的附加层。

⑧保护层与卷材、涂膜防水层之间的隔离层。

⑨金属板材与基层的固定和板缝间的密封处理。

⑩坡度较大时,防止卷材和保温层下滑的措施。

(7)屋面工程观感质量检查应符合下列要求。

①卷材铺贴方向应正确,搭接缝应黏结或焊接牢固,搭接宽度应符合设计要求,表面应平整,不得有扭曲、皱折和翘边等缺陷。

②涂膜防水层黏结应牢固,表面应平整,涂刷应均匀,不得有流淌、起泡和露胎体等缺陷。

③嵌填的密封材料应与接缝两侧黏结牢固,表面应平滑,缝边应顺直,不得有气泡、开裂和剥离等缺陷。

④檐口、檐沟、天沟、女儿墙、山墙、水落口、变形缝和伸出屋面管道等防水构造,应符合设计要求。

⑤烧结瓦、混凝土瓦铺装应平整、牢固,应行列整齐,搭接应紧密,檐口应顺直;脊瓦应搭盖正确,间距应均匀,封固应严密;正脊和斜脊应顺直,应无起伏现象;泛水应顺直整齐,结合应严密。

⑥沥青瓦铺装应搭接正确,瓦片外露部分不得超过切口长度,钉帽不得外露;沥青瓦应与基层结合牢固,瓦面应平整,檐口应顺直;泛水应顺直整齐,结合应严密。

⑦金属板铺装应平整、顺滑;连接应正确,接缝应严密;屋脊、檐口、泛水直线段应顺直,

曲线段应顺畅。

⑧玻璃采光顶铺装应平整、顺直,外露金属框或压条应横平竖直,压条应安装牢固;玻璃密封胶缝应横平竖直、深浅一致,宽窄应均匀,应光滑顺直。

⑨上人屋面或其他使用功能屋面,其保护及铺面应符合设计要求。

(8)检查屋面有无渗漏、积水和排水系统是否通畅,应在雨后或持续淋水 2 h 后进行,并应填写淋水试验记录。具备蓄水条件的檐沟、天沟应进行蓄水试验,蓄水时间不得少于 24 h,并应填写蓄水试验记录。

(9)对安全与功能有特殊要求的建筑屋面,工程质量验收除应符合规范的规定外,尚应按合同约定与设计要求进行专项检验(检测)和专项验收。

(10)屋面工程验收后,应填写分部工程质量验收记录,并应交建设单位和施工单位存档。

【案例】针对引例的施工方案

1. 施工准备

1)现场材料准备

(1)保温材料。保温材料(40 mm 厚挤塑板)必须具备合格证、质量检验报告。

(2)找坡材料。找坡材料是水泥陶粒混凝土,其必须符合要求,且必须具备材料出厂合格证。

(3)防水材料。防水材料的质量是保证防水成功的关键所在,对防水材料一定要严格把关,必须要符合要求,进场时具备材料出厂合格证、检测报告、使用说明书,材料分批进入现场后,及时报验,按规定进行现场抽查复试,待复试合格且完成材料报验后方可使用。

(4)面层材料:C20 混凝土,内配 ϕ6@150 单层双向钢筋网。

2)机具准备

(1)混凝土地泵、小型平板振动器、平锹、手推车、木杠、铁抹子、木抹子、扫帚、搅拌器。

(2)热熔工具(SBS 卷材):喷枪、喷灯及配套燃料汽油、煤气。

(3)配套工具:分包自备。

(4)消防器材:干粉灭火器、沙袋、水等。

2. 施工要点

各道工序的基底必须清理干净,不得有任何杂物,基层经验收符合要求后进行下道工序。屋顶楼层与电梯间墙体相接处的阴角、穿屋面管道根部抹成八字角,所有阳角抹成圆角。雨水口管道根部做凹槽。

1)屋面找坡层

要求屋面结构施工完毕,并办理完验收手续。找坡材料必须严格按配比搅拌均匀后摊铺,拉线贴并保证屋面坡度,最薄处不得小于 30 mm。

2)屋面防水层

(1)防水基层应达到验收规范的要求,并办好隐检报验手续。防水基层表面必须干燥,含水率小于 9%简易测试方法是:用 1 m^2 的卷材铺在平坦的找平层表面,若 4 h 后揭开检查卷材和被覆盖的找平层表面,找平层上均无水印才可进行防水施工。

(2)找平层必须压光平整,不得积水。管道根部、墙根部要符合设计要求及施工规范规定。找平层要留置分格缝。

(3)屋面防水层铺贴、涂刷要与基层黏结牢固,搭接宽度、搭接方向应符合要求。

3)屋面保温层

(1)将屋面清理干净,保持干燥。穿屋顶的管道根部用细石混凝土填塞密实,做好转角处理。将管道根部固定,雨水口等处堵严,防止杂物落入。

(2)施工前屋面表面应平整,无蜂窝、麻面、鼓包、剥落、裂缝等现象,模板板缝用砂轮打磨,局部不平应抹成顺坡。

(3)块状保温材料要错缝铺设。

3. JS 防水层涂膜防水层施工

1)技术要求

(1)涂膜防水层应根据防水涂料的品种分遍分层涂布,不得一次涂成。

(2)应在先涂布的涂层干燥或固化成膜后,才可涂布后一遍涂料。

(3)涂膜防水层的施工顺序应按"先高后低,先远后近"的原则进行,同一屋面上先涂布阴阳角排水较集中的水落口、天沟、檐口、天窗下等节点部位,再进行大面积涂布。

各遍涂层之间的涂布方向应相互垂直。涂层间每遍涂布的退槎和接槎应控制在 50～100 mm。

涂膜收头应用防水涂料多遍涂刷密实或用密封材料封严。

水落口杯与基层交接部位应作密封处理,水落口周围直径 500 mm 范围内的坡度不应小于 5%,并用防水涂料或密封材料涂封,涂封厚度不应小于 2 mm;涂膜防水层伸入水落口杯内不应小于 50 mm。

(4)女儿墙压顶应做防水处理,涂膜防水层应涂过女儿墙压顶。

(5)防水层不得有裂纹、脱皮、流淌、鼓泡、脱落、开裂、孔洞、收头不严和胎体增强材料裸露、皱折、翘边等缺陷。

(6)JS 涂膜不可在 5 ℃以下施工,也不可在雨中施工。成膜前(施工后 12 h 内)不能受雨水浇淋。

(7)其他工序应在涂膜完成两天后进行,以防损坏未充分固化的防水层。

2)涂膜防水层质量验收

涂膜防水层不应有堆积、裂纹、翘边、鼓泡、分层现象,涂层平均厚度达到设计要求的 1.5 mm,在实际测量(针刺法)中,允许有 30%的测点厚度不低于设计要求的 85%。

本工程须做蓄水试验,观察 24 h,室内以无渗漏为合格。

4. 陶粒混凝土找坡层施工

(1)屋面结构板预留洞口先凿毛,做成倒八字形,用同楼层混凝土强度等级相同的吊模堵洞,混凝土浇捣密实。将屋面上各类设备基础的棱角(阳角)和各类方形设备基础的棱角做成圆弧角($R=50$ mm),并磨平。

(2)根据水落口位置及设计坡度绘制屋面找坡平面图,将图示屋面排水分水线及找坡层分格缝位置线测放在屋面板上。在分水线上做出最低和最高处的厚度标志墩,其间拉线加密标志墩。标志墩用 C20 细石混凝土堆成,双向间距为 1.5 m。

(3)提前对陶粒进行闷透,根据试验室提供的施工配合比,每次拌制2袋水泥。准确计量所需的陶粒、水、砂的用量,随拌制,随运输,随铺平,随找坡,用大杠刮平,木抹子拍实、搓平。原则上采用原浆收光。原浆不足时可加铺1层1∶2水泥砂浆,混凝土表面做二次抹压成活。陶粒混凝土找坡成型后及时覆盖塑料薄膜进行保湿养护,养护时间不少于7 d。

(4)为控制陶粒找坡层含水率,可将分格缝兼做排气槽,排气管留在分格缝的十字交叉点。找坡层的分格缝设在板端部,从女儿墙根部起按柱距4 m双向设置20 mm宽凹槽。用沥青砂浆填密实,刮平。

5. RS水泥砂浆20 mm厚找平层施工

(1)水泥砂浆所用材料。

水泥:强度等级采用32.5级普通硅酸盐水泥。

砂:采用中砂,含泥量不大于3%,不含有机杂质,级配良好。

水泥砂浆的体积比为1∶3。

(2)找平层施工时应将基层表面清理干净,并进行浇水湿润,以利于基层与找平层的结合。

(3)在抹找平层的同时,凡基层与突出屋面结构的连接处、转角处,均应做成半径为30~50 mm(现场可按半径为50 mm做)的圆弧或斜长为100 mm的钝角,立面抹灰高度应符合设计要求但不得小于250 mm。

(4)找平层抹平、压实以后12 h可浇水养护。

6. SBS改性沥青卷材防水层施工(满铺法)

(1)在基层清理后,做好验收。基层处理剂要拌制均匀,涂刷均匀,不露底,方可进行下道工序施工。

(2)用卷尺测量屋面铺贴宽度,定出卷材顺铺方向,按照卷材宽幅减80 mm分格画线。

(3)先对女儿墙、水落口、管根、天沟、檐沟、设备基础、阴阳角等细部做加强层,每边宽度不小于250 mm,阴阳角圆弧半径为50 mm。铺贴立墙上屋面完成面的卷材高度不小于250 mm。

(4)将卷材按铺贴长度进行剪裁、卷好,备用薄膜面向下。操作时将备好的卷材用$\phi30$的管穿入卷心,卷材端头对齐开始铺贴,点燃汽油喷灯,加热基层与卷材交接处,喷枪距加热面保持300 mm左右的距离,往返均匀喷烤。当卷材的沥青刚刚熔化时,手扶管心两端向前缓缓滚动铺设。要求用力均匀,不窝气,必须压实、压平。铺设压边宽度应掌握好,铺贴顺序应由下而上进行。卷材搭接缝处用喷灯加热,压合至边缘挤出沥青胶。卷材末端收头用橡胶沥青嵌缝膏嵌固填实。卷材搭接长、短边应不小于80 mm,相邻两幅卷材短边搭接缝错开,其间距应不小于幅宽的1/3。接缝部位必须距阴阳角200 mm以上。

(5)屋面做完防水层进行蓄水试验前,先用卷材密封水落口,然后蓄水至水位离最高处防水层20 mm为止。蓄水24 h后,以不渗漏为合格。并应做好第2次蓄水隐蔽验收记录。

7. 挤塑板保温层施工

(1)本工程屋面均采用40 mm厚挤塑板,导热系数不大于0.030 W/m·K,压强$F\geqslant250$ kPa。

(2)本工程采用40 mm厚挤塑板,该材料具有高抗压、轻质、不吸水、不透气、耐腐蚀、不降解等特点，铺贴时必须保证基层平整，铺贴时与防水层之间不需要做任何黏合处理；如工程式需要黏合处，可用沥青胶进行黏合，为了定位，可用塑胶黏合剂进行固定。板对板之间的缝隙必须用封箱胶带贴平，这样可有效防止保护层水泥砂浆固化后发生沿板缝出现裂缝的问题。

(3)挤塑板采用满铺，从一边开始铺设块状保温材料，在雨水口处半径 50 cm 范围内不铺设聚苯板；板块紧密铺设、铺平、垫稳，保温板缺棱断角处用同类材料碎块嵌补。

(4)注意事项：挤塑板保温层施工时，应注意保护 SBS 防水层。

8. 钢筋细石混凝土保护层施工

1)分格缝的设置

按规范要求，细石混凝土保护层应设置纵横向间距不大于 6 m 的分隔缝，另外，上人屋面分格缝的设置还应考虑面砖排版的位置以及美观要求，并应弹线设置。细石混凝土保护层与女儿墙间应预留 30 mm 宽的缝(用苯板隔离)，并用密封材料(防水油膏)嵌填严密。细石混凝土与设备基座及出屋面管井等处也应留设 30 mm 宽的缝，缝内嵌填密封膏。分格缝的宽度为 20 mm。

分格缝采用挤塑板，在防水混凝土施工时进行拉线放置，每个分格内部应按不大于 2 m 设置标高控制垫块，挤塑板用 3 cm 高的水泥砂浆固定，上人屋面分格缝应根据面砖的排版进行留设。

2)钢筋网片施工

按设计要求，钢筋网片采用 ϕ6@150 单层双向绑扎钢筋网片，保护层厚度不小于 10 mm。现场须制作带扎丝的 12 mm 厚的砂浆垫块绑扎于钢筋网上，禁止不与网片绑扎而直接垫于其下。

分格缝处的钢筋网片要断开。钢筋网片要根据分格缝的留设进行分片，网片边缘距分格缝中心 25 mm。

施工时注意钢筋网片的保护工作。如果采用手推车运送细石混凝土，则必须铺走道板或废旧多层板，以防止对钢筋网片及分格缝挤塑板造成破坏。

3)细石混凝土的浇筑

屋面保护层均采用 40 mm 厚 C20 细石混凝土。

浇筑混凝土前，应将隔离层表面的浮渣、杂物清除干净，检查隔离层的质量及平整度、排水坡度和完整性；支好分格缝模板，标出混凝土浇捣厚度。混凝土应用木抹子搓毛并找平。

注意混凝土终凝后应及时将分格木条松动，并仍放于原位，以防止下道工序的砂浆漏入。

9. 5 mm 厚 RS 水泥砂浆粘贴地缸砖施工

(1)屋面砖施工前应进行排版，并按排版确定分格缝的位置，确定各细部节点及边角部位的面砖位置，以达到美观的要求。排版时应尽量避免出现小于 1/3 的砖，若不可避免时，应使其排在阴角等不易引人注意的地方。

在与排气道对应位置留缝不超过 10 mm，其余留缝为 3 mm。

铺贴前一天应将贴面材料用洁净水进行浸泡，铺贴时晾干明水。

(2)水泥砂浆应随用随拌，并做好计量控制；面砖等施工时应按排版图纸进行放线，并进行冲筋预排。

(3)花岗岩采用干铺法进行施工，采用配比为1∶3～1∶4、厚度约为3 cm的干硬性砂浆，干铺前应先在基层上浇一道素水泥浆。在花岗岩背面满刮约2 mm厚的素水泥浆，铺贴时应用橡皮锤敲平敲实。

(4)在面砖或花岗岩铺贴完毕后，应及时用同色水泥(或同材质粉末加白水泥)掺胶进行擦缝和勾缝。大缝应用圆钢筋进行勾捋，使其呈弧形并保持一致。

(5)贴面材料进场应有合格证明，并应进行检查，尺寸偏差不得超过规范规定，材料颜色应一致，除设计要求外，不得有明显色差。

思考与练习

1. 屋面工程的基本要求有哪些?
2. 屋面的基本构造层次有哪些?
3. 屋面的防水等级和设防要求有哪些?
4. 屋面的节能要求有哪些?
5. 屋面的防水要求有哪些?
6. 屋面的防雷要求有哪些?
7. 普通屋面的构造要求有哪些?
8. 倒置式屋面的构造要求有哪些?
9. 坡屋面的构造要求有哪些?
10. 架空屋面的构造要求有哪些?
11. 种植屋面等屋面的构造要求有哪些?
12. 屋面工程的构造要求有哪些?
13. 排水设计的构造要求有哪些?
14. 找坡层和找平层的构造要求有哪些?
15. 保温层和隔热层的构造要求有哪些?
16. 卷材及涂膜防水层的构造要求有哪些?
17. 保护层和隔离层的构造要求有哪些?
18. 瓦屋面的构造要求有哪些?
19. 金属板屋面的构造要求有哪些?
20. 玻璃采光顶的构造要求有哪些?
21. 屋面工程的施工要求有哪些?
22. 屋面工程的施工机具有哪些?
23. 找坡层和找平层的施工程序、施工方法有哪些?
24. 保温层和隔热层的施工程序、施工方法有哪些?
25. 卷材防水层的施工程序、施工方法有哪些?
26. 涂膜防水层的施工程序、施工方法有哪些?
27. 接缝密封防水的施工程序、施工方法有哪些?
28. 保护层和隔离层的施工程序、施工方法有哪些?

29. 瓦屋面的施工程序、施工方法有哪些？

30. 金属板屋面的施工程序、施工方法有哪些？

31. 玻璃采光顶的施工程序、施工方法有哪些？

32. 屋面工程防水、保温材料进场验收应符合哪些规定？

33. 屋面工程各子分部工程和分项工程如何划分？

34. 屋面工程检验批质量验收合格应符合哪些规定？

35. 屋面工程分项工程质量验收合格应符合哪些规定？

36. 屋面工程分部(子分部)工程质量验收合格应符合哪些规定？

37. 屋面工程的验收资料有哪些？

38. 屋面工程应对哪些部位进行隐蔽工程验收？

39. 屋面工程观感质量检查应符合哪些要求？

参考文献

[1] 中华人民共和国住房和城乡建设部. GB 50202—2018 建筑地基基础工程施工质量验收规范[S]. 北京:中国计划出版社,2018.

[2] 总参工程兵科研三所. GB 50108—2008 地下工程防水技术规范[S]. 北京:中国计划出版社,2009.

[3] 山西建筑工程(集团)总公司等. GB 50208—2011 地下防水工程质量验收规范[S]. 北京:中国建筑工业出版社,2012.

[4] 山西建筑工程(集团)总公司等. GB 50345—2012 屋面工程技术规范[S]. 北京:中国建筑工业出版社,2012.

[5] 中华人民共和国住房和城乡建设部. GB 50207—2012 屋面工程质量验收规范[S]. 北京:中国计划出版社,2012.

[6] 中华人民共和国住房和城乡建设部. GB 50404—2017 硬泡聚氨酯保温防水工程技术规范[S]. 北京:中国计划出版社,2017.

[7] 中达建设集团股份有限公司,等. JGJ 230—2010 倒置式屋面工程技术规程[S]. 北京:中国建筑工业出版社,2011.

[8] 中国建筑科学研究院,等. JGJ/T 235—2011 建筑外墙防水工程技术规程[S]. 北京:中国建筑工业出版社,2011.

[9] 中华人民共和国住房和城乡建设部. GB 50693—2011 坡屋面工程技术规范[S]. 北京:中国计划出版社,2012.